土木工程制图

曹 琳 何大治 张修宇 主 编

科学出版社

北 京

内 容 简 介

本书是根据最新的建筑制图国家标准及高等学校工程图学教学指导委员会关于"建筑制图"课程教学的基本要求编写的。本书涉及的标准均采用《房屋建筑制图统一标准》(GB/T 50001—2010)、《总图制图标准》(GB/T 50103—2010)、《建筑制图标准》(GB/T 50104—2010)、《建筑结构制图标准》(GB/T 50105—2010)等最新国家标准和相关规范。

本书共 16 章,主要内容包括:绪论,制图的基本知识与技能,正投影基础,点、直线、平面的投影,立体,两立体相贯,轴测投影,组合体的三面图,工程形体的图样画法,标高投影,建筑施工图,结构施工图,建筑设备施工图,桥梁工程图,水利工程图,绘图软件 AutoCAD 的使用方法等。本书内容丰富,涵盖面广,适合土木水利类各专业使用。

本书与配套习题集可作为高等学校土木水利类专业 32~80 学时"土木工程制图"课程的教材,也可供其他类型学校相关专业学生选用。

图书在版编目(CIP)数据

土木工程制图/曹琳,何大治,张修宇主编. —北京:科学出版社,2017.8
ISBN 978-7-03-053387-6

Ⅰ.①土…　Ⅱ.①曹…　②何…　③张…　Ⅲ.①土木工程-建筑制图-高等学校-教材　Ⅳ.①TU204

中国版本图书馆 CIP 数据核字(2017)第 134860 号

责任编辑:朱晓颖 / 责任校对:桂伟利
责任印制:霍　兵 / 封面设计:迷底书装

科 学 出 版 社 出版
北京东黄城根北街 16 号
邮政编码:100717
http://www.sciencep.com

三河市宏图印务有限公司印刷
科学出版社发行　各地新华书店经销
*

2017 年 8 月第　一　版　　开本:787×1092　1/16
2021 年12月第八次印刷　　印张:17 1/4
字数:442 000

定价:48.00 元
(如有印装质量问题,我社负责调换)

前　言

　　为适应大土木类各专业的基本要求和现代工程图样绘制的需要，根据国家教育部颁布的土木工程专业的教学要求，在结合多年教学经验的基础上，编者组织编写了这本《土木工程制图》（以下简称本书）。本书可作为普通高等院校土木、路桥、水利等相关专业的本科生教材，也可供函授、电大等相关专业学生参考选用。

　　本书分为画法几何、土木工程制图、计算机绘图三部分，主要讲述制图的基本知识与技能、点线面的投影、立体的投影、轴测投影、组合体的视图、工程形体的表达方法、标高投影、房屋建筑施工图、结构施工图、设备施工图、道桥施工图、水利施工图、计算机绘图等内容。

　　本书在内容上兼顾土木类各专业的基本要求，在内容的编写上尽量做到主次分明、由浅入深、图文并茂、详略得当。本书合理结合土木工程专业知识，适当拓宽学生专业知识面，保证教学大纲要求的基本的必学内容。本书由曹琳、何大治、张修宇主编，参加编写的有：曹琳（第 1～3 章和第 11 章）、何大治（第 4.1 节、第 9 章和第 12 章）、陈海涛（第 4.2～4.5节）、王清云（第 5 章和第 7 章）、张修宇（第 10 章、第 15 章和第 16.9 节）、陈记豪（第 6.1节、第 6.2 节、第 8.1 节、第 13 章和第 14 章）、苏畅（第 6.3 节和第 8.2 节）、陈珊珊（第 8.3节和第 8.4 节）、周文（第 16.1～16.8 节）。

　　感谢河海大学殷佩生、苏静波教授在百忙之中对本书给予悉心指导。

　　由于编者水平有限，书中难免有疏漏之处，恳请广大读者给予批评指正。

编　者

2017 年 3 月

目　　录

第1章 绪 论

1.1 本课程的性质和任务

工程制图是高等院校土建类各专业必修的一门工程基础课，是培养空间想象能力、形象思维能力、图形表达能力、绘制和阅读土木工程专业图样能力以及利用计算机绘制图形能力的课程。

在土木工程中，建造各种工程建筑物，都要使用图样才能进行设计、施工或生产。图样不仅能够表达设计者的设计意图，也是指导施工、研究问题的主要技术依据。所以，图样是工程界的"技术语言"，是工程中不可缺少的重要技术文件。从事工程技术的人员必须掌握制图技能。本课程的主要任务如下。

(1)学习正投影法的基本理论及其应用。

(2)培养空间想象能力和图解空间几何问题的能力。

(3)培养绘制和阅读土木工程图样的能力。

(4)培养利用计算机绘图的基本能力。

(5)培养认真负责的工作态度和严谨细致的工作作风。

1.2 本课程的内容和研究对象

本课程的主要内容分为三部分：画法几何、土木工程制图和计算机绘图。

画法几何主要是研究用二维平面图形表达三维空间形体(图示法)和解决空间几何求解问题(图解法)的科学，为专业制图提供理论基础。

土木工程制图主要是培养学生绘制和阅读土木工程图样的能力。掌握土木工程图样的内容和特点，包括制图有关国家标准规定的图示特点和表达方法。

计算机绘图是制图和计算机相结合的一种新的图形生成技术，是本课程建设和改革的重要内容之一。本书主要介绍 AutoCAD2014 的基本绘图、编辑、文本标注、尺寸标注、图形输出等内容，为学生掌握现代化绘图技术打下基础。

1.3 本课程的学习方法

本课程实践性较强，必须将学习投影理论、制图标准的有关规定、初步的专业知识、基本绘图技能、计算机绘图的基本方法与培养空间想象能力、绘图和读图能力紧密地结合起来。只有在不断地反复实践中才能逐步掌握图示表达和制图的基本知识与技能。

(1)学习画法几何内容，首先要熟练掌握投影原理和投影方法。初学阶段可以借助尺子、铅笔等进行空间分析。反复进行从三维空间形体到二维平面图形以及从二维平面图形到三维空间形体的思维练习。

(2)学习土木工程制图内容，首先要熟悉制图标准中的有关规定，熟悉各种线型的用途、比例与尺寸的标注规定、图样的画法、各种图样符号的表示内容、各种图例以及各构配件的图示规定。由于土木工程图样上每一条线、每一个数字的失误都可能造成严重的损失，因此在学习过程中，必须严格遵守国家标准规定，必须培养一丝不苟、严谨细致的工作作风。

(3)学习计算机绘图内容，要熟悉计算机绘图软件的功能和常用命令以及使用方法，要保证足够的上机时间，反复认真练习，在实践中总结绘图技巧，加快绘图速度，提高绘图正确率，适应现代化绘图需要。

第2章 制图的基本知识与技能

2.1 制图的国家标准规定

为了统一建筑制图规则，保证制图质量，提高制图效率，做到图面清晰、简明，符合设计、施工、审查、存档的要求，国家有关部门制定了建筑制图国家标准。制图国家标准(简称"国标")是工程人员在设计、施工、管理中必须严格执行的，该系列标准包括：《房屋建筑制图统一标准》(GB/T 50001—2010)、《总图制图统一标准》(GB/T 50103—2010)、《建筑制图统一标准》(GB/T 50104—2010)、《建筑结构制图标准》(GB/T 50105—2010)、《建筑给水排水制图标准》(GB/T 50106—2010)。其中，代号"GB/T"表示推荐性国标，代号的第一组数字表示标准被批准的顺序号，第二组数字表示标准被批准发布的年份。

2.1.1 图纸幅面

图纸幅面及图框尺寸应符合表 2-1 的规定及图 2-1 和图 2-2 的格式。

表 2-1 幅面及图框尺寸 （单位：mm）

尺寸代号 \ 幅面	A0	A1	A2	A3	A4
$b \times l$	841×1189	594×841	420×594	297×420	210×297
c	10			5	
a	25				

图纸的短边尺寸不应加长，A0～A3 幅面长边尺寸可加长，如表 2-2 所示。

表 2-2 图纸长边加长尺寸 （单位：mm）

幅面尺寸	长边尺寸	长边加长后尺寸
A0	1189	1486、1635、1783、1932、2080、2230、2378
A1	841	1051、1261、1471、1682、1892、2102
A2	594	743、891、1041、1189、1338、1486、1635、1783、1932、2080
A3	420	630、841、1051、1261、1471、1682、1892

图纸以短边作为垂直边应为横式，以短边作为水平边应为立式。A0～A3 图纸宜横式使用；必要时，也可立式使用。横式使用的图纸应按图 2-1 的形式进行布置；立式使用的图纸应按图 2-2 的形式进行布置。

一个工程设计中，每个专业所使用的图纸，不宜多于两种幅面，不含目录及表格所采用的 A4 幅面。图纸中应有标题栏，标题栏的位置一般在图框的右下角。

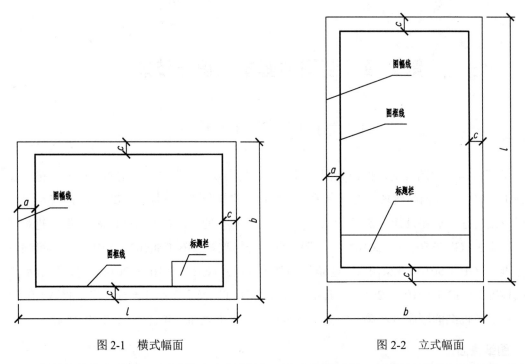

图 2-1 横式幅面   图 2-2 立式幅面

本课程的作业和练习都不是生产用图纸，所以除图幅外，标题栏格式和尺寸都可以简化或自行设计。在本课程作业中，标题栏可采用图 2-3 所示的格式，其中，图名用 10 号字，校名用 7 号字，其余用 5 号字。

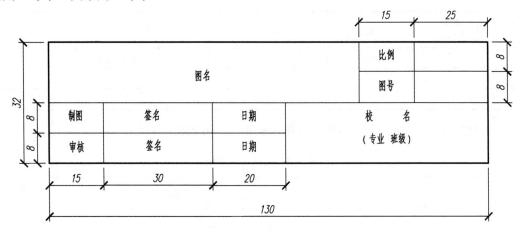

图 2-3 标题栏(单位：mm)

2.1.2 图线

1. 图线的宽度

图线的宽度 b，宜从 1.4mm、1.0mm、0.7mm、0.5mm、0.35mm、0.25mm、0.18mm、0.13mm 线宽系列中选取。图线宽度不应小于 0.1mm。每个图样，应根据复杂程度与比例大小，先选定基本线宽 b，再选用表 2-3 中相应的线宽组。

表 2-3　线宽 　　　　　　　　　　　　　　　　　　　　（单位：mm）

线宽	线宽组			
b	1.4	1.0	0.7	0.5
$0.7b$	1.0	0.7	0.5	0.35
$0.5b$	0.7	0.5	0.35	0.25
$0.25b$	0.35	0.25	0.18	0.13

注：(1)需要缩微的图纸，不宜采用 0.18mm 及更细的线宽。

　　 (2)同一张图纸内，各不同线宽中的细线，可统一采用较细的线宽组的细线。

　　工程建设制图应选用表 2-4 所示的图线。粗线、中线、细线的宽度比例为 4∶2∶1。同一张图纸内，相同比例的各图样，应选用相同的线宽组。

表 2-4　图线

名称		线型	线宽	用途
实线	粗	——————	b	主要可见轮廓线
	中粗	——————	$0.7b$	可见轮廓线
	中	——————	$0.5b$	可见轮廓线、尺寸线、变更云线
	细	——————	$0.25b$	图例填充线、家具线
虚线	粗	- - - - -	b	见有关专业制图标准
	中粗	- - - - -	$0.7b$	不可见轮廓线
	中	- - - - -	$0.5b$	不可见轮廓线、图例线
	细	- - - - -	$0.25b$	图例填充线、家具线
单点长画线	粗	— · — · —	b	见有关各专业制图标准
	中	— · — · —	$0.5b$	见有关各专业制图标准
	细	— · — · —	$0.25b$	中心线、对称线、轴线等
双点长画线	粗	— · · — · · —	b	见有关各专业制图标准
	中	— · · — · · —	$0.5b$	见有关各专业制图标准
	细	— · · — · · —	$0.25b$	假想轮廓线、成形前原始轮廓线
折断线	细	——/\——	$0.25b$	断开界线
波浪线	细	～～～	$0.25b$	断开界线

　　图纸的图框线和标题栏线，可采用表 2-5 所示的线宽。

表 2-5　图框线、标题栏线的宽度

幅面代号	图框线	标题栏外框线	标题栏分格线
A0、A1	b	$0.5b$	$0.25b$
A2、A3、A4	b	$0.7b$	$0.35b$

　　相互平行的图例线，其净间隙或线中间隙不宜小于 0.7mm。

2. 图线的画法

　　虚线、单点长画线或双点长画线的线段长度和间隔，宜各自相等。

　　单点长画线或双点长画线，当在较小图形中绘制有困难时，可用实线代替。

　　单点长画线或双点长画线的两端不应是点。点画线与点画线交接点或点画线与其他图线交接时，应是线段交接。

　　虚线与虚线交接或虚线与其他图线交接时，应是线段交接。虚线为实线的延长线时，不得与实线相接。

图线不得与文字、数字或符号重叠、混淆，不可避免时，应首先保证文字的清晰。如图 2-4 所示。

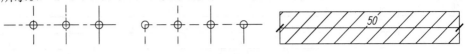

图 2-4　图线的交接

2.1.3　字体

图纸上的文字、数字或符号等，均应笔画清晰、字体端正、排列整齐；标点符号应清楚正确。

文字的字高应从表 2-6 中选用，字高大于 10 的文字宜采用 TrueType 字体，如需书写更大的字，其高度应按 $\sqrt{2}$ 的倍数递增。

表 2-6　字高 （单位：mm）

字体种类	中文矢量字体	TrueType 字体及非中文矢量字体
字高	3.5、5、7、10、14、20	3、4、6、8、10、14、20

图样及说明中的汉字，宜采用长仿宋体(矢量字体)或黑体，同一图纸字体种类不应超过两种。长仿宋体示例如图 2-5 所示。长仿宋体的字高与字宽的关系应符合表 2-7 的规定，黑体字的宽度与高度相同。大标题、图册封面、地形图的汉字也可书写成其他字体，但应易于辨认。

长仿宋体示例：

10号字
字体工整笔画清楚间隔均匀
7号字
横平竖直　注意起落　结构均匀　填满方格
5号字
技术制图机械电子汽车航空土木建筑矿山井坑纺织服装
3.5号字
螺纹齿轮端子接线飞行指导驾驶舱位棉麻化纤

图 2-5　长仿宋体示例

表 2-7　长仿宋体字高与字宽的关系 （单位：mm）

字高	20	14	10	7	5	3.5
字宽	14	10	7	5	3.5	2.5

图样及说明中的拉丁字母、阿拉伯数字与罗马数字，宜采用单线简体或 ROMAN 字体。拉丁字母、阿拉伯数字与罗马数字，若需写成斜体字，其斜度应是从字的底线逆时针向上倾斜 75°。斜体字的高度和宽度应与相应的直体字相等。拉丁字母、阿拉伯数字与罗马数字的字高不应小于 2.5mm。如图 2-6 所示。

大写斜体	*ABCDEFGHIJKLMNOPQRSTUVWXYZ*
小写斜体	*abcdefghijklmnopqrstuvwxyz*
大写直体	ABCDEFGHIJKLMNOPQRSTUVWXYZ
小写直体	abcdefghijklmnopqrstuvwxyz
数字直体	1234567890
数字斜体	*1234567890*

图 2-6　字母和数字示例

2.1.4　比例

图样的比例应为图形与实物相对应的线性尺寸之比。比例宜注写在图名的右侧，字的基准线应取平，比例的字高宜比图名的字高小一号或二号。

绘图所用的比例应根据图样的用途与被绘对象的复杂程度，从表 2-8 中选用，并应优先采用表中的常用比例。

表 2-8　绘图所用比例

常用比例	1：1、1：2、1：5、1：10、1：20、1：30、1：50、1：100、1：150、1：200、1：500、1：1000、1：2000
可用比例	1：3、1：4、1：6、1：15、1：25、1：40、1：60、1：80、1：250、1：300、1：400、1：600、1：5000、1：10000、1：20000、1：50000、1：100000、1：200000

一般情况下，一个图样应选用一种比例。根据专业制图需要，同一图样可选用两种比例。特殊情况下也可自选比例，这时除应注出绘图比例外，还必须在适当位置绘制出相应的比例尺。

2.1.5　尺寸标注

1. 尺寸的组成

图样上的尺寸包括尺寸界线、尺寸线、尺寸起止符号和尺寸数字，如图 2-7 所示。

1）尺寸界线

尺寸界线应用细实线绘制，应与被注长度垂直，其一端应离开图样轮廓线不应小于 2mm，另一端宜超出尺寸线 2～3mm。图样轮廓线可用作尺寸界线。

2）尺寸线

尺寸线应用细实线绘制，应与被注长度平行。图样本身的任何图线不得用作尺寸线。互相平行的尺寸线，应从被注写的图样轮廓线由近向远整齐排列，较小尺寸应离轮廓线较近。图样轮廓线以外的尺寸界线，与图样最外轮廓之间的距离，不宜小于 10mm，平行排列的尺寸线的间距，宜为 7～10mm，并应保持一致。

3）尺寸起止符号

尺寸起止符号一般用中粗斜短线绘制，其倾斜方向应与尺寸界线顺时针成45°，长度宜为2～3mm。半径、直径、角度与弧长的尺寸起止符号，宜用箭头表示。箭头的画法如图2-8所示。

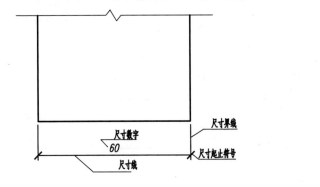

图 2-7　尺寸的组成

图 2-8　箭头画法

4）尺寸数字

图样上的尺寸应以尺寸数字为准，不得从图上直接量取。图样上的尺寸单位除标高和总平面以米为单位外，其他必须以毫米为单位。尺寸宜标注在图样轮廓以外，不宜与图线、文字及符号等相交。尺寸数字的注写方向和注写位置分别如图2-9和图2-10所示。

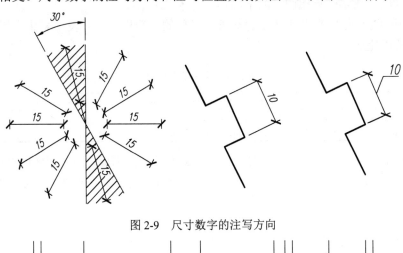

图 2-9　尺寸数字的注写方向

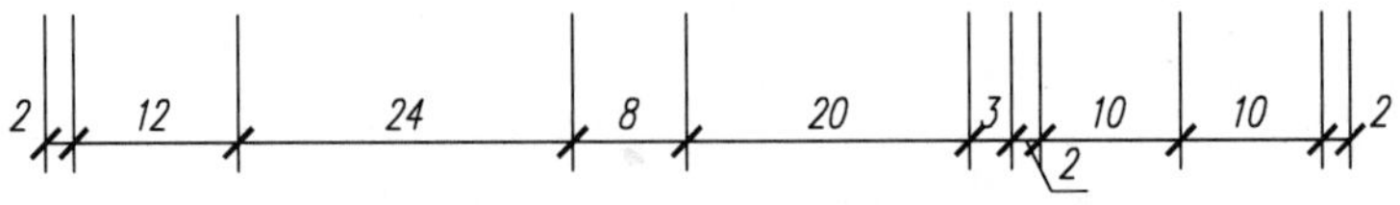

图 2-10　尺寸数字的注写位置

2. 半径、直径、球的尺寸标注

(1)半径的尺寸线应一端从圆心开始,另一端画箭头指向圆弧。

半径数字前应加注半径符号"R",见图2-11。

(2)较小圆弧的半径可按图2-12的形式标注,较大圆弧的半径可按图2-13的形式标注。

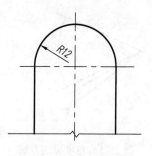

图2-11 半径的标注方法

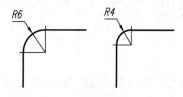

图2-12 小圆弧半径的标注方法

图2-13 大圆弧半径的标注方法

(3)标注圆的直径尺寸时,直径数字前应加直径符号"ϕ"。在圆内标注的尺寸线应通过圆心,两端画箭头指至圆弧。较小圆的直径尺寸,可标注在圆外,如图2-14所示。

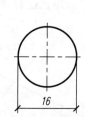
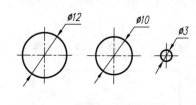

图2-14 圆的直径标注方法

(4)标注球的半径尺寸时,应在尺寸前加注符号"SR"。标注球的直径尺寸时,应在尺寸数字前加注符号"$S\phi$"。注写方法与圆弧半径和圆直径的尺寸标注方法相同。

3. 角度、弧度、弧长的标注

(1)角度的尺寸线应以圆弧表示。该圆弧的圆心应是该角的顶点,角的两条边为尺寸界线。起止符号应以箭头表示,如没有足够位置画箭头,可用圆点代替,角度数字应水平注写,如图2-15所示。

(2)标注圆弧的弧长时,尺寸线应以与该圆弧同心的圆弧线表示,尺寸界线应指向圆心,起止符号用箭头表示,弧长数字上方应加注圆弧符号"⌒",如图2-16所示。标注圆弧的弦长时,尺寸线应以平行于该弦的直线表示,尺寸界线应垂直于该弦,起止符号用中粗斜短线表示,如图2-17所示。

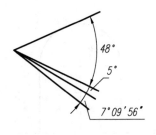 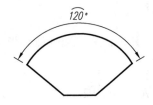 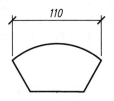

图 2-15　角度标注方法　　　　图 2-16　弧长的标注方法　　　　图 2-17　弦长的标注方法

2.2　制图工具及其使用方法

1. 图板

图板用来铺放和固定图纸，图板的短边作为丁字尺上下移动的导边，如图 2-18 所示。图板有几种规格，可根据需要选用。

2. 丁字尺

丁字尺的尺头与尺身垂直，尺身的工作边为带刻度的一边，丁字尺用完之后要挂起来，防止尺身变形。丁字尺主要用来画水平线，画线时，左手握住尺头，使其紧靠图板左边，推到需画线的位置，自左向右画水平线。也可与三角板配合画铅直平行线。如图 2-18 所示。

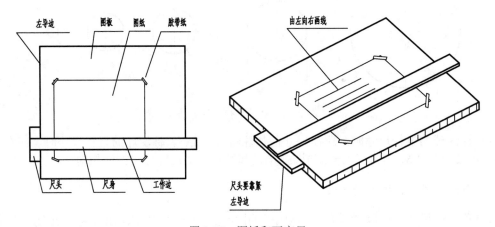

图 2-18　图板和丁字尺

3. 三角板

一副三角板有两个，一个为 30°×60°×90°，另一个为 45°×45°×90°。三角板主要用来画铅直线，也可互相配合画斜线。三角板的用法如图 2-19 所示。

4. 比例尺

常见的比例尺称为三棱比例尺，如图 2-20 中右图所示。使用时，先要在尺上找到所需的比例，不用计算，即可按需要在其上量取相应的长度作图。

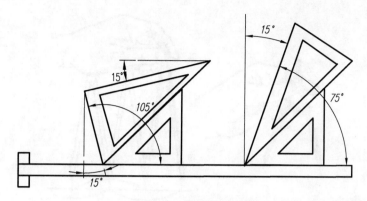

图 2-19　三角板的用法

图 2-20　曲线板和比例尺

5. 曲线板

有些非圆曲线需要用曲线板分段连接起来。使用时,首先要定出足够数量的点,然后徒手将各点连成曲线。一般每描一段曲线最少有 4 个点与曲线板的曲线重合。为使描画出的曲线光滑,每描一段曲线时,应有一段与前一段所描的曲线重叠。曲线板如图 2-20 中左图所示。

6. 铅笔

铅笔有很多种,其型号以铅芯的软硬程度来分,H 表示硬,B 表示软。H 或 B 前面的数字越大表示越硬或越软。绘图时常用 H、2H 的铅笔打底稿,用 HB 或 B 等中等硬度的铅笔加深。铅笔如图 2-21 所示。

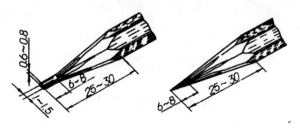

图 2-21　铅笔

7. 分规

分规的两脚都为钢针,是用来等分线段或量取长度的。为了准确地度量尺寸,分规的两针应平齐,如图 2-22 所示。

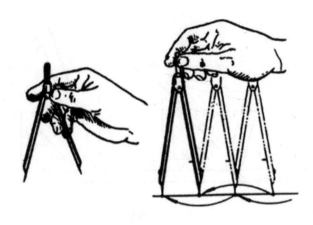

图 2-22　分规

8. 圆规

圆规是用来画圆和圆弧的仪器。

9. 绘图墨水笔

绘图墨水笔是用来上墨线用的,它的针尖为一针管,所以又称为针管笔,如图 2-23 所示。它有不同的粗细规格,可以分别画出粗细不同的墨线,由于墨线针管较细,在使用过程中容易发生堵塞,当出现堵塞时,可轻轻甩动笔尖,听到响声,就表示通了。用完后,洗干净存放好。

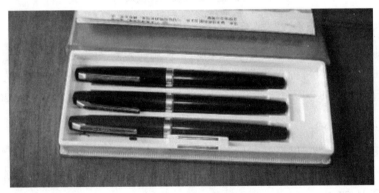

图 2-23　绘图墨水笔

10. 其他绘图工具

绘图橡皮、透明胶、单双面刀片等也是绘图时常用的工具。

2.3　几 何 作 图

任何工程形体的投影图都可以看成是由直线、圆弧和其他一些曲线所组成的复杂几何图形。因此,应正确掌握几何图形的作图方法。

1. 圆弧连接

圆弧与圆弧之间、圆弧与直线之间的光滑连接问题，称为圆弧连接。

1）两直线间的圆弧连接

图 2-24 为两直线间的圆弧连接，由分别距直线为 r 的两直线交出连接弧的圆心 O，过 O 作 L_1、L_2 的垂线，得切点 A、B，然后画出连接弧 AB。

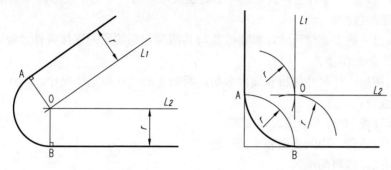

图 2-24　两直线间的圆弧连接

2）直线与圆弧间的圆弧连接

图 2-25 为已知直线 L 与已知圆 O_1 间的外切连接方法。连接弧的圆心 O，是以 O_1 为圆心，以 (r_1+r) 为半径的弧，与距直线 L 为 r 的直线的交点。

3）两圆弧间的圆弧连接

图 2-26 为连接圆弧与圆 O_1 外切、与圆 O_2 内切的作图方法，其连接弧的圆心 O，是以 O_1 为圆心、$(r+r_1)$ 为半径所画的弧，与以 O_2 为圆心、$(r-r_2)$ 为半径所作之弧的交点。

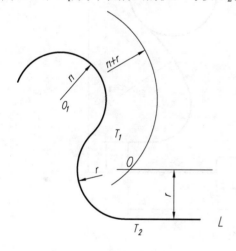

图 2-25　直线与圆弧间的圆弧连接

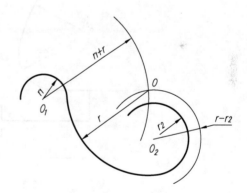

图 2-26　两圆弧间的圆弧连接

2. 平面图形的画法

1）平面图形的尺寸分析

（1）定形尺寸。

定形尺寸是确定单一的几何图形的形状和大小的尺寸。

(2)定位尺寸。

在工程图中的平面图形,往往不是单一的几何图形,而是由若干个平面图形拼组在一起的。这样,除了每一图形必须有自己的定形尺寸,还要确定相互间相对位置的定位尺寸。

2)平面图形的线段分析

(1)已知线段。尺寸齐全,根据基准线位置和定形尺寸就能直接画出的线段。

(2)中间线段。尺寸不齐全,只知道一个定位尺寸,另一个定位尺寸必须借助于已知线段的连接条件确定的线段。

(3)连接线段。缺少定位尺寸,需要依靠与其两端相邻线段的连接条件才能确定的线段。

3)平面图形的绘图步骤

(1)对平面图形进行尺寸分析和线段分析,明确定形尺寸和定位尺寸,区分已知线段、中间线段和连接线段。

(2)画出基准线(对称中心线、轴线等)。

(3)画出已知线段、中间线段和连接线段。

(4)顺序加深、描粗图线。

(5)标注尺寸、注写文字及符号。

现以图 2-27 为例说明平面图形的画法。进行图形分析的过程如下。

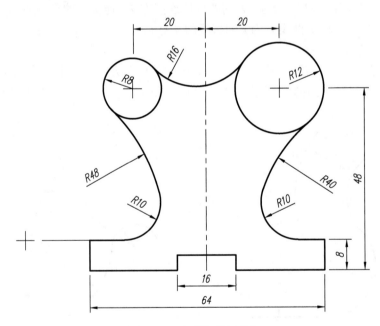

图 2-27　平面图形的画法

(1)已知线段。

定形尺寸和定位尺寸都齐全的线段称为已知线段。也就是说,根据所给尺寸能直接画出的线段,如图 2-28(a)所示。

(2)中间线段。

定形尺寸齐全,定位尺寸只有一个方向的线段称为中间线段。中间线段的另一方向的定位尺寸需依靠其连接的已知线段才能求出。如图 2-28(b)中半径为 48 的圆弧,其横向的定位需依靠半径为 8 的圆弧作出,故属于中间线段。半径为 16 的圆弧也属于中间线段。

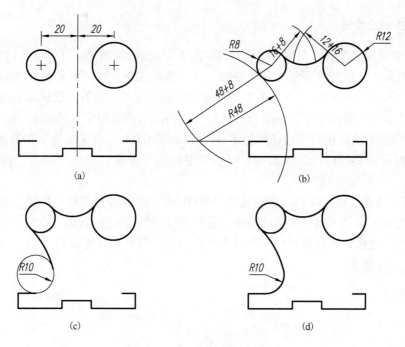

图 2-28 平面图形的作图步骤

(3) 连接线段。

只有定形尺寸，而无定位尺寸的线段称为连接线段。连接线段的定位需依靠已知线段或中间线段才能作出。如图 2-28(c)中半径为 10 的圆弧需依靠已知直线和连接圆弧才能作出，故属于连接线段。

2.4 徒 手 作 图

徒手作图是不用绘图工具，目测估计比例，徒手绘制的草图。徒手作图迅速简便，是工程技术人员在技术交流中常用到的技能。

1) 画直线

水平线自左向右，铅直线自上而下，图线宜一次画成，对于较长的直线，可分段画出。

2) 画圆

画圆应先画出圆的外切正方形及其对角线，然后在正方形边上定出切点，并在对角线找到其三分之二分点，过这些点连接成圆。

3) 画椭圆

画椭圆先作出椭圆的外切矩形，然后连对角线，在矩形各对角线的1/2上目测10等分，并定出 7 等分的点，把这 4 个点与长短轴端点顺次连成椭圆。

2.5 仪 器 作 图

2.5.1 做好各项准备工作

布置好绘图环境，准备好绘图工具，所有工具和用品都要擦拭干净。

2.5.2 绘图的一般步骤

(1)做好各项准备工作。布置好绘图环境，准备好圆规、三角板、丁字尺、比例尺、铅笔、橡皮等绘图工具；图纸铺在图板上，铺放时，将平整的图纸放在图板的偏左下部，应使图纸离图板左边约 5cm，离下边 1~2 倍的丁字尺宽度。固定图纸，调整图纸使其下边沿与尺身工作边平行，铺放时应借助丁字尺的配合。用胶带纸将图纸四角固定在图板上。

(2)绘制底稿。画底稿时用较硬的铅笔(H 或 2H 或 3H)。一般先画每个图的基准线、中心线或轴线，再画主要轮廓线。绘制底稿时首先进行图形分析，应先画轴线，再画轮廓线及细部。

(3)加深。检查底稿无误后，用较软的铅笔(B 或 2B)或者是墨线笔加深。顺序是：自上而下、自左而右依次画出同一线宽的图线，各种图线应符合制图标准。

加深完后，遵照标准注写尺寸、书写图名、填写标题栏和其他说明。

(4)检查、复核全图。

第 3 章　正投影基础

3.1　投影法概述

如图 3-1 所示，P 为平面，S 为平面外一点，现有空间点 A、B，由点 S 分别向点 A、B 作射线，交平面 P 于点 a、b。平面 P 称为投影面，点 S 称为投射中心，SA、SB 称为投射线，点 a、b 为空间点 A、B 在投影面 P 上的投影。这种令投射线通过点或其他形体，向选定的投影面投射，并在该面上得到投影的方法称为投影法。

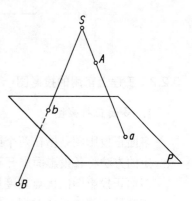

图 3-1　投影法

对于投影法的概念，可以与产生影子的物理现象联系起来进行理解。如果图 3-2 反映的是产生影子的物理现象，则 S 为光源，P 为投影屏幕，a 为空间点 A 在投影屏幕上产生的影子。产生影子与投影的相同要素是投射线、物体、投影面。不同的是，影子只是反映物体的边界轮廓，而投影需要反映物体上的细部构造。

3.2　投影法的分类及其应用

3.2.1　投影法的分类

投影法分为中心投影法和平行投影法。

1. 中心投影法

如图 3-2 所示，投射中心距投影面有限远，投射线汇交于投射中心，这种投影法称为中心投影法。由中心投影法得到的投影，称为中心投影。

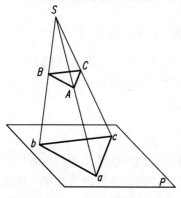

图 3-2　中心投影法

2. 平行投影法

如图 3-3 所示，投射中心距投影面无限远，投射线相互平行，这种投影法称为平行投影法。由平行投影法得到的投影，称为平行投影。

图 3-3(a)中投射线与投影面倾斜，这种平行投影法称为斜投影法。由斜投影法得到的投影，称为斜投影。图 3-3(b)中投射线与投影面垂直，这种平行投影法称为正投影法。由正投影法得到的投影，称为正投影。

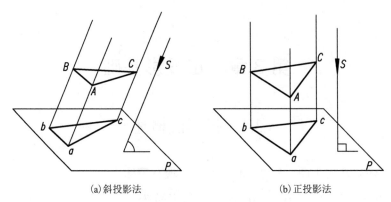

(a)斜投影法　　　　　　　　　(b)正投影法

图 3-3　平行投影法

3.2.2　工程上常用的投影图

1. 多面正投影图

多面正投影图是指在两个或两个以上互相垂直的投影面上作出的形体的正投影，然后按照一定的方法将各投影面展开到同一平面上，从而得到的投影图，如图 3-4 所示。

多面正投影图的优点是度量性好，能够真实地表现物体形状，作图简单。缺点是立体感差，直观性不强，需要掌握一定的制图知识后才能读懂和绘制。因此，多面正投影图是土木工程中应用最为广泛的投影图。

2. 轴测投影图

轴测投影图是把空间形体和确定该形体位置的直角坐标系一起沿不平行于任一坐标面的方向，平行地投射到单一投影面上所得到的投影图，如图 3-5 所示。

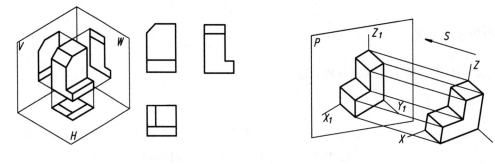

图 3-4　多面正投影图　　　　　　　　　图 3-5　轴测投影图

轴测投影图的优点是平行于轴向的线段可进行度量，直观性强。缺点是所表达的形体形状不全面，部分形状变形、失真，并且作图较复杂。因此轴测投影图常用作辅助图，作为多面正投影图的一个补充。

3. 标高投影图

标高投影图是用正投影法画出的单面投影图。如图 3-6(a)所示的曲面体被距离投影面高度为 30m、40m、50m、60m 的水平面所截切，作出交线的 H 面投影，并标注高度值，即该曲面体的标高投影，如图 3-6(b)所示。标高投影图在地形图中被广泛采用。

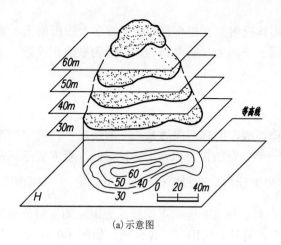
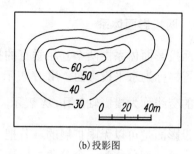

(a)示意图　　　　　　　　　　　　(b)投影图

图 3-6　标高投影图

4. 透视投影图

透视投影图是用中心投影法将空间形体投射到单一投影面上得到的投影图,如图 3-7 所示。透视投影图的缺点是度量性差,无法从图中直接度量形体各部分的确切形状和大小,并且手工绘制较复杂。但是用这种方法绘制出的图形基本上与人们日常观察物体的视觉效果保持一致,富有立体感和真实感。因此,在土木建筑设计中,常用来表现建筑物的外观形象和内部构造。

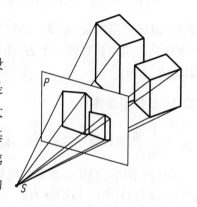

图 3-7　透视投影图

3.3　投影面体系的建立

如图 3-8 所示,同样的投影图形,但对应的空间形体不同。由此可见,只凭单面投影不能唯一地确定空间形体。

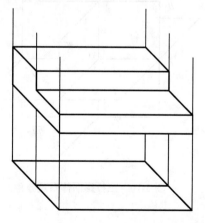
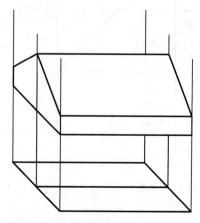

图 3-8　不同空间形体的单面投影

为了完全确定空间形体的形状，可将形体投射到互相垂直的两个或多个投影面上，然后将投影面连同其上的投影一起展开铺平到同一平面上，所得到的正投影为多面正投影。下面先介绍两投影面体系的建立。

3.3.1 两投影面体系

两投影面体系由两个互相垂直的投影面组成，简称两面体系。一般情况下，其中一个水平放置，称为水平投影面，用 H 表示；另一个竖直放置，称为正立投影面，用 V 表示。两投影面的交线称为投影轴，用 OX 表示。H 面和 V 面构成两投影面体系，可简记为 $\frac{V}{H}$ 两面体系。

投影面是可以无限扩展的，若把 H 面向后扩展、V 面向下扩展，无限空间便被分成了四部分，每一部分称为一个分角，依次为第 I、第 II、第 III、第 IV 分角，如图 3-9 所示。

在实际应用中，两投影面体系绝不仅限于 $\frac{V}{H}$ 两面体系，因为只要是两个互相垂直的投影面就可组成两面体系。例如，为解决某些问题，可以新建一个 V_1 面与 H 面构成一个新的两投影面体系，也可以新建一个 H_2 面与 V 面构成另一个新的两投影面体系，详见 4.5 节中的换面法。

3.3.2 三投影面体系

在 $\frac{V}{H}$ 两面体系的基础上，再增加一个与 V 面、H 面都垂直的侧立投影面 W，可构成如图 3-10 所示的三投影面体系，简称三面体系。其中 V 面与 W 面的交线为 OZ 轴，H 面与 W 面的交线为 OY 轴，投影轴 OX、OY、OZ 轴交于原点 O。

在这样的三面体系中，由于 V 面与 W 面是互相垂直的，它们也组成一个两面体系，可简记为 $\frac{V}{W}$ 两面体系。与两投影面体系相同，在三投影面体系中，空间被 V、H、W 三个投影面分为八个分角，分别用 I～VIII 表示。

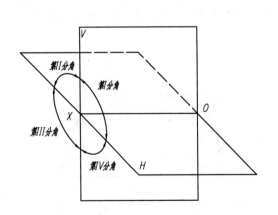

图 3-9　两投影面体系及四个分角

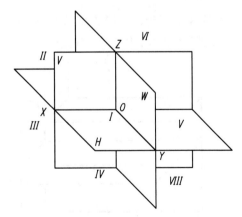

图 3-10　三投影面体系及分角

第4章 点、直线、平面的投影

4.1 点 的 投 影

点是组成形体的最基本元素。点的投影规律和点投影作图的方法是学习直线、平面以及立体投影的基础。

从本章开始，若无特别说明，投影均为正投影法绘制。

4.1.1 点在两投影面体系中的投影

如图 4-1 所示，由空间点 A、B 和 H 投影面可以唯一确定空间点的投影 a、b。但反过来，只由 H 面上的投影 a、b 并不能确定 A、B 的空间位置。

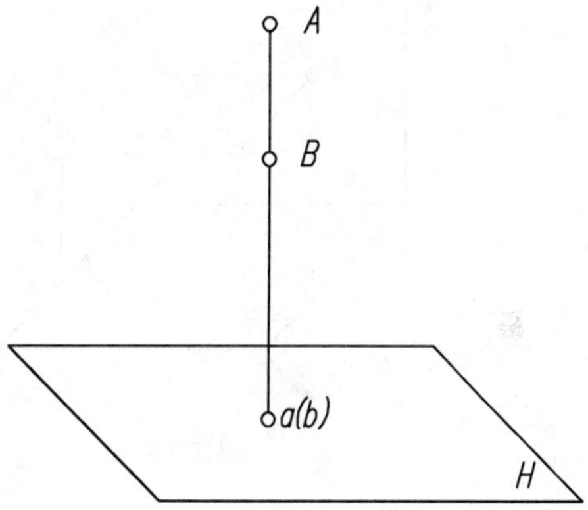

为了确定点的空间位置，可作出点在两投影面体系 $\left(\dfrac{V}{H}\right)$ 中的投影，如图 4-2 所示。在图 4-2(a) 中，将第 I 分角内的点 A 按正投影法向正立投影面和水平投影面作投射，即由点 A 分别向 V 面和 H 面作垂线，得垂足 a' 和 a，则 a' 和 a 分别称为空间点 A 的正面投影和水平投影。

约定：空间点用大写英文字母表示，如 A、B、C 等；点的水平投影用相应的小写字母表示，如 a、b、c 等；点的正面投影用相应的小写字母加一撇表示，如 a'、b'、c' 等。

图 4-1　点的单面投影

在图 4-2(a) 中，由于 $Aa'\perp V$ 面，$Aa\perp H$ 面，所以 OX 垂直于 $a'Aa$ 所确定的平面，于是 $OX\perp a'a_X$，$OX\perp aa_X$（a_X 为平面 $a'Aa$ 与 OX 轴的交点）。

由两投影面体系到两面投影图，画法几何规定，V 面不动，将 H 面绕 OX 轴按图 4-2(a) 所示箭头方向旋转 90°，使之与 V 共面，同时，aa_X 也随 H 面旋转至 $a'a_X$ 所在位置直线上（图 4-2(b)）。这里将 $a'a$ 连线称为投影连线。

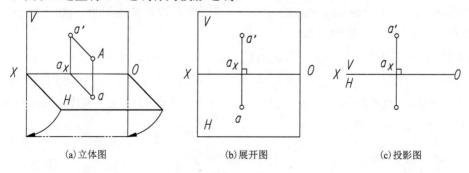

(a) 立体图　　　　(b) 展开图　　　　(c) 投影图

图 4-2　点的两面投影

根据图 4-2 可以得出点的两面投影规律。

(1)点的两投影连线垂直于投影轴。

(2)点的 H 面投影到投影轴的距离反映空间点到 V 面的距离；点的 V 面投影到投影轴的距离反映空间点到 H 面的距离。

4.1.2　点在三投影面体系中的投影

在图 4-3(a)中,空间点 A 在 $\dfrac{V}{H}$ 投影面体系的基础上再向 W 面作正投影,得投影 a''(点的侧面投影用相应的小写字母加两撇表示)。将 W 面按图 4-3(a)所示的箭头方向旋转 $90°$,使之与 V 共面,此时 Y 轴一部分旋转至 H 面,用 Y_H 表示,另一部分旋转至 W 面,用 Y_W 表示,如图 4-3(b)所示。

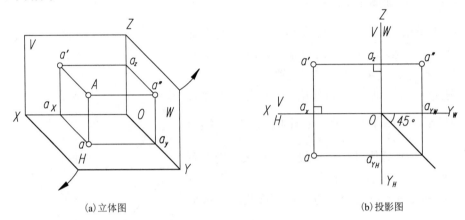

(a)立体图　　　　　　　　　　(b)投影图

图 4-3　点的三面投影

根据点在两投影面体系中的投影规律,可得出点在三投影面体系中的投影规律如下。

(1)点的两投影连线垂直于相应的投影轴,即

$$a'a\perp OX,\ a'a''\perp OZ,\ aa_{Y_H}\perp OY_H,\ a''a_{Y_W}\perp OY_W$$

(2)点的投影到投影轴的距离,反映该点到相应投影面的距离,即

$$a'a_X=a''a_{Y_W}=Aa,\ aa_X=a''a_Z=Aa',\ aa_{Y_H}=a'a_Z=Aa''$$

在实际作图中,为保证 $aa_X=a''a_Z$ 的关系,一般需自点 O 作 $45°$ 辅助线;也可以 O 为圆心,Oa_{Y_H}(或 Oa_{Y_W})为半径,作辅助圆弧。

例 4-1　已知点 A 的正面投影 a' 和侧面投影 a''(图 4-4(a)),求作该点的水平投影。

解：在图 4-4(b)中,先自点 O 作 $45°$ 辅助线;然后,自 a' 向下作 OX 轴的垂直线,自 a'' 向下作 OY_W 轴的垂直线与 $45°$ 辅助线交于一点,过该交点作 OY_H 轴的垂线,与过点 a' 的 OX 轴的垂直线交于 a;a 即点 A 的水平投影。

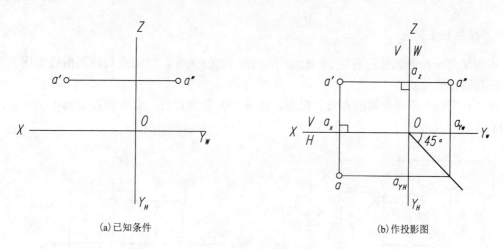

(a)已知条件　　　　　　　　　　(b)作投影图

图 4-4　求点的第三投影

4.1.3　点的直角坐标表示法

把投影轴 OX、OY、OZ 看作坐标轴，则在空间直角坐标系中，点 A 可用坐标 (x_A, y_A, z_A) 表示。

点到投影面的距离与坐标的关系为：点 A 到 H 面的距离等于点 A 的 z 坐标 z_A；点 A 到 V 面的距离等于点 A 的 y 坐标 y_A；点 A 到 W 面的距离等于点 A 的 x 坐标 x_A。

点的投影与坐标的关系为：点的水平投影 a 由 (x_A, y_A) 确定；点的正面投影 a' 由 (x_A, z_A) 确定；点的侧面投影 a'' 由 (y_A, z_A) 确定。图 4-5 为点的投影与坐标的关系。

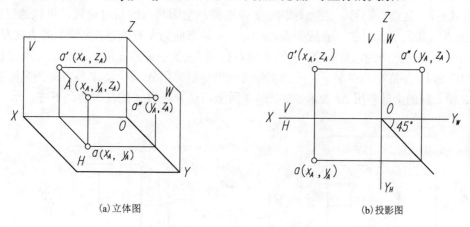

(a)立体图　　　　　　　　　　(b)投影图

图 4-5　点的直角坐标表示

4.1.4　各种位置的点

1. 一般位置点

点到三个投影面的距离（三个坐标值）均不为零。

2. 投影面上的点

点到一个投影面的距离（三个坐标中一个坐标值）为零。空间点与该面投影重合。另外两面投影位于相应的投影轴上。

23

3. 投影轴上的点

点到某两个投影面的距离（三个坐标中两个坐标值）为零。空间点与该两面投影均重合。第三面投影位于原点。

图4-6为以上三种位置的点及其投影。点 A 为一般位置点，点 B 在投影面 V 面上，点 C 在 OX 轴上。

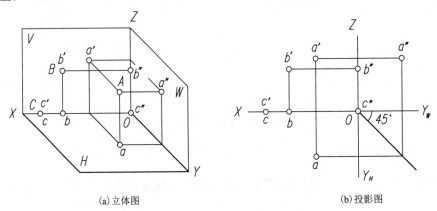

(a) 立体图   (b) 投影图

图4-6 各种位置的点

4.1.5 两点的相对位置

在判别两个点在空间的相对位置时，通常是将其中一点作为基准点，判断另一点在基准点之左（或右）、之前（或后）、之上（或下）多少距离。空间两点的相对位置，可以通过两点的同组投影判断其上下、左右、前后关系。约定：X 轴方向为左右关系，x 值大的点在左，x 值小的点在右；Y 轴方向为前后关系，y 值大的点在前，y 值小的点在后；Z 轴方向为上下关系，z 值大的点在上，z 值小的点在下。两点 X 轴方向的坐标差用 Δx 表示，Y 轴方向的坐标差用 Δy 表示，Z 轴方向的坐标差用 Δz 表示。如图4-7所示，点 B 在点 A 的左、前、下方。

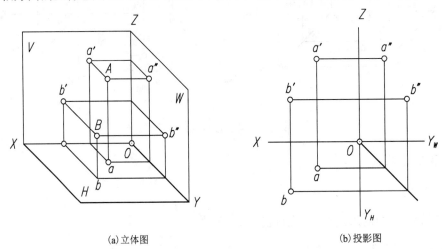

(a) 立体图   (b) 投影图

图4-7 两点的相对位置

当空间两点处在对某一投影面的同一条投射线上时，它们在该投影面上的投影便重合在一起。空间的这两点称为对该投影面的重影点，重合在一起的投影称为重影。在图 4-8 中，

点 A、B 是对 H 面的重影点，a、b 则是它们的重影。在投影图中需要判断并标明重影的可见性。重影 a、b 的可见性是从 V 面（或 W 面）上的投影判断出来的：a' 高于 b'，所以 a 可见，b 不可见。通常在不可见的投影标记上加括号。V 面重影点如图 4-9 所示。

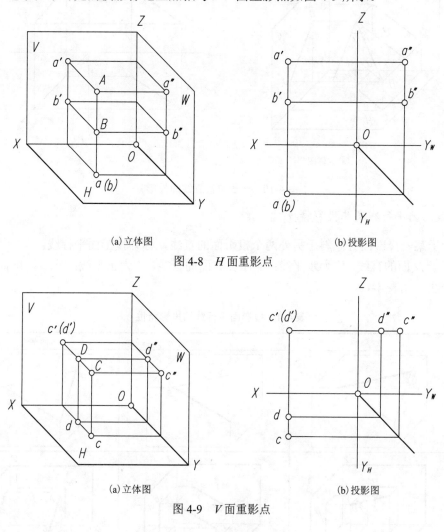

(a) 立体图 　　　　　　　　　(b) 投影图

图 4-8　H 面重影点

(a) 立体图 　　　　　　　　　(b) 投影图

图 4-9　V 面重影点

4.2　直线的投影

直线一般用线段表示。直线的投影一般仍为直线，特殊情况下积聚为一点。连接线段两端点的同面投影即得直线的投影。

4.2.1　各种位置的直线及其投影特性

1.　一般位置直线及其投影特性

一般位置直线与三个投影面都倾斜，这种直线的三个投影均为倾斜的直线。空间直线与投影面夹角称为直线与投影面的倾角。直线对 H、V、W 的倾角分别用 α、β、γ 表示（图 4-10）。

如图 4-10 所示，一般位置直线的投影特性可归纳为：直线的三个投影都倾斜于投影轴，每个投影既不直接反映线段的实长（线段投影长度小于实际长度），也不直接反映倾角的大小。

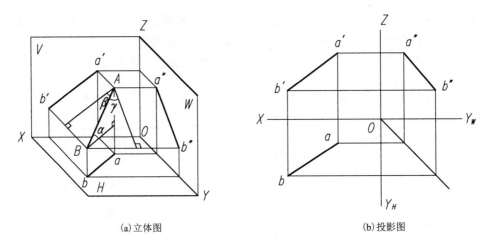

(a)立体图   (b)投影图

图 4-10　一般位置直线的投影

2. 投影面平行线及其投影特性

平行于某一投影面且倾斜于另外两个投影面的直线，称为投影面平行线。

平行于 H 面的直线，称为水平线；平行于 V 面的直线，称为正平线；平行于 W 面的直线，称为侧平线，见表 4-1。

表 4-1　投影面平行线的投影特性

名称	水平线	正平线	侧平线
实例			
立体图			
投影图			
投影特性	①$a'b'$ // OX，$a''b''$ // OY_W，且 $a'b'$、$a''b''$ 都小于实长； ②$ab=AB$； ③ab 与投影轴的夹角反映 β、γ	①bc // OX，$b''c''$ // OZ，且 bc、$b''c''$ 都小于实长； ②$b'c'$ =BC； ③$b'c'$ 与投影轴的夹角反映 α、γ	①$a'c'$ // OZ，ac // OY_H，且 $a'c'$、ac 都小于实长； ②$a''c''$ =AC； ③$a''c''$ 与投影轴的夹角反映 α、β

26

根据表4-1，投影面平行线的投影特性可归结如下。

(1)在直线所平行的投影面上，投影反映线段实长，且该投影与相邻投影轴的夹角反映该直线对另外两个投影面的倾角。

(2)在另外两个投影面上，投影分别平行于直线所平行的投影面上的两条投影轴。

3. 投影面垂直线及其投影特性

垂直于某一投影面的直线，称为投影面垂直线。投影面垂直线一定与另两个投影面平行。

垂直于 H 面的直线，称为铅垂线；垂直于 V 面的直线，称为正垂线；垂直于 W 面的直线，称为侧垂线，见表4-2。

投影面平行线和投影面垂直线都称为特殊位置直线。

表4-2　投影面垂直线的投影特性

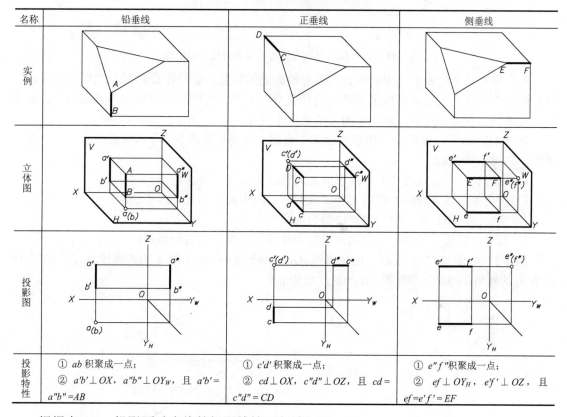

名称	铅垂线	正垂线	侧垂线
实例			
立体图			
投影图			
投影特性	① ab 积聚成一点； ② $a'b' \perp OX$, $a''b'' \perp OY_W$，且 $a'b' = a''b'' = AB$	① $c'd'$ 积聚成一点； ② $cd \perp OX$, $c''d'' \perp OZ$，且 $cd = c''d'' = CD$	① $e''f''$ 积聚成一点； ② $ef \perp OY_H$, $e'f' \perp OZ$，且 $ef = e'f' = EF$

根据表4-2，投影面垂直线的投影特性可归结如下。

(1)在直线所垂直的投影面上，直线的投影积聚为一点。

(2)在另外两个投影面上，直线段的投影反映实长，且分别垂直于直线段所垂直的投影面上的那两条投影轴。

4.2.2　一般位置直线段的实长及其对投影面的倾角

一般位置直线段的三个投影都倾斜于投影轴，每个投影既不反映线段的实长也不反映倾角的大小。常采用直角三角形法求线段的实长及其对投影面的倾角。

在图4-11(a)中，AB 为一般位置直线，过点 B 作 $BA_0 \parallel ab$，得一直角三角形 BA_0A，其中直角边 $BA_0 = ab$，$AA_0 = z_A - z_B$，斜边 AB 就是所求的实长，AB 和 BA_0 的夹角就是直线 AB 对 H 面

的倾角 α 。同理，过点 A 作 $AB_0 /\!/ a'b'$ ，得一直角三角形 AB_0B ， AB 与 AB_0 的夹角就是直线 AB 对 V 面的倾角 β 。

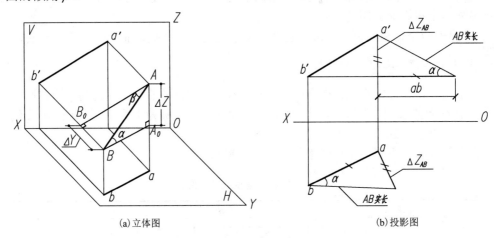

(a) 立体图　　　　　　　　　　(b) 投影图

图 4-11　一般位置直线段的实长及其对投影面的倾角

用直角三角形法来求线段的实长及其对投影面的倾角，就是在投影图上把相应的直角三角形画出来。直角三角形可以画在图纸的任何空白地方，也可利用投影图中已知的投影长或距离差来构成直角三角形，具体作图方法见图 4-11(b)。

如图 4-11 所示，该直角三角形包括 4 个要素，只要知道其中 2 个即可完全确定该直角三角形。这 4 个要素如下。

(1) 投影长：以直线段在某个投影面上的投影长度为一条直角边。

(2) 距离差：以直线段的两端点到该投影面的距离差作为另一直角边。

(3) 实长：所作直角三角形的斜边即为线段的实长。

(4) 倾角：斜边与该投影长度的夹角即为线段与该投影面的倾角。

例 4-2　如图 4-12(a) 所示，已知直线 AB 的水平投影 ab 及点 A 的正面投影 a' ，并知 AB 对 H 面的倾角 $\alpha=30°$ 。求线段 AB 的正面投影 $a'b'$ 。

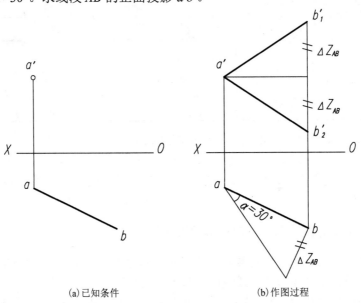

(a) 已知条件　　　　　　　　　　(b) 作图过程

图 4-12　求直线的正面投影

解：利用直角三角形法来求解。在构成直角三角形的 4 个要素中，其中 2 个要素即水平投影 ab 和对 H 面的倾角 α 已知，可直接作出直角三角形，从而求出 b'。

具体作图时，如图 4-12(b) 所示，以直线 AB 的水平投影 ab 为一直角边，由 a 引出与 ab 夹角为 30° 的斜线作为直角三角形的斜边，可作出直角三角形，从而得到 Δz_{AB}。根据 Δz_{AB} 可以求得 b'。由于从已知条件里无法判断点 A 和点 B 的上下位置，故有两解。

4.2.3 直线上的点

直线的投影是直线上所有点的投影的集合，直线上点的各投影必属于该直线的同面投影（从属性），且点分线段的长度之比等于点的同面投影的长度之比（定比性）。反之也成立。

例 4-3 已知直线 AB 的两面投影，点 C 属于直线 AB，且 $AC:CB=1:2$。试求点 C 的两面投影。

解：在 V 面投影中，过 a' 以适当的方向作一条辅助直线，并在其上从 a' 起量取 3 个单位的长度（图 4-13）得 m 点。连 mb'，并过 1 个单位长的分点 n 作 mb' 的平行线，交 $a'b'$ 于点 c'，然后由 c' 作投影连线，交 ab 于点 c，c 和 c' 即点 C 的两面投影。

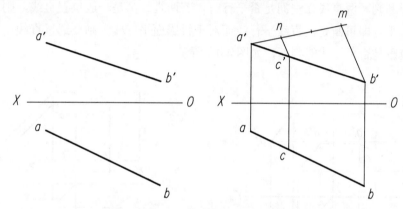

图 4-13　按既定的比例在已知直线上取点

直线与投影面的交点称为直线的迹点。与 H 面的交点称为水平迹点，用 M 标记；与 V 面的交点称为正面迹点，用 N 标记（图 4-14）。

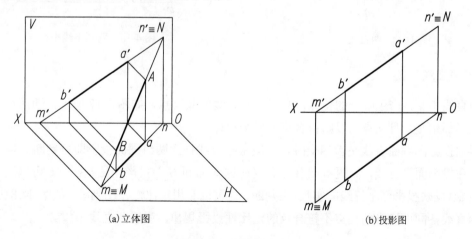

(a) 立体图　　　　　　　　　　　　(b) 投影图

图 4-14　直线的迹点

29

迹点的基本特性为：它是直线上的点，又是投影面上的点。

在图 4-14(b) 中，已知直线 AB 的正面投影 $a'b'$ 和水平投影 ab，求作迹点的方法是：延长 $a'b'$ 与 OX 轴相交得水平迹点 M 的正面投影 m'；自 m' 引 OX 轴的垂线与 ab 的延长线相较于 m，即为水平迹点 M 的水平投影 m。水平迹点 M 与其水平投影 m 重合。

同理，延长 ba 与 OX 轴相交得正面迹点 N 的水平投影 n，自 n 引 OX 轴的垂线与 $b'a'$ 延长线相交于 n'，即得正面迹点 N 的正面投影 n'。正面迹点 N 与其正面投影 n' 重合。

4.2.4 两直线的相对位置

两直线的相对位置有三种，即平行、相交和交叉。两直线垂直是相交和交叉的特殊情况。

1. 两直线平行

两直线平行，其同面投影彼此平行。图 4-15 为两直线平行，其所有的同面投影彼此平行。

根据投影图判断两直线在空间是否平行时，若两直线都是一般位置直线，则只需判断出任意两面投影平行即可断定两直线平行；而对于投影面平行线，则要通过直线所平行的那个投影面上的投影是否平行才能判断，如图 4-16 所示。

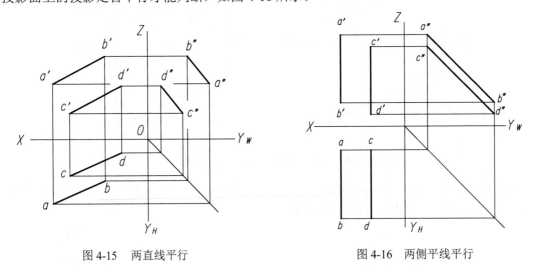

图 4-15　两直线平行　　　　　　　　图 4-16　两侧平线平行

2. 两直线相交

两直线相交，产生唯一的交点，交点是两直线的共有点，如图 4-17 所示，即两直线的各同面投影都相交，且交点的投影符合点的投影规律。

根据投影图判断直线是否相交时，一般根据直线任意两组同面投影即可判断。但当两直线中存在投影面平行线，如图 4-18 所示，仅通过 V 面和 H 面投影无法判断时，可以通过补画 W 面投影（反映投影面平行线的实长）来判断，还可以利用定比性作图判断。从图 4-18(b) 中可知，两直线各同面投影的交点不符合点的定比性投影规律，所以两直线不相交。

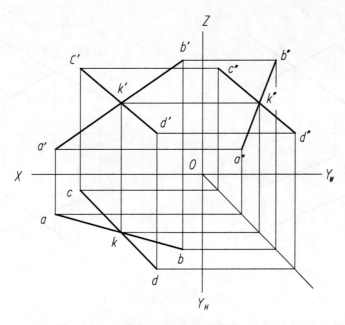

图 4-17　两直线相交

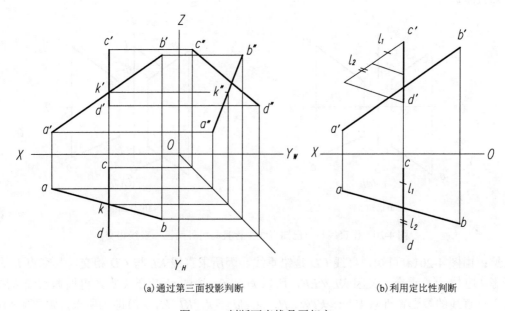

(a) 通过第三面投影判断　　　　　　　　　　(b) 利用定比性判断

图 4-18　判断两直线是否相交

3. 两直线交叉

　　既不平行也不相交的两直线为交叉直线。图 4-19 为交叉直线的两种情况。其投影的交点是两直线上重影点的重合投影。判断交叉两直线重影点的可见性的步骤为：先从投影重合处画一条垂直于投影轴的直线到另一个投影面中的两条投影线上去，就可以找到这两个点，所得两个点中，坐标值大的为可见，不可见的投影点要加括号，如图 4-19 所示。

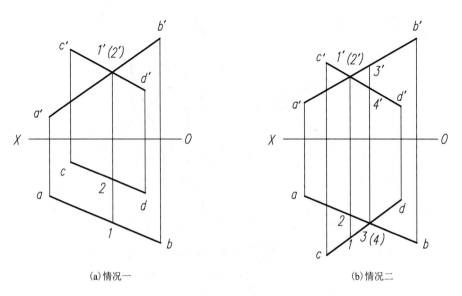

(a)情况一　　　　　　　　　　(b)情况二

图 4-19　两直线交叉

例 4-4　已知条件如图 4-20(a)所示，试作直线 *KL* 与已知直线 *AB*、*CD* 都相交，并平行于已知直线 *EF*。

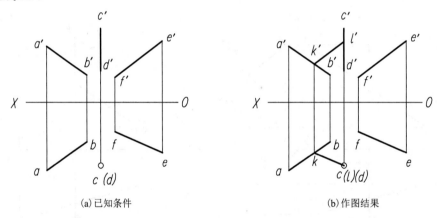

(a)已知条件　　　　　　　　　　(b)作图结果

图 4-20　作直线与一已知直线平行且与另外两已知直线相交

解：由图 4-20(a)可知，直线 *CD* 是铅垂线。因所求直线 *KL* 与 *CD* 相交，其交点 *L* 的水平投影 *l* 应与 *c*(*d*)重合，又因 *KL*∥*EF*，所以 *kl*∥*ef*，并与 *ab* 交于 *k* 点，再根据点线从属关系和平行直线的投影特性求 *k'*，作 *k'l'*∥*e'f'*，交 *c'd'* 于 *l'*。*KL*(*kl*，*k'l'*)即为所求，如图 4-20(b)所示。

4. 两直线垂直

两直线垂直是两直线相交和交叉中的特殊情况。一般情况下，两垂直直线的投影均不反映直角，但当互相垂直(可为相交垂直，也可为交叉垂直)的两直线中至少有一条平行于某个投影面时，它们在该投影面上的投影也互相垂直。这一特性称为直角投影法则。

图 4-21(a)中，*AB* 与 *AC* 垂直相交，其中 *AB* 为水平线，*AC* 为一般位置直线，可证明其 *H* 面投影 *ab*⊥*ac*。证明过程如下。

因为 *AB*⊥*AC*、*AB*⊥*Aa*，所以 *AB*⊥平面 *AacC*；又 *AB*∥*ab*，所以 *ab*⊥平面 *AacC*，故得

$ab \perp ac$。

反之，若已知 $ab \perp ac$（图 4-21（b）），直线 AB 为水平线，则有空间 $AB \perp AC$。

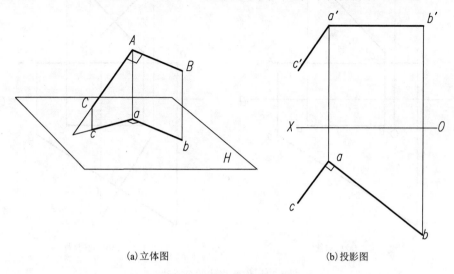

(a)立体图　　　　　　　　　　(b)投影图

图 4-21　垂直相交两直线的投影

图 4-22 中，AB 与 CD 为垂直交叉的两直线，则在水平投影中仍保持 $ab \perp cd$。

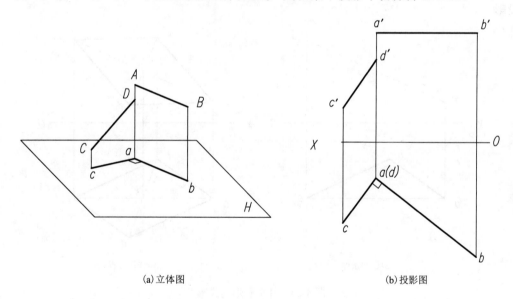

(a)立体图　　　　　　　　　　(b)投影图

图 4-22　垂直交叉两直线的投影

例 4-5　已知水平线 AB 及正平线 CD（图 4-23（a）），试过定点 S 作一条与它们都垂直的直线 SL。

解：由于 SL 与 AB、CD 均垂直，且 AB 和 CD 均为投影面平行线，根据直角投影法则，分别作 $sl \perp ab$，$s'l' \perp c'd'$，$SL(sl, s'l')$ 即为所求的直线，如图 4-23（b）所示。可以看出，SL 与 AB、CD 均不相交。

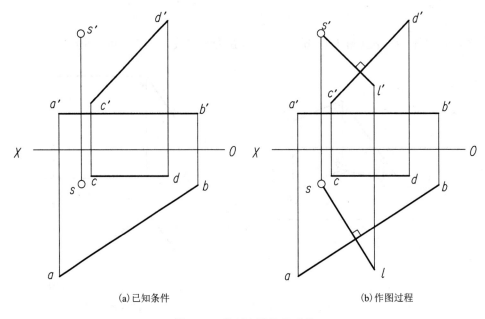

(a)已知条件   (b)作图过程

图 4-23　作两直线的公垂线

    例 4-6　已知菱形 *ABCD* 的不完全投影(图 4-24(a)),*AC* 为正平线。试补全该菱形的两面投影。

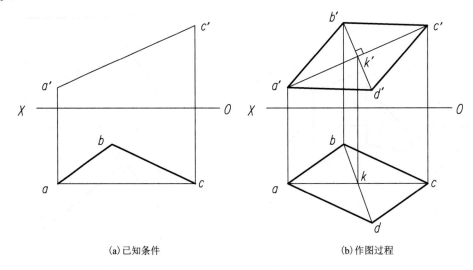

(a)已知条件   (b)作图过程

图 4-24　补全菱形的投影

    解：由于菱形的对角线相互平分且垂直,又已知 *AC* 为正平线,故可根据直角投影法则过 *a′c′* 中点 *k′* 作 *a′c′* 的垂线,作投影连线 *b′b*,得出 *b′*。又由于菱形的对边平行且相等,由平行线性质作出 *d′c′* // *a′b′*,*b′c′* // *a′d′*,得出 *d′*。同理,*ab* // *cd*,*bc* // *ad* 得出 *d*,如图 4-24(b)所示。

4.3 平面的投影

4.3.1 平面投影的表示方法

1. 几何元素表示法

平面的空间位置可由五种形式确定。

(1)不在同一直线上的三点。

(2)一直线和直线外的一点。

(3)两相交直线。

(4)两平行直线。

(5)任意平面图形。

只须作出确定平面的几何元素的投影,即可得到平面的投影。平面投影的几何元素表示法的五种形式如图 4-25 所示。

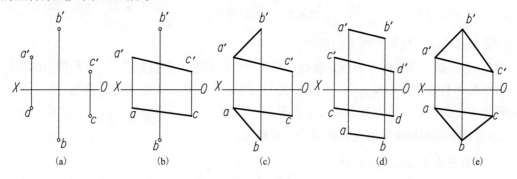

图 4-25　平面的几何元素表示法

2. 迹线表示法

平面与投影面的交线称为平面在该投影面上的迹线,平面 P 与 V 面的交线称为正面迹线,用 P_V 表示;与 H 面的交线称为水平迹线,用 P_H 表示;与 W 面的交线称为侧面迹线,用 P_W 表示。图 4-26(a)为一般位置平面的迹线表示,图 4-26(b)为铅垂面的迹线表示。

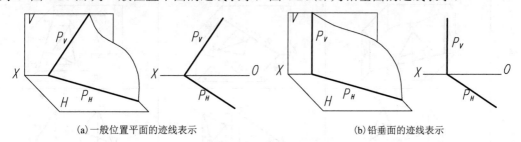

(a)一般位置平面的迹线表示　　　　　　　(b)铅垂面的迹线表示

图 4-26　平面的迹线表示法

4.3.2 各种位置的平面及其投影特性

1. 一般位置平面及其投影特性

与三个投影面都倾斜的平面称为一般位置平面。图 4-27 中△ABC 为一般位置平面。

它与投影面的夹角称为平面对投影面的倾角，平面对 H、V、W 面的倾角分别用 α、β、γ 表示。

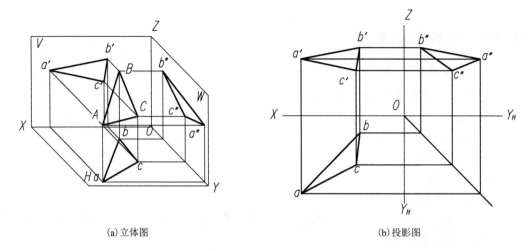

(a) 立体图   (b) 投影图

图 4-27　一般位置平面

一般位置平面的投影特性可归纳如下。

(1) 一般位置平面的各投影既不反映实形，也无积聚性，均为类似形。平面图形的类似形是指：平面在与它倾斜的投影面上的投影是与实形边数相等、大小不等、投影对应、凹凸性及平行性不变的图形，称为类似形或相仿形。

(2) 各投影均不反映平面与投影面的真实倾角。

2. 投影面垂直面及其投影特性

垂直于一个投影面而与另外两个投影面都倾斜的平面称为投影面垂直面。垂直于 H 面的平面称为铅垂面；垂直于 V 面的平面称为正垂面；垂直于 W 面的平面称为侧垂面，见表 4-3。

表 4-3　投影面垂直面的投影及投影特性

名称	铅垂面	正垂面	侧垂面
立体图			
几何元素表示的投影			

名称	铅垂面	正垂面	侧垂面
迹线表示的投影	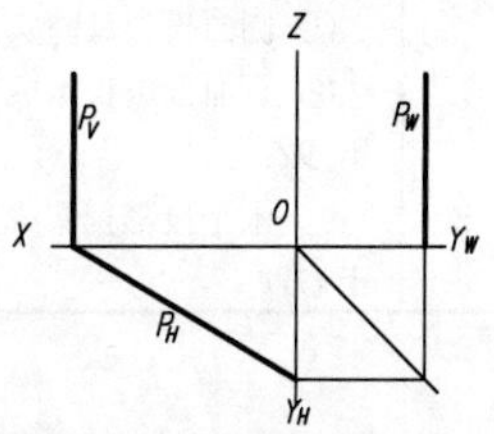	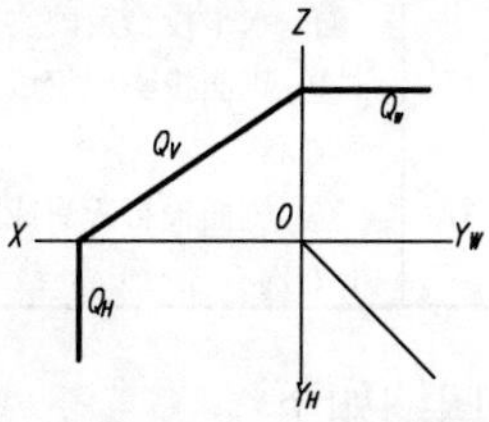	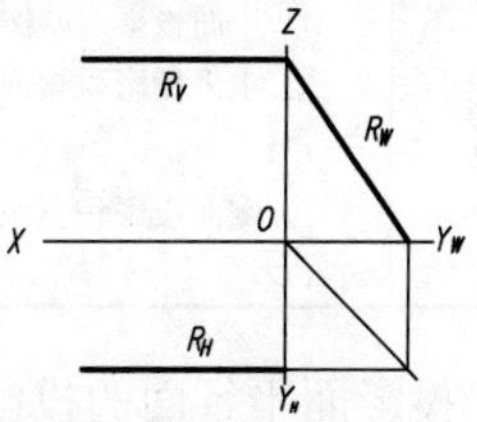
投影特性	① 水平投影积聚成与 OX 轴倾斜的直线段，且反映 β、γ； ② 正面投影为类似形； ③ 侧面投影为类似形	① 正面投影积聚成与 OX 轴倾斜的直线段，且反映 α、γ； ② 水平投影为类似形； ③ 侧面投影为类似形	① 侧面投影积聚成与 OZ 轴倾斜的直线段，且反映 α、β； ② 正面投影为类似形； ③ 水平投影为类似形

投影面垂直面的投影特性可归纳如下。

(1)在平面所垂直的投影面上，投影积聚成一条与投影轴倾斜的直线。该直线与相邻投影轴的夹角反映该平面对另两个投影面的倾角。

(2)在另外两个投影面上，平面图形的投影均为类似形。

3. 投影面平行面及其投影特性

平行于某一个投影面的平面称为投影面平行面。平行于 H 面的平面称为水平面；平行于 V 面的平面称为正平面；平行于 W 面的平面称为侧平面，见表4-4。

表4-4　投影面平行面的投影及投影特性

名称	正平面	水平面	侧平面
立体图	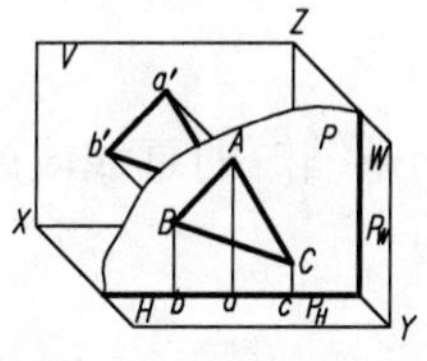	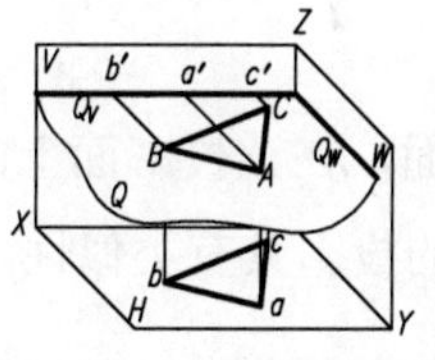	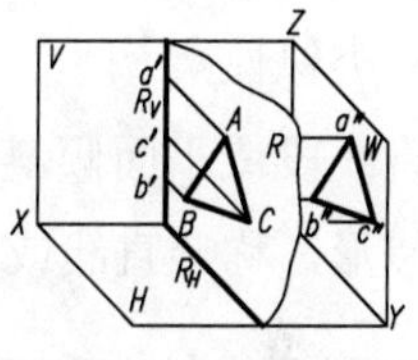
几何元素表示的投影	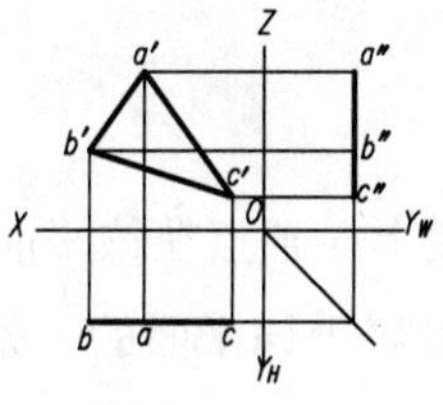	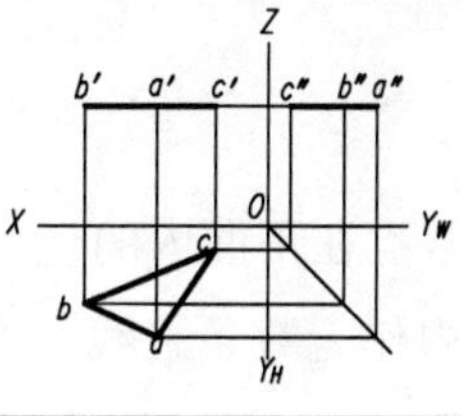	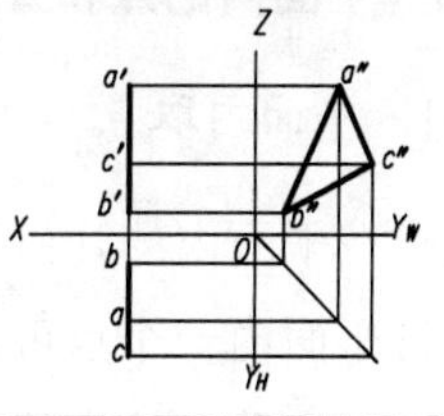
迹线表示的投影	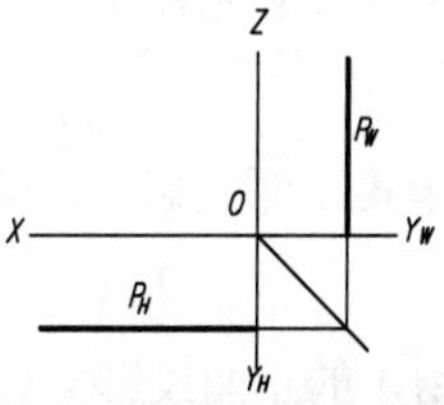	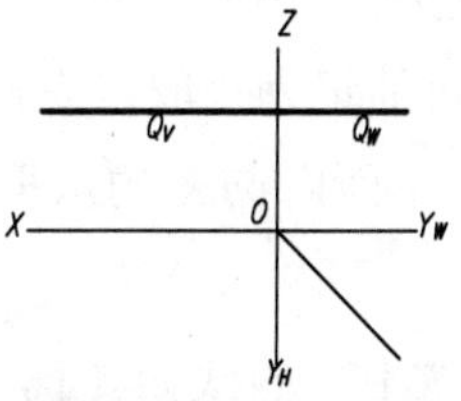	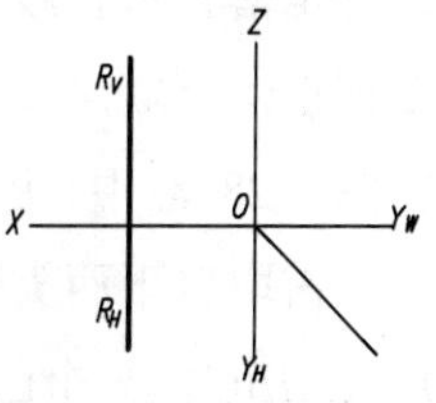

名称	正平面	水平面	侧平面
投影特性	① 正面投影反映实形； ② 水平投影积聚成直线，且平行于 OX； ③ 侧面投影积聚成直线，且平行于 OZ	① 水平投影反映实形； ② 正面投影积聚成直线，且平行于 OX； ③ 侧面投影积聚成直线，且平行于 OY_W	① 侧面投影反映实形； ② 正面投影积聚成直线，且平行于 OZ； ③ 水平投影积聚成直线，且平行于 OY_H

投影面平行面的投影特性可归纳如下。

(1)在平面所平行的投影面上，平面图形的投影反映平面图形的实形。

(2)在另外两个投影面上的投影积聚成一条直线。积聚的直线分别平行于该平面平行的投影面所包含的两个投影轴。

投影面垂直面和投影面平行面称为特殊位置平面。

4.3.3　直线与平面投影特性

从表 4-1～表 4-4 中所列的直线和平面的投影特性，可归纳出正投影的三个投影性质。

1)实形性

直线段或平面平行于某投影面，在该投影面上的投影反映线段实长或平面图形的实形，称该直线或平面的投影具有实形性。

2)积聚性

直线段或平面垂直于某投影面，在该投影面上的投影积聚为一点或一条线，称该直线或平面的投影具有积聚性。

3)类似性

直线段或平面倾斜于某投影面，在该投影面上的投影为一条缩短的直线段或为平面图形的类似形，称该直线或平面图形的投影具有类似性。

4.3.4　平面内的点和直线

1.　平面内取点

点在平面内的几何条件为：若点在平面内的任一已知直线上，则点在该平面内。

过平面内一个点可以在平面内作无数条直线，取过该点且属于该平面的一条直线，则点的投影一定落在该直线的同面投影上。由此可知，在平面内取点时应先在平面上找一直线，然后在该直线上取点。这个过程可简记为"取点先找线"。

在图 4-28(a)中，已知△ABC 平面内点 K 的水平投影 k，作其正面投影 k'。可以过点 K 作辅助线，常取以下两类直线。

(1)过△ABC 的一个已知点与点 K 作一直线如 AⅠ，k'在直线 AⅠ 的正面投影上(图 4-28(b))。

(2)过点 K 作△ABC 某边的平行线如 KⅡ∥AC，k'在直线 KⅡ 的正面投影上(图 4-28(c))。

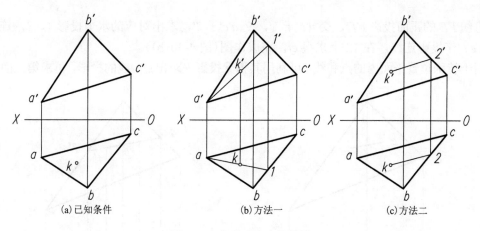

(a)已知条件   (b)方法一   (c)方法二

图 4-28　作平面内点的投影

例 4-7　已知四边形 $ABCD$ 的水平投影及 AB、BC 两边的正面投影（图 4-29(a)），试完成该四边形的正面投影。

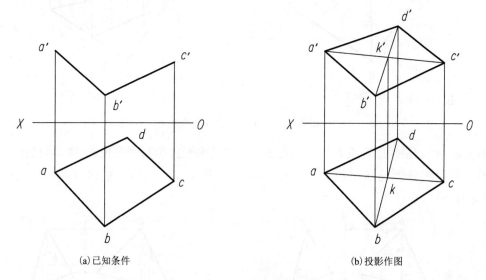

(a)已知条件   (b)投影作图

图 4-29　补全平面的投影

解：由于四边形 $ABCD$ 两相交边线 AB、BC 的投影已知，即平面 ABC 已知，所以本题实际上是求属于平面 ABC 上 D 点的正面投影 d'。于是在图 4-29(b)中连 $abcd$ 的对角线得交点 k，过 k 作 $kk' \perp OX$ 轴，交 $a'c'$ 于 k'，延长 $b'k'$ 交过 d 向上所作的投影连线于 d'，连 $a'd'$、$c'd'$ 即得所求四边形的正面投影。

2. 平面内取线

直线在平面内的几何条件为：直线通过平面内的两个已知点，或该直线过已知平面上的一个点，且平行于该平面内的一条已知直线。

由此可知，在平面内取线，可先在平面内取两点，然后同面投影相连；也可先在平面内取一点，然后过该点作一直线平行于平面内的一条直线。这两种方式，均可简记为"取线先找点"。

在图 4-30(a)中，已知直线 EF 在 $\triangle ABC$ 所确定的平面内，由 $e'f'$ 求其水平投影 ef。首先

延长直线 *EF* 的正面投影 *e'f'*，交 *a'b'* 于 1'，交 *a'c'* 于 2'，求出对应的水平投影 1、2，连接 1、2，由 *e'f'* 作投影连线，在 12 上求得 *ef*，完成作图（图 4-30（b））。

对于特殊位置平面内的点和线，可利用其积聚投影先求出点、线的投影，再求第三面投影。

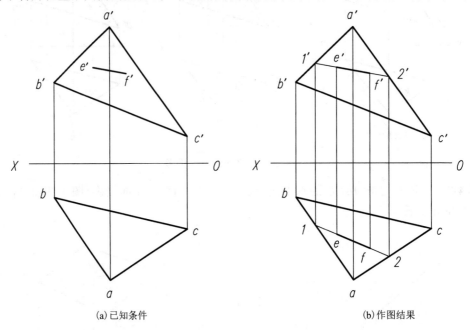

| (a) 已知条件 | (b) 作图结果 |

图 4-30　作平面内直线的投影

例 4-8　已知铅垂面内点 *K* 的正面投影 *k'*，求其水平投影和侧面投影（图 4-31（a））。

解：利用铅垂面的积聚投影，直接作出其水平投影。然后，根据点的投影规律求出 *k"*（图 4-31（b））。

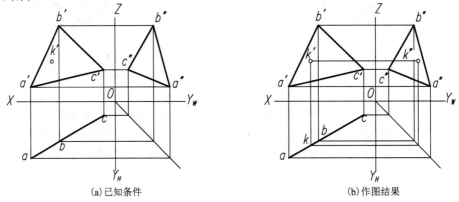

| (a) 已知条件 | (b) 作图结果 |

图 4-31　求铅垂面内的点

3. 平面内的特殊位置直线

1）平面内的投影面平行线

在一般位置平面内可以作出三类投影面平行线，即平面内的水平线、正平线、侧平线，并且每一类投影面平行线均有无数条，且彼此平行。它们既具有投影面平行线的投影特性，又具有与平面的从属关系。如图 4-32(a)所示，欲在△*ABC* 平面内作两条水平线。可先过 *a'* 作 *a'1' // OX*，

交 $b'c'$ 于 $1'$。由从属性求得 1，连接 $a1$，得水平线 $A\mathrm{I}$ 的水平投影 $a1$。又作 $m'n' /\!/ OX$，由从属性求得 m、n 点。连接 m、n，即得水平线 MN 的水平投影 mn。同一平面内同一类投影面平行线彼此平行。用同样方法，可作出平面内正平线的投影 $c1$、$c'1'$，如图 4-32(b) 所示；可作出平面内一条侧平线的投影 $1'2'$、12，如图 4-32(c) 所示。

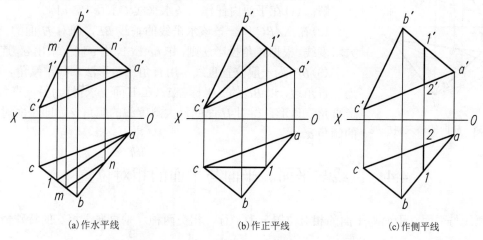

(a) 作水平线 (b) 作正平线 (c) 作侧平线

图 4-32　一般位置平面内作投影面平行线

在投影面垂直面内只有一类投影面平行线，即投影面垂直面所垂直的投影面的平行线，有无数条且彼此平行。如图 4-33(a) 所示，在铅垂面内作出一条水平线的投影 $a'1'$、$a1$。

在投影面平行面内只有一类投影面平行线，即投影面平行面所平行的投影面的平行线。如图 4-33(b) 所示，在正平面内作出一条正平线的投影 $c'1'$、$c1$。

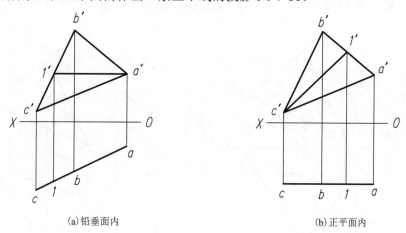

(a) 铅垂面内 (b) 正平面内

图 4-33　特殊位置平面内作投影面平行线

2) 平面内的最大斜度线

属于平面并垂直于该平面内的投影面平行线的直线，称为该平面的最大斜度线。属于平面且垂直于平面内水平线的直线，称为对 H 面的最大斜度线；属于平面且垂直于平面内正平线的直线，称为对 V 面的最大斜度线；属于平面且垂直于平面内侧平线的直线，称为对 W 面的最大斜度线。

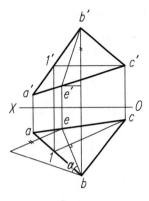

图 4-34　H 面的最大斜度线

最大斜度线的几何意义是：平面对某一投影面的倾角就是平面内对该投影面的最大斜度线的相应倾角。

例 4-9　如图 4-34 所示，已知△ABC 的两个投影，试求△ABC 平面对 H 面的倾角 α。

解：(1) 在平面内任作一条水平线 CI ($c'1'$，$c1$)。

(2) 在△ABC 作一条该水平线的垂线 BE，即对 H 面的一条最大斜度线。根据直角投影法则，作 $be \perp c1$，由 e 向上求出 e'，连 $b'e'$。

(3) BE 为一般位置直线，用直角三角形法求其 α 倾角。以 be 为一直角边，以 BE 的 z 坐标差Δz(在 V 面上求得)为另一直角边构造直角三角形，得对 H 面的最大斜度线的倾角 α，即平面对 H 面的倾角 α。

4.4　直线与平面、平面与平面的相对位置

直线与平面、平面与平面的相对位置分为平行、相交两种。垂直属于相交的特殊情况。

4.4.1　直线与平面、平面与平面平行

1. 直线与平面平行

直线与平面平行的几何条件是：若直线平行于平面内的一条直线，则该直线与平面平行。若直线平行于一平面，则通过属于该平面的任一点必能在该平面内作一直线与已知直线平行。

例 4-10　如图 4-35(a) 所示，已知平面△ABC 和面外一点 M，试作正平线 MN∥平面△ABC。

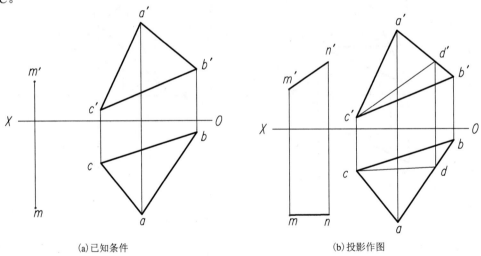

(a)已知条件　　　　　　　　(b)投影作图

图 4-35　作正平线与已知平面平行

解：△ABC 内有无数条互相平行的正平线，可先任作一条正平线，再过 M 点作此正平线的平行线即为所求。

(1) 在△ABC 内作一正平线 CD (cd，$c'd'$)。

(2) 过 M 作 MN∥CD，即过 m' 作 $m'n'$∥$c'd'$，过 m 作 mn∥cd，N 为任取，则直线 MN 即

为所求(图 4-35(b))。

例 4-11 判断直线 MN 与△ABC 平面是否平行(图 4-36)。

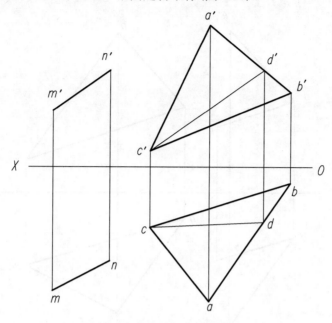

图 4-36 判断直线与平面是否平行

解：要判断直线 MN 与△ABC 平面是否平行，实际上是要看在△ABC 内能否作出一条直线与直线 MN 平行。在图 4-36 中，先在△ABC 内取一直线 CD，令其正面投影 $c'd' /\!/ m'n'$，再求出 CD 的水平投影 cd。由于 cd 不平行于 mn，即在△ABC 内找不到与 MN 平行的直线，所以直线 MN 与△ABC 不平行。

直线与特殊位置平面平行，只要使特殊位置平面的积聚投影与该直线的同面投影平行即可，直线的另一面投影可任意，如图 4-37 所示。

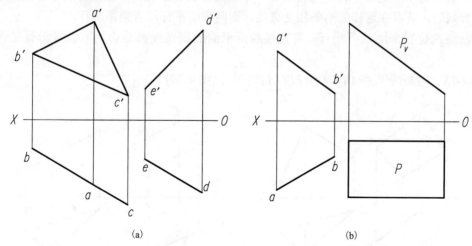

(a) (b)

图 4-37 直线与投影面垂直面平行

2. 两平面平行

两平面平行的几何条件是：若一平面内的两相交直线对应地平行于另一平面内的两相交

直线，则这两平面互相平行。

例 4-12 试过点 D 作一平面平行于 $\triangle ABC$ 平面（图 4-38）。

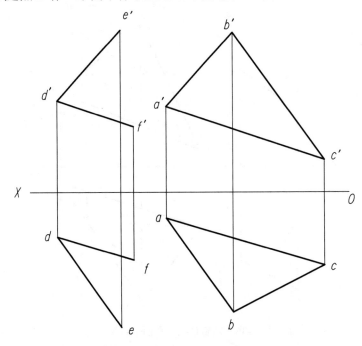

图 4-38　作平面与已知平面平行

解： 根据两平面平行的几何条件，只要过点 D 作两相交直线对应地平行于 $\triangle ABC$ 内任意两相交直线即可。

在图 4-38 中，作 $d'e' \parallel a'b'$，$d'f' \parallel a'c'$，$de \parallel ab$，$df \parallel ac$，则 DE 和 DF 所确定的平面即为所求。

两一般位置平面是否平行，可根据在一平面内能否作出与另一平面分别平行的两条相交直线进行判断，若存在这样的两条相交直线，则两平面平行，否则不平行。

判断特殊位置平面是否平行，可直接看两平面的积聚投影是否为同面投影且是否平行即可。

例 4-13 判断两平面 $ABCD$ 和 EFG 是否平行（图 4-39）。

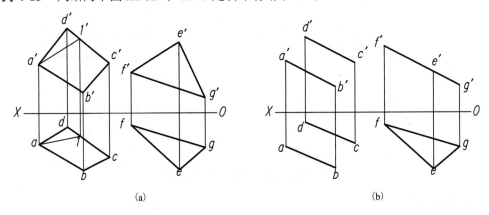

(a)　　　　　　　　　　　　　　　　(b)

图 4-39　判断两平面是否平行

解：在图 4-39(a)中，在四边形 *ABCD* 的正面投影上作 *a'*1′∥*e'f'*，作出其水平投影 *a*1，经检查水平投影 *a*1 不平行于 *ef*，又 *a'b'*∥*f'g'*，而 *ab* 不平行于 *fg*，说明在四边形 *ABCD* 内不存在与△*EFG* 平面平行的相交两直线，所以两平面不平行。其实，当第一对直线不平行时，就可以判断两平面不平行。

在图 4-39(b)中，由于△*EFG* 为正垂面，平面 *ABCD* 为一般位置平面，故两平面不平行。

4.4.2　直线与平面、平面与平面相交

直线与平面、平面与平面若不平行，则必相交。

直线与平面相交的交点是直线与平面的共有点，它既在直线上又在平面上。两平面相交的交线是两平面的共有线，它既属于第一个平面又属于第二个平面。

画法几何约定平面是不透明的。若直线与平面相交，在向投影面作投射时，直线的某一段会被平面遮挡，于是在线面投影重合部分，交点的投影是直线投影可见与不可见部分的分界点。同理，两平面相交时在投影重叠部分会互相遮挡，交线的投影是两平面投影可见与不可见部分的分界线。

1. 相交两元素中有积聚投影的情况

当参与相交的直线或平面至少有一个投影具有积聚性时，可利用积聚投影直接确定交点或交线的一个投影；另一个投影可利用从属性求出。

可见性的判断原则：在积聚投影中，无需判别可见性；另一面投影的可见性可通过观察相交线面(或面面)的积聚投影的相对位置来确定。

1)投影面垂直线与一般位置平面相交

图 4-40(a)中直线 *AB* 为铅垂线，△*CDE* 为一般位置平面。由于直线的水平投影积聚为一点，所以交点 *K* 的水平投影 *k* 也重合在该积聚投影上。另一投影 *k'* 利用点与面的从属关系，通过作辅助线得出(图 4-40(b))。

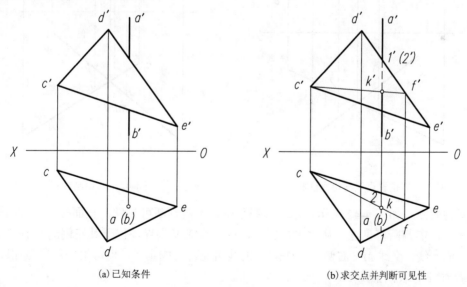

(a)已知条件　　　　　　　　　　　　(b)求交点并判断可见性

图 4-40　铅垂线与一般位置平面相交

可见性判断：如图 4-40(b)所示，由于直线 *AB* 的水平投影具有积聚性，水平投影中不用判断 *ab* 的可见性。正面投影中，线面投影重合的部分需要判断可见性，非重合部分线面的投影始终是可见的。由于 *DE* 与 *AB* 为交叉直线，利用 *d'e'* 和 *a'b'* 的重影 1' 和 (2')，求出其水平投影。1 在 *de* 边上，在前；2 在 *ab* 边上，在后。点 I 在点 II 之前，所以正面投影中在 *a'b'* 边上的 2'*k'* 段不可见，*k'b'* 段可见。

2）一般位置直线与特殊位置平面相交

在图 4-41 中，△*CDE* 是铅垂面，其水平投影积聚为直线。根据交点的共有性，投影 *ab* 与 *ce* 的交点就是直线与平面的交点 *K* 的水平投影 *k*。对应在 *a'b'* 上求出 *k'*，即为交点的正面投影。

可见性判断：如图 4-41 所示，在水平投影中，由于△*CDE* 平面的投影具有积聚性，直线的投影不用判断可见性。正面投影中，由于直线的水平投影 *kb* 段在铅垂面的前面，故正面投影 *k'b'* 可见，画成实线。*k'* 另一侧不可见，画成中虚线。也可利用对 *V* 面的重影点 I 和 II 来判断，水平投影 1 在 2 之前，故正面投影中在 *a'b'* 上的 1' 可见，从而 1'*k'* 段可见。

3）两特殊位置平面相交

图 4-42 为两铅垂面相交，其水平投影积聚为两条直线。交线 *MN* 为铅垂线。交线的正面投影应在两平面投影公共区域内。交线是可见的，投影用实线画出。

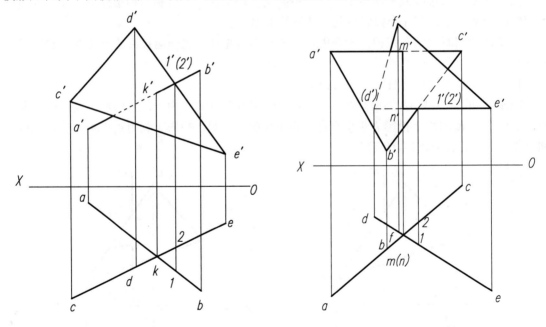

图 4-41　一般位置直线与铅垂面相交　　　　图 4-42　两铅垂面相交

可见性判断：如图 4-42 所示，水平投影积聚，不需判断可见性。正面投影中，两平面投影部分重合，需判断可见性。从水平投影看，以交线 *MN* 为界，位于其左侧的△*ABC* 上的线可见，画成实线。交线 *MN* 右侧，△*DEF* 上的线可见，画成实线。也可根据重影点加以判断，如图 4-42 中 I、II 两点所示。

4）特殊位置平面与一般位置平面相交

图 4-43 为特殊位置平面与一般位置平面相交，矩形平面 *ABCD* 是铅垂面，其水平投影积

聚为一条直线。根据交线的共有性，水平积聚投影线 abcd 与 efg 的重合部分 mn 即交线 MN 的水平投影。交线的两端点 M 和 N 分别在△EFG 的 EG、FG 边上，对应求出正面投影 m' 和 n'，连线即得交线的正面投影。

可见性判断：水平投影中，由于相交两平面之一积聚成线，故不需判断可见性。正面投影中，由于 EM、FN 在铅垂矩形平面之前，故正面投影 e'm'、f'n' 可见，画成实线。m'g'、n'g' 在交线投影 m'n' 的另一侧，不可见，画成虚线。

2. 相交两元素中无积聚投影的情况

当参与相交的直线与平面、平面与平面均无积聚投影时，交点或交线的投影不能直接确定，通常引入有积聚投影的辅助平面，利用其积聚性求出交点或交线，这种方法称为辅助平面法。其可见性通常利用重影点来判断。

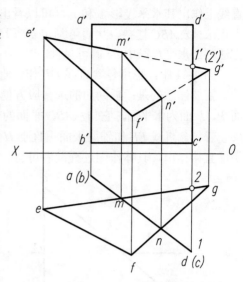

图 4-43　铅垂面与一般位置平面相交

1) 一般位置直线与一般位置平面相交

一般位置直线与一般位置平面相交时，利用辅助平面法按以下三步作图可求出交点。

(1) 过已知直线作一辅助面垂直于某投影面。

(2) 求出辅助平面与已知平面的交线。

(3) 求所得交线与已知直线的交点，即为所求直线与平面的交点。

如图 4-44 所示，直线 DE 是一般位置直线，△ABC 是一般位置平面，可利用辅助平面求其交点。首先，包含直线 DE 作一辅助平面 P 垂直于 V 面。P 面为正垂面，其积聚性投影 P_V 与直线 DE 的正面投影 d'e' 重合。然后，求出正垂面 P 与△ABC 的交线 MN（先定 m'n'，再作出 mn）。再求出交线 MN 与已知直线 DE 的交点 K（先定 k，再作出 k'），即为所求。最后，利

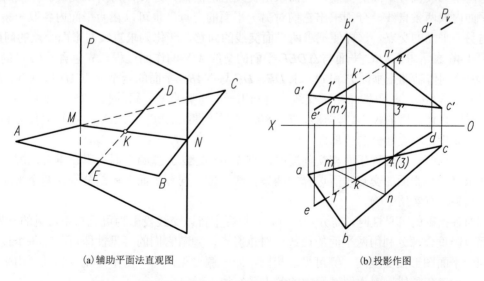

(a) 辅助平面法直观图　　　　　　　　　(b) 投影作图

图 4-44　辅助平面法求一般位置直线与一般位置平面的交点

用重影点分别判断出水平投影和正面投影的可见性。在正面投影中取重影 1′和 m′，在相应的直线上作出其水平投影 1 和 m，可以看出 I 点位于 M 点的前方，向正面投影时，DE 线上的 I 点未被△ABC 遮挡，从而可判定 k′1′段为可见，画成粗实线；k′右侧画成中虚线。用同样的方法判定水平投影中 de 的可见性。

图 4-44 中，也可包含直线 DE 作铅垂面。具体作图过程读者可自行练习。

需要注意的是：辅助面的选择应方便后续作图。如图 4-45 所示。包含直线 EF 做辅助平面 P，P 面为水平面，它与△ABC 平面的交线 I Ⅱ为侧垂线，且Ⅲ//BC，因此水平投影 12//bc。若包含直线 EF 作辅助平面垂直于 H 面，则求辅助平面与△ABC 平面交线的 V 面投影时不能直接作出，具体作图过程读者可自行练习。

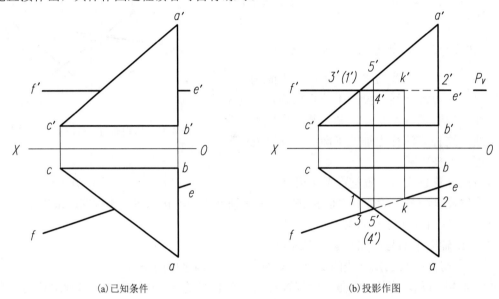

(a)已知条件　　　　　　　　　　　(b)投影作图

图 4-45　辅助平面选择分析

2)两一般位置平面相交

求两个一般位置平面的交线，只需求出交线上的两点，连线即得所求交线。作图时，可在一平面内取两条直线，分别求出它们对另一平面的交点；也可以在两平面内各取一条直线求其与另一平面的交点。这样便把求两平面交线的问题，转化为求直线与平面交点的问题。

图 4-46 表示求△ABC 平面与△DEF 平面的交线 MN 的作图过程。先包含△DEF 的两边 DE、DF 分别作辅助正垂面 P 和 Q，求 DE、DF 与△ABC 平面的两个交点 M（m，m′）、N（n，n′），连接 MN（mn，m′n′）即得所求交线；再利用一对重影点Ⅴ、Ⅵ的投影(5′，(6′)，5，6)和另一对重影点Ⅶ、Ⅷ的投影(7，(8)，7′，8′)，分别判断△ABC 与△DEF 在正面投影和水平投影中平面投影重叠部分的可见性。

通常在求两一般位置平面相交问题时，首先用排除法去掉两平面投影在重合范围之外的边。在求直线与平面的交点时所选择的两条直线，位于同一平面上还是分别在两个平面上，对最后结果没有实质影响。

判断各投影的可见性时，需分别进行，各投影中皆以交线投影为可见与不可见的分界线；在平面投影重合部分利用两平面的边选一对重影点，判断它们的可见性即可。在每个投影面上，同一平面图形在交线同一侧可见性相同，即一侧可见，另一侧不可见。另外，由于作图线较多，为避免差错，对作图过程中的各点最好加以标记。

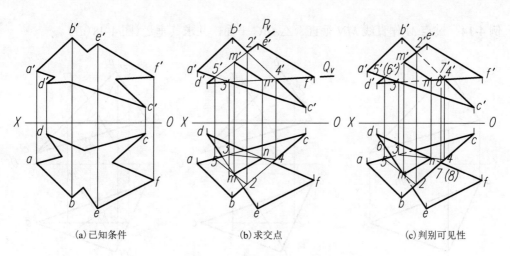

(a) 已知条件　　　(b) 求交点　　　(c) 判别可见性

图 4-46　两一般位置平面相交

当两平面的投影均无重合部分时，可利用三面共点的原理来作出属于两平面的共有点。如图 4-47(a) 所示，作辅助平面 P，P 面与两已知平面交出直线 AB 和 CD，它们的交点 M 就是已知两平面的共有点。同法可作出另一共有点 N。直线 MN 就是两已知平面的交线。为了便于作图，通常以水平面或正平面作为辅助平面。图 4-47(b) 所示是在投影图中作交线的情形，交线投影画成实线。

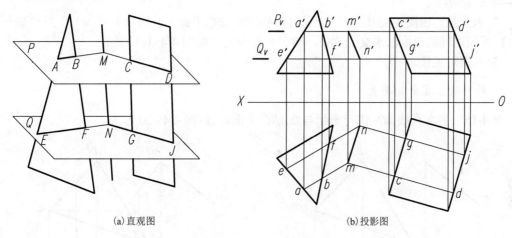

(a) 直观图　　　(b) 投影图

图 4-47　三面共点原理求作两平面的交线

4.4.3　直线与平面、平面与平面垂直

由初等几何可知，若直线垂直于平面内的任意两相交直线，则该直线与平面垂直。反之，若直线垂直于平面，则直线垂直于该平面内的所有直线。

同理，若直线垂直于平面，则包含该直线的所有平面都与该平面垂直。

1. 直线与一般位置平面垂直

为了作图方便，在作直线垂直于平面时，通常作出平面内的正平线和水平线。根据直角投影法则，与平面垂直的直线，其水平投影与平面内水平线的水平投影垂直；其正面投影与平面内正平线的正面投影垂直。

例 4-14 过点 M 作直线 MN 垂直于 $\triangle ABC$ 平面，并求其垂足(图 4-48(a))。

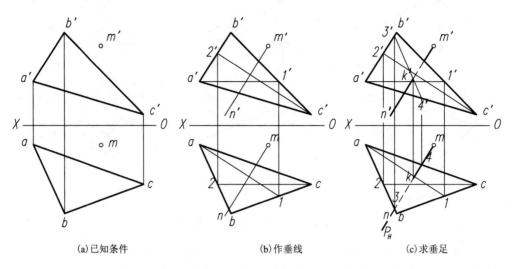

(a)已知条件　　　　　　(b)作垂线　　　　　　(c)求垂足

图 4-48　过点 M 作平面的垂线

解：(1)作垂线。在平面 $\triangle ABC$ 内作一水平线 $A\,\mathrm{I}\,(a1，a'1')$ 和正平线 $C\,\mathrm{II}\,(c2，c'2')$；并过 m、m' 分别作 $mn\perp a1$，$m'n'\perp c'2'$，点 N 任意取。则直线 $MN(mn，m'n')$ 为所求垂线，如图 4-48(b)所示。

(2)求垂足。由图 4-48(b)可知，直线 MN 与 $\triangle ABC$ 平面为一般位置直线与一般位置平面相交，可利用辅助平面法求交点 $K(k，k')$，K 即垂足，如图 4-48(c)所示。

(3)判别可见性。

2. 两一般位置平面垂直

例 4-15 包含直线 MN 作一平面与 $\triangle ABC$ 平面垂直(图 4-49(a))。

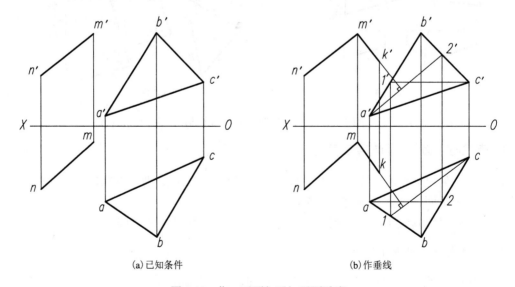

(a)已知条件　　　　　　　　　　　　　(b)作垂线

图 4-49　作一平面与已知平面垂直

解：过直线 MN 上任意一点，作一直线与△ABC 平面垂直，则这两相交直线所决定的平面必与△ABC 平面垂直。

(1)在平面△ABC 内，分别作一水平线 CⅠ($c1$，$c'1'$)和正平线 AⅡ($a2$，$a'2'$)。

(2)过点 $M(m，m')$ 分别作 mk⊥$c1$，$m'k'$⊥$a'2'$，得平面△ABC 的垂线 MK，点 K 位置任意取，则 $MN(mn，m'n')$ 和 $MK(mk，m'k')$ 两相交直线所确定的平面与△ABC 平面垂直，如图 4-49(b)所示。

3. 直线与特殊位置平面垂直

在图 4-50(a)中，过点 M 作直线与铅垂面△ABC 垂直。由于平面为铅垂面，所以，平面内有水平线和铅垂线，根据直角投影法则，过点 M 作直线 MK，其水平投影垂直于△ABC 内水平线的水平投影 $c1$。由于铅垂面的垂线必为水平线，故直线 MK 的正面投影 $m'k'$ 平行于 OX 轴。

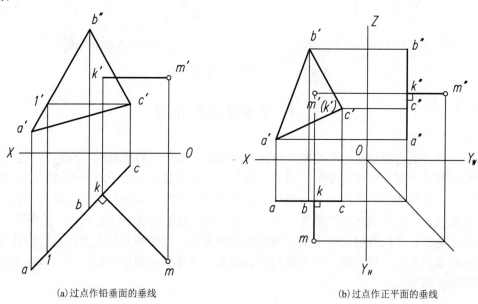

(a)过点作铅垂面的垂线　　　　　　　　(b)过点作正平面的垂线

图 4-50　直线与特殊位置平面垂直

在图 4-50(b)中，过点 M 作正平面△ABC 的垂线。由于平面为正平面，故其垂线 MK 必为正垂线，其水平投影 mk 垂直于 OX 轴，也垂直于平面在 H 面上的积聚性投影线，其侧面投影 $m''k''$ 垂直于 OZ 轴，也垂直于平面在 W 面上的积聚性投影线。

4. 平面与特殊位置平面垂直

若一般位置平面与特殊位置平面垂直，则一般位置平面内必有直线与特殊位置平面垂直。如图 4-51(a)所示，一般位置平面△ABC 与铅垂面 P 垂直，则平面△ABC 内必有水平线 BD 垂直于铅垂面，即 bd 垂直 P 平面的水平投影 p。

若两投影面垂直面互相垂直，且同时垂直于同一投影面，则在积聚的投影面上两平面的投影垂直。如图 4-51(b)所示，若两铅垂面垂直，则 H 面上两平面的投影垂直。

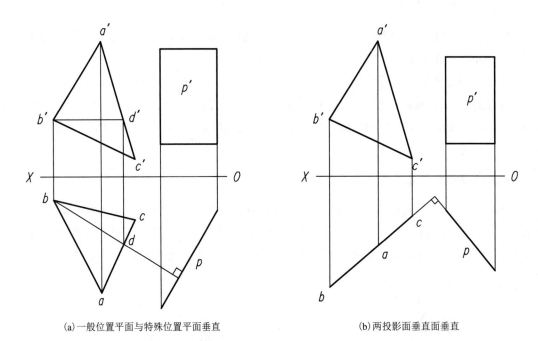

(a)一般位置平面与特殊位置平面垂直   (b)两投影面垂直面垂直

图 4-51　平面与特殊位置平面垂直

4.5　投影变换之换面法

　　从前面章节的内容可知：当空间几何元素对投影面处于一般位置时，求解有关它们的定位或度量问题的作图一般比较复杂；而当空间几何元素对投影面处于特殊位置时，它们的投影反映实长、实形或有积聚性，从而简化了作图过程。投影变换的目的就是要将不利于解题的几何元素位置变成有利解题的位置。本节介绍常用的投影变换方法之一——换面法。

　　换面法是保持空间几何元素不动，增加新的投影面，使空间几何元素在新投影体系中处于有利于解题位置的一种方法。增加的新投影面必须垂直于被保留的投影面，以形成正投影法中的两投影面体系。

4.5.1　点的换面法

1. 变换一次投影面

　　如图 4-52(a)所示，设立一个新投影面 V_1，代替旧的投影面 V，并使其垂直于 H 面，与其构成一个新的两投影体系 $\dfrac{V_1}{H}$，V_1 面与 H 面的交线为新投影轴 O_1X_1。从点 A 向新投影面 V_1 作垂线，垂足即为点 A 在新投影面 V_1 上的投影 a_1'，a_1' 到新投影轴 O_1X_1 的距离 $a_1'a_{X_1}$，仍反映点 A 到 H 面的距离 Aa，所以 $a_1'a_{X_1}=Aa=a'a_X$。投影面展开时，先将 V_1 面绕 O_1X_1 轴旋转到与 H 面重合，然后再将 H 面、V_1 面绕 OX 轴一起旋转到与 V 面重合。因为 Aa' 垂直于 V_1 面，所以 aa_{X_1} 也垂直于 V_1 面，进而 $aa_{X_1}\perp O_1X_1$，展开后如图 4-52(b)所示，a、a_1' 在一条与 O_1X_1 轴垂直的投影连线上，符合点的投影规律。

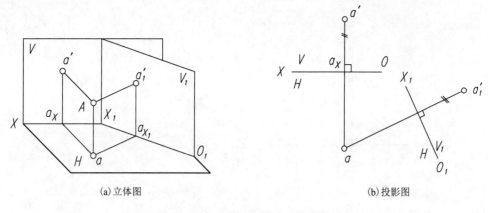

(a) 立体图   (b) 投影图

图 4-52　点的一次换面（设立新投影面 V_1）

这里称 V_1 面为新投影面，点 A 在 V_1 面上的投影 a_1' 为新投影；V 面为被代替的旧投影面，点 A 在 V 面上的投影 a' 为被代替的旧投影；称 H 面为保留的投影面，称点 A 在 H 面上的投影 a 为保留的投影。于是可得出点的一次换面的作图规律如下。

（1）点的新投影与不变投影的投影连线垂直于新轴，即 $a_1'a \perp O_1X_1$。

（2）点的新投影到新轴的距离等于被代替的旧投影到旧轴的距离，即 $a_1'a_{X_1} = a'a_X$。

同理，也可以设立一个新投影面 H_1 垂直于 V 面构成一个新的两投影面体系 $\dfrac{V}{H_1}$，如图 4-53（a）所示，新投影 a_1 的作法如图 4-53（b）所示，过 a' 向新轴 O_1X_1 作垂线，量取 $aa_X = a_1a_{X_1}$，即得点 A 的新投影 a_1。

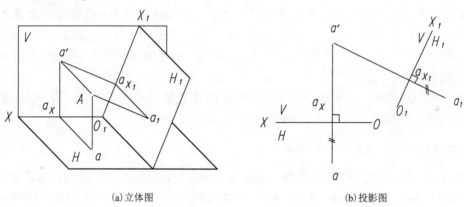

(a) 立体图   (b) 投影图

图 4-53　点的一次换面（设立新投影面 H_1）

2. 变换二次投影面

二次换面是在一次换面的基础上再作一次换面。

图 4-54 所示的第二次换面是在图 4-52 所示的点的一次换面（用 V_1 代替 V）的基础上，再用新投影面 H_2 代替旧投影面 H，这时 V_1 面就称为保留的投影面，O_1X_1 称为旧轴，点 A 的新投影 a_2 到新轴 O_2X_2 的距离等于被代替的旧投影 a 到旧轴 O_1X_1 的距离，即 $a_2a_{X_2} = aa_{X_1}$。同理，也可以在图 4-53 的基础上作第二次换面。

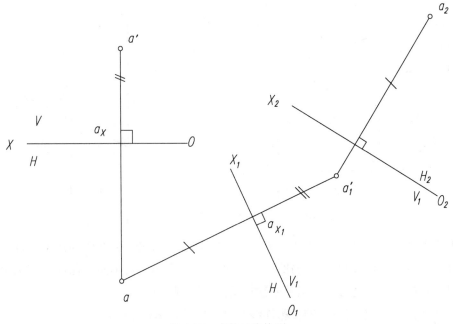

图 4-54　点的二次换面

4.5.2　直线的换面法

1. 把一般位置直线变为投影面平行线

在图 4-55 中，直线 AB 为一般位置直线，要将直线 AB 变为投影面平行线，可用平行于直线 AB 的新投影面 V_1 面代替旧投影面 V 面，并使 V_1 面与保留的不变投影面 H 面垂直，这时直线 AB 就成为 V_1 面的平行线。作新轴 $O_1X_1 /\!/ ab$，分别过 a、b 作 O_1X_1 轴的垂线，量取 $a'a_X = a'_1a_{X_1}$，$b'b_X = b'_1b_{X_1}$，连接 a'_1、b'_1 即为直线 AB 的实长，$a'_1 b'_1$ 与 O_1X_1 的夹角即为直线 AB 对水平投影面的倾角 α。

同理，也可以用平行于直线 AB 的新投影面 H_1 面代替旧投影面 H 面，并使 H_1 面与保留的不变投影面 V 面垂直，这时直线 AB 就成为 H_1 面的平行线。

2. 把投影面平行线变为投影面垂直线

在图 4-56 中，直线 AB 为正平线。为把它变成新投影面垂直线，必须用垂直于直线 AB 的新投影面 H_1 面代替旧投影面 H 面，此时 H_1 面自然就与保留的不变投影面 V 面保持垂直，于是直线 AB 就成了 H_1 面的垂直线，其新投影积聚成一点 $a_1(b_1)$。作新轴 $O_1X_1 \perp a'b'$，过 $a'b'$ 作新轴 O_1X_1 的垂线，量取 $a_1a_{X_1} = aa_X$，即得直线 AB 的新投影 $a_1(b_1)$。

3. 把一般位置直线变为投影面垂直线

在图 4-57 中，直线 AB 为一般位置直线，变换投影面使直线 AB 在新的投影体系中成为投影面垂直线。若作一个新投影面与直线 AB 垂直，则该投影面在原投影体系中处于一般位置，不能与 H 面或 V 面构成新投影体系，因此，一般位置直线变为投影面垂直线，必须变换二次投影面。首先将一般位置直线变为投影面平行线，然后再将投影面平行线变为投影面垂直线。图 4-57 为投影图的画法，通过建立 V_1 面先将一般位置直线变为投影面平行线（ab，$a'_1 b'_1$），然后通过建立 H_2 面将投影面平行线变为投影面垂直线（$a'_1 b'_1$，$a_2(b_2)$）。

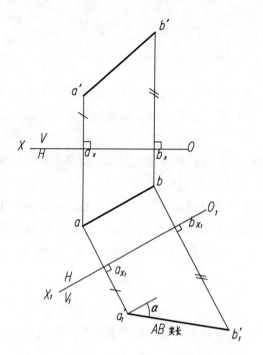

图 4-55　一般位置直线变换成投影面平行线

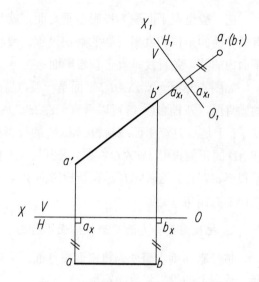

图 4-56　正平线变换成投影面垂直线

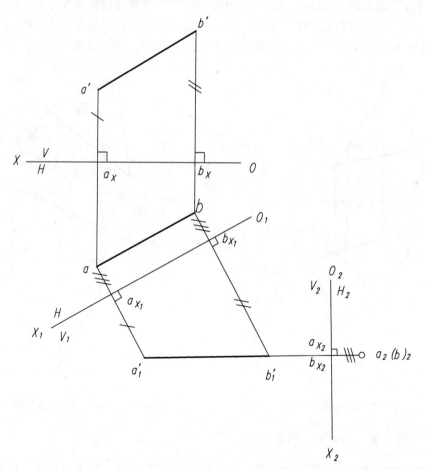

图 4-57　一般位置直线变换成投影面垂直线

4.5.3 平面的换面法

1. 把一般位置平面变为投影面垂直面

把一般位置平面变为投影面垂直面，就是使该平面的某个新投影具有积聚性，从而简化有关平面的定位和度量问题的解决过程。要将一般位置平面变为新投影面的垂直面，必须使平面内的某一条直线垂直于新投影面。

如图 4-58 所示，△ABC 平面是一般位置平面，为了将一般位置平面一次变换为新投影面的垂直面，新投影面 V_1 可以垂直于△ABC 内的一条水平线 AD，它就自然垂直于水平投影面 H 了；于是△ABC 平面在新投影面 V_1 的投影积聚成一条直线 $a_1' b_1' c_1'$。先作△ABC 平面内水平线 AD 的正面投影 $a'd' \parallel OX$ 轴，求出其水平投影 ad；再作新轴 $O_1X_1 \perp ad$，求出平面 ABC 的新投影 $a_1' b_1' c_1'$，这时 $a_1' b_1' c_1'$ 在新投影面 V_1 上积聚成一条直线，该直线反映△ABC 平面对水平投影面的倾角 α。

2. 把投影面垂直面变为投影面平行面

把投影面垂直面变为投影面平行面，应建立一个新投影面与已知平面平行，则该平面在新投影面上的投影将反映实形。

图 4-59 中的△ABC 平面为正垂面，为把△ABC 平面变换成投影面平行面，必须使新投影面 $H_1 \parallel$ △ABC 平面，这时△ABC 平面在新投影体系中就变换成了投影面的平行面。作图步骤如下：作新轴 $O_1X_1 \parallel a'b'c'$，求出平面的新投影△$a_1b_1c_1$，即反映△ABC 的实形。

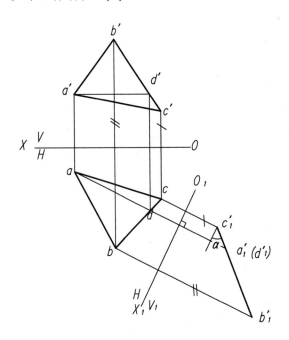

图 4-58　一般位置平面变换成投影面垂直面

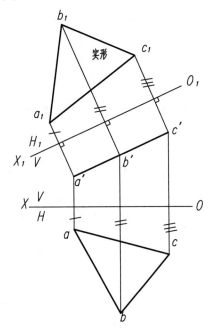

图 4-59　正垂面变换成投影面平行面

3. 把一般位置平面变为投影面平行面

把一般位置平面变为投影面平行面，必须变换二次投影面。因为平行于一般位置平面的平面，必然还是一般位置平面，它不能与原投影面组合建立新投影体系，所以一般位置平面不能一次变为投影面平行面，必须变换二次投影面。首先将一般位置平面变换为投影面垂直面，然后将投影面垂直面变换为投影面平行面。

如图 4-60 所示，先作△ABC 平面内水平线 AD 的正面投影 $a'd'$，使它平行于 OX 轴，并求出其水平投影 ad；然后作新轴 $O_1X_1 \perp ad$，并求出平面 ABC 的新投影 $a_1' b_1' c_1'$；最后作新轴 O_2X_2，使它平行于 $a_1' b_1' c_1'$，其新投影 $a_2b_2c_2$ 反映平面△ABC 的实形。

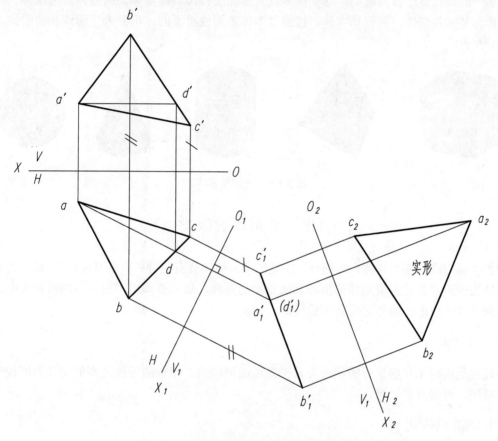

图 4-60　一般位置平面变换成投影面平行面

第5章 立 体

从几何构成角度来分析土建工程中的建筑物及其构配件，总可以看成是由一些形状简单、结构单一的几何体组合而成的。这些简单几何体如棱柱体、棱锥体、圆柱体、圆锥体、圆球体等称为基本几何体，简称基本体。按照基本体表面性质不同，可分为平面体和曲面体。如图 5-1 所示。

图 5-1 常见的基本体

5.1 平面体的投影

由平面围成的基本体称为平面体，常见的平面体主要有棱柱、棱锥及棱锥台（简称棱台）。平面体的投影，就是围成立体的所有表面投影的集合，故只要作出平面立体的所有表面、表面之间交线的投影，即可完成立体的投影。

5.1.1 棱柱体

棱柱是由两个互相平行的底面与若干侧棱面围成的。相邻侧棱面之间的交线为侧棱线，简称棱线，棱线互相平行。

1. 棱柱的投影

图 5-2 为正六棱柱的投影，上下底面为两个形状相同的六边形，侧棱面均为矩形，侧棱线互相平行且垂直于底面。为方便画图、看图，应尽量将底面、棱面放置成特殊位置平面，以获得能反映实形的投影。由此，可将六棱柱的底面放置成水平面，前、后的棱面为正平面，其余四个侧棱面均为铅垂面，所有侧棱线都为铅垂线。

作棱柱的投影图时，首先可作出六棱柱的水平投影，上、下底面的水平投影反映实形，六棱柱的水平投影图形是个六边形。六条棱线是铅垂线，水平投影积聚为点；然后根据棱柱的高度，作出上、下底面的正面投影，积聚为两条平行于 OX 轴的直线段；再根据水平投影作出六个侧棱面的正面投影，其具体作图可归结为作棱线的投影问题；最后根据正面投影和水平投影可作出六棱柱的侧面投影，如图 5-2(b) 所示。在投影图中，存在表面投影重合的情况，实际作图时，实线和虚线重合时，画成实线即可。

基本体沿着 OX 轴方向的尺寸称为长(L)，沿 OY 轴方向的尺寸称为宽(W)，沿 OZ 轴方向的尺寸称为高(H)。

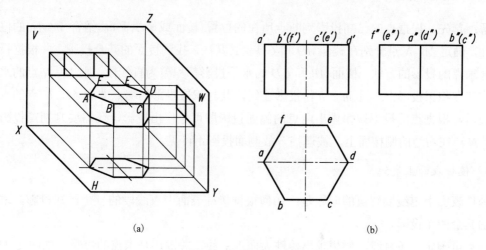

(a)   (b)

图 5-2   六棱柱的投影

显然，基本体的投影有如下特点：水平投影对应空间左右和前后方位，反映长和宽；正面投影对应空间左右和上下方位，反映长和高；侧面投影对应空间上下和前后方位，反映高和宽。三个投影表达的是同一个空间立体，并且进行投射时，基本体的位置保持不变，所以，无论是整个基本体，还是基本体的各表面或各棱线，它们的投影保持如下关系。

长对正——正面投影和水平投影在长度方向上相等。

高平齐——正面投影和侧面投影在高度方向上相等。

宽相等——水平投影和侧面投影在宽度方向上相等。

基本体三面投影的这种规律简称为"长对正、高平齐、宽相等"的投影原理，适用于所有立体的投影关系。

2. **棱柱表面上定点**

棱柱表面上定点要解决的问题是：根据棱柱表面上点的一个已知投影，求作点的其余两个投影。

例 5-1   已知四棱柱表面上点 M 和 N 的正面投影，求其水平投影和侧面投影。如图 5-3 所示。

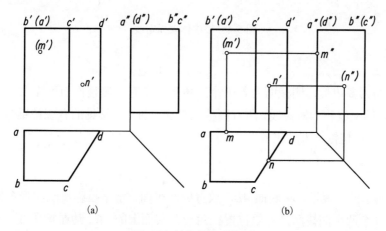

(a)   (b)

图 5-3   棱柱体表面定点

解： 首先，根据点的已知投影判断点所在的位置（棱面或棱线上），结合 m'、n' 的位置和可见性，确定 M、N 点分别在棱面 AD 和 CD 上；其次，找到棱面的其余投影，并根据投影特点选择求点的投影的方法，棱面 AB 和 CD 的水平投影都积聚为直线段，则 M、N 点的水平投影必定落在积聚投影上，过 m'、n' 作投影连线，其与积聚投影的交点即为 M、N 点的水平投影；最后，根据点的投影规律作出两点的侧面投影即可。作出投影，还需要判别点投影的可见性，N 点在右边的侧棱面上，被遮挡，故侧面投影不可见。

3. 棱柱表面上定线

棱柱表面上定线要解决的问题是：如何根据棱柱表面上直线段的一个已知投影，求作直线段的其余两个投影。

两点可确定一条直线，要想求出棱柱表面上的线，关键还是求点的投影，如图 5-4(a) 所示，已知棱柱上的折线段 ABC 的正面投影，要求其余投影。可先求出 A、B、C 三个转折点的其余两个投影，这是一些关键点，位于棱线上。然后把转折点的同面投影连接起来，连线的同时注意判别可见性，从左往右看，AB 的侧面投影 $a''b''$ 可见，为实线，BC 的侧面投影 $b''c''$ 不可见，连成虚线。

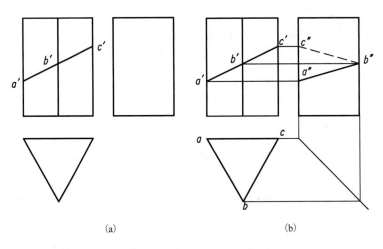

(a)　　　　　　　　　　　(b)

图 5-4　棱柱体表面定线

5.1.2　棱锥体

棱锥的底面为多边形，侧棱面为若干个三角形，所有的侧棱面有一个公共顶点，称为锥顶。相邻侧棱面的交线称为侧棱线，所有侧棱线都交于锥顶。常见的有三棱锥（底面为三角形、侧棱线有三条）、四棱锥、五棱锥等。

1. 棱锥的投影

如图 5-5 所示的三棱锥，将底面 ABC 放置成水平面，水平投影反映实形；将 SAC 平面放置成侧垂面，其余两个侧棱面是一般位置三角形。底面上的 AC 边是侧垂线，其余两条是水平线；侧棱线 SB 是侧平线，其余两条侧棱线都是一般位置直线。

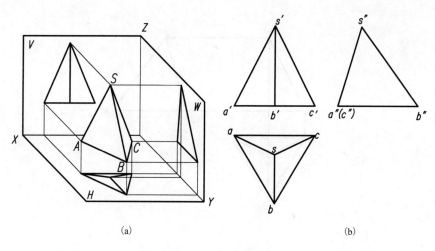

图 5-5 三棱锥的投影

作投影时，先根据棱锥的形状大小作出底面和锥顶的水平投影，再连接 *sa*、*sb*、*sc*，就完成了棱锥体的水平投影；然后作出底面的正面投影，积聚为一条直线，作出锥顶的正面投影，再连接 *s'a'*、*s'b'*、*s'c'*，就完成了棱锥的正面投影；最后利用"高平齐、宽相等"的原理，可以作出三棱锥的侧面投影。

这种作图过程是顺次完成立体的三个投影。如果是比较复杂的立体，初学者可以三个投影同时来做，思路更清晰。例如，上述三棱锥的投影，可先作出底面的三面投影，再分别作出锥顶的三面投影。然后连接锥顶和底面顶点的同面投影，即得到侧棱线的投影，连线时，先连第一条侧棱线的三面投影，再连接第二条，以此类推。这样三面投影联系起来同时作图，不易出错。

2. 棱锥表面上定点

棱锥表面上定点要解决的问题是：根据棱锥表面上点的一个已知投影，求作其余两个投影。实际还是平面上点的问题，基本的解决方法是过点作平面内一条辅助线，再利用直线上点的从属性作图。

例 5-2 已知三棱锥表面上点 *M* 的正面投影，求作点的其余两面投影。如图 5-6(a)所示。

解：首先根据 *M* 点的正面投影判定 *M* 点在 *SAB* 面上，然后作辅助线，为了作图方便，一般可作两类辅助线：第一类，是过已知点和锥顶作辅助线；第二类，是过点作平面内已知直线的平行线，通常作底边的平行线。如图 5-6(b)所示，可过 *SM* 作 *SAB* 内的直线 *S*Ⅱ，具体作图过程是：在正面投影中，连接 *s'm'* 并且延长至与 *a'b'* 交于 2'，在 *AB* 的水平投影 *ab* 上求出水平投影 2，连接 *s*2；自 *m'* 向下作投影连线，求出 *m*；再作出 *M* 的侧面投影 *m"*，因为从左往右投射时，*M* 点在棱锥左侧表面，是可见的，所以其侧面投影 *m"* 为可见的。

也可过 *M* 点作直线段 *M*Ⅰ平行于 *AB*，具体作图过程是：作 *M*Ⅰ的正面投影 *m'1'* 平行于 *a'b'*，Ⅰ点是棱线 *SA* 上的点；再由 1' 作投影连线，在水平投影 *ab* 上作出点 1，过点 1 在棱面 *SAB* 的水平投影上作平行于 *ab* 的直线段，即为 *M*Ⅰ的水平投影；由正面投影 *m'* 向下作投影连线，在水平投影上作出点 *m*，再作出侧面投影 *m"*。

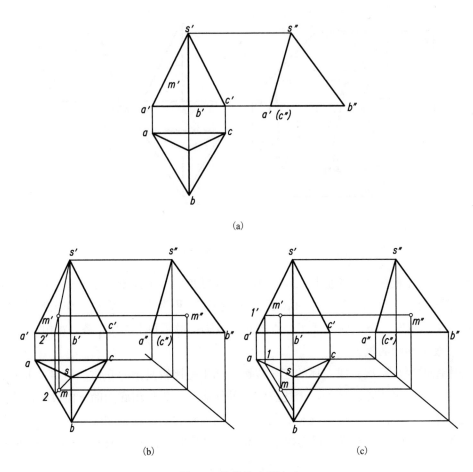

(a)

(b)   (c)

图 5-6　棱锥体表面定点

5.2　曲面体的投影

由曲面或者曲面与平面共同围成的立体称为曲面体，只要作出曲面体的所有曲表面及平面的投影，就可以得到曲面体的投影。本节主要讨论圆柱体、圆锥体和圆球体。

5.2.1　圆柱体

圆柱体是由圆柱面和上、下两个圆形的底面围成的曲面体。圆柱面是圆柱体非常重要的一部分表面，可看成是由一条直线(母线)绕与它平行的另一条直线(轴线)旋转一周形成的。母线运动到圆柱面的任一位置时，圆柱面上的线称为素线，圆柱面上的所有素线是互相平行的直线，母线上任意一点的旋转轨迹为一个圆。

1. 圆柱体的投影

如图 5-7 所示，轴线放置成铅垂线时，圆柱体的上、下两底面为水平面，水平投影反映实形，投影为圆；底面的正面投影及侧面投影均积聚为直线段，长度是圆柱直径。

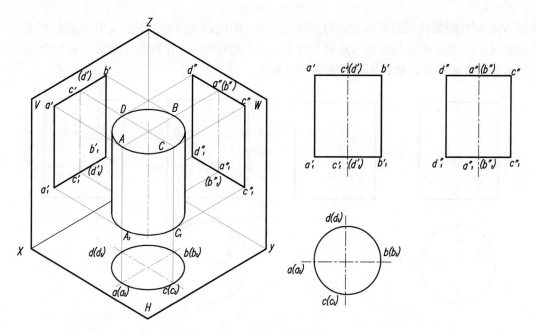

图 5-7　圆柱体的投影

　　圆柱体的侧面是光滑的圆柱面，圆柱面上的所有素线均是铅垂线，所以圆柱面的水平投影为一条圆形曲线，与底面水平投影圆的圆周是重合的，而其正、侧面投影均为矩形，矩形的上下两条边与底面的投影重合。但是正面投影中矩形左右两条边 $a'a_1'$、$b'b_1'$ 是圆柱面上最左与最右两条素线的正面投影，这两条素线的侧面投影与圆柱轴线的侧面投影重合(画图时并不画出)，其水平投影积聚成两点。对圆柱面从前往后投射时，以素线 AA_1、BB_1 为界，将圆柱面分成可见的前半部分和不可见的后半部分，前半圆柱面的正面投影可见，后半圆柱面上的正面投影不可见。这两条素线是可见与不可的分界线，通常把这样的素线称为曲面体的外形轮廓素线。侧面投影中矩形两条边 $c''c_1''$、$d''d_1''$ 是圆柱面上最前与最后两条素线 CC_1、DD_1 的投影，它们的正面投影与圆柱轴线的正面投影重合(画图时并不画出)，其水平投影也积聚成两点。对圆柱面从左往右投射时，旋转体的另两条外形轮廓素线 CC_1、DD_1 将圆柱面分成可见的左半部分和不可见的右半部分，左半圆柱面的侧面投影可见，而右半圆柱面的侧面投影不可见。显然，投影方向不同，圆柱面在各投影面上的外形轮廓线是不同空间不同位置的素线。

　　圆柱体的投影是上下底面圆和圆柱面的投影的综合，即水平投影为圆，正侧面投影为全等的矩形。

　　画圆柱体投影时，一般先画出各投影的中心线，然后画出圆柱面投影有积聚性的圆(反映圆柱特征的投影)，最后画出其余轮廓线的投影。

　　2. 圆柱体上定点和定线

　　圆柱面外形轮廓线和底面上点的投影求法，利用直线上定点及平面上定点的方法可以很方便地求得。

　　例 5-3　已知圆柱体表面上的点 K、M、N 的投影，求作点的其余投影。如图 5-8 所示。

　　解：首先，根据已知的一个投影判断出点的空间位置，点 K 的水平投影 k 在水平投影圆周范围内并可见，故空间点 K 在圆柱体的上底面内，由水平投影作投影连线，可在上底面的积聚投影内求出 k'，再求出点的侧面投影 k''；n' 在圆柱正面投影的对称线位置处，并且可见，

所以 N 在圆柱面最前面的素线上，可直接找到 n，作投影连线求出 n''；m' 在正面投影最右边的轮廓线上，故 M 在圆柱面最右边的素线上，可直接找到 m，作投影连线求出 m''，当从左往右投射时，M 被挡住，故其侧面投影为不可见的。

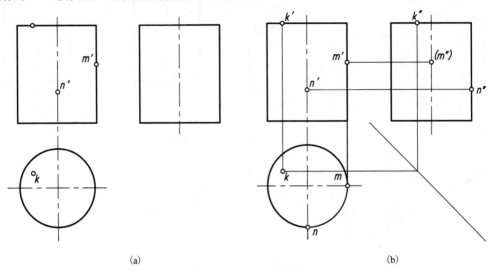

(a)　　　　　　　　　　　　　(b)

图 5-8　圆柱体外形轮廓线上和底面上的点

例 5-4　已知圆柱体表面上的曲线的正面投影，求其余两面投影。

解：要作曲线的投影，必须求出曲线上一系列点的投影，然后将它们的同面投影光滑地连线。圆柱面的轴线是侧垂线，圆柱面的侧面投影积聚为圆，曲线的侧面投影必定重合在圆周上，为一段圆弧，确定出特殊点 H、K、N 的两面投影。曲线的水平投影为一段光滑曲线。为了使曲线连接光滑，可以找出中间点 M、P、Q 的两面投影，最后将各点的水平投影按顺序连成光滑的曲线，如图 5-9(b) 所示。但是连线时，要注意判别可见性，k 点为水平投影中可见与不可见部分的分界点，空间点 K 之下的部分水平投影不可见，应该画成虚线，之上部分水平投影可见，连接成光滑实线。

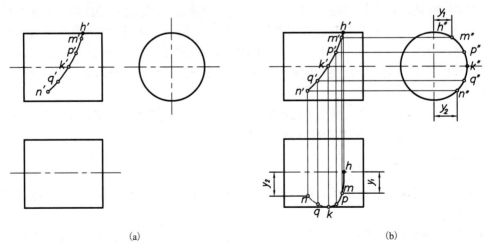

(a)　　　　　　　　　　　　　(b)

图 5-9　圆柱表面定点、定线

5.2.2 圆锥体

圆锥体是由圆锥面和圆形的底面围成的曲面体。圆锥面可看成由一条直线(母线)绕与它斜交的另一条直线(轴线)旋转一周形成的。母线运动到任意位置称为素线,圆锥面上的所有素线交于锥顶,母线上任意一点旋转一周形成一个圆(纬圆)。

1. 圆锥体的投影

如图 5-10 所示,当圆锥轴线为铅垂线时,圆锥底面为水平面,其水平投影为反映实形的圆,正面投影和侧面投影积聚为直线段,长度为圆的直径。

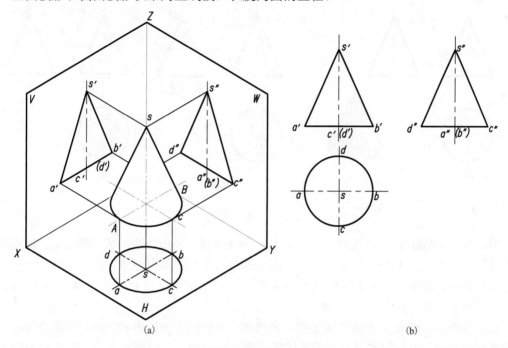

(a)　　　　　　　　　　　　　(b)

图 5-10　圆锥体的投影

圆锥面也是表面光滑的曲面,其水平投影与底面圆的水平投影重合,正面投影和侧面投影为等腰三角形。正面投影中的 $s'a'$、$s'b'$ 是圆锥面上最左最右的两条素线 SA、SB 的投影,它们的水平投影与圆的前后对称中心线重合,侧面投影与轴线的侧面投影重合,均不画出。这两条素线将圆锥面分成前、后两部分,前半个圆锥面的正面投影可见,后半个圆锥面的正面投影不可见,这两条外形轮廓素线是圆锥面正面投影可见与不可见部分的分界线。同理,侧面投影上 $s''c''$、$s''d''$ 是圆锥面上最前与最后的两条素线 SC、SD 的侧面投影,它们的水平投影与左右对称中心线重合,其正面投影与轴线的正面投影重合,均不画出。这两条素线将圆锥面分成左、右两部分,左半个圆锥面的侧面投影可见,而右半个圆锥面的侧面投影不可见,这两条外形轮廓素线是圆锥面在侧面投影中可见与不可见部分的分界线。显然,投影方向不同,圆锥面在各投影面上的外形轮廓线是不同的,如正面投影中的外形轮廓线,在侧面投影中并不是外形轮廓线,反之也是一样的。

综上所述,圆锥体的水平投影为圆,正面投影和侧面投影为全等的三角形。

画圆锥体的投影时,应先画各个投影中的轴线和中心线,再画底圆及顶点的各投影,最后画出外形轮廓线。

圆锥被垂直于轴线的平面截切，并把含锥顶的那部分移走，剩下的部分称为圆锥台，简称圆台。

2. 圆锥面上定点

圆锥面上点的一个投影已知，如何求点的其余投影，这是要解决的问题。

因为圆锥面在三个投影面上的投影都没有积聚性，所以在圆锥面上取点，有两种方法：一是素线法；二是纬圆法。

例 5-5 已知圆锥体表面点 K 的正面投影，求作其侧面投影和水平投影，如图 5-11 所示。

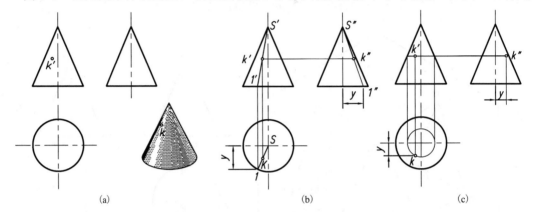

图 5-11 圆锥面上定点

解：（1）素线法：过圆锥锥顶 S 与点 K 作一辅助素线，求出素线的各个投影后，按直线上点的投影性质求出点 K 的各投影。具体作图步骤是：先在正面投影中，过 s'、k' 作一直线 $s'k'$ 并延长与底圆的正面投影相交得 $1'$，再求出水平投影 $s1$ 和侧面投影 $s''1''$，因为 K 是 S Ⅰ 上的点，由 k' 可求出 k 及 k''，如图 5-11（b）所示。

（2）纬圆法：过点 K 在圆锥面上作一个纬圆，该圆的正面投影和侧面投影是直线段，长度即纬圆的直径，水平投影是反映实形的圆；辅助纬圆的三个投影求出后，即可根据线上点的原理求出点 K 的水平投影 k 及侧面投影 k''。具体作图步骤如图 5-11（c）所示。

3. 圆锥体表面定线

例 5-6 已知圆锥面上的线段 ABC 的正面投影，求作其余两面投影，如图 5-12 所示。

解：根据投影对应关系，直接求出外形轮廓素线上点 A、C 的水平投影 a、c 及侧面投影 a''、c''。点 B 在最前面的素线上，由 b' 可直接作出其侧面投影，再由 b'、b'' 确定水平投影 b。以上三点均在投影的外形轮廓线上，是一些特殊点，作图时先求出这样的特殊点。

为了使曲线能够光滑连接，可以再作一些一般点，如图 5-12（b）所示，任意增加几点 D、E、F 等，在正面投影 $a'b'c'$ 上取点 D、E、F 的正面投影 d'、e'、f'，用纬圆法或素线法，求出 d、e、f 及 d''、e'' 和 f''。

求出曲线上一系列点的投影后，需要连线，连线应当注意两个问题：一是光滑连接；二是判别可见性，可见部分画实线，不可见部分画成虚线。如图 5-12（b）所示，曲线的水平投影均为可见，将水平投影连成光滑的实线。曲线上 ADB 一段在左半个圆锥表面上，其侧面投影 $a''d''b''$ 段可见，画成实线，$BEFC$ 一段在右半个圆锥面上，其侧面投影 $b''e''f''c''$ 不可见，画成虚线。

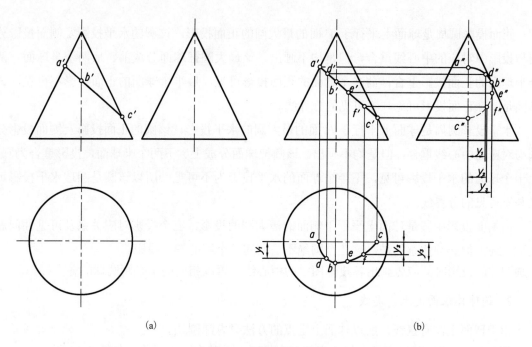

(a)   (b)

图 5-12　圆锥面上定线

5.2.3　圆球体

以圆周为母线,以一条直径为轴线绕轴旋转而形成圆球面。圆球体是由本身闭合的圆球面围成的曲面体(简称球体)。

1. 圆球体的投影

如图 5-13 所示,圆球的三个投影均为圆,且圆的直径都与圆球体的直径相等。

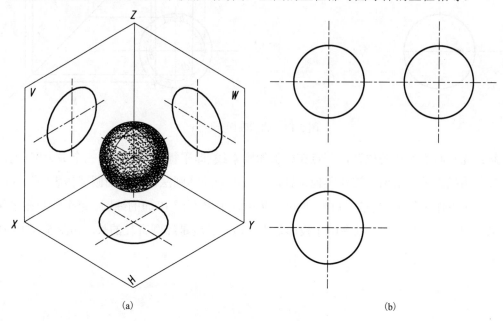

(a)   (b)

图 5-13　圆球的投影

正面投影圆周是球面上平行于 V 面的最大圆的正面投影，该圆的水平投影及侧面投影分别与投影中对应的中心线重合，但是均不画出。该最大圆把球面分成前、后两个半球面，两个半球面的正面投影重合，前半个球面的正面投影可见，后半个球面的正面投影不可见，该纬圆是圆球正面投影可见与不可见的分界线。

水平投影圆周是球面上平行于 H 面的最大圆的水平投影，该圆的正面投影及侧面投影分别与对应的中心线重合，但是均不画出。该圆把球面分成上、下两个半球面，投影重合为圆，上半个球面的水平投影可见，下半个球面的水平投影为不可见，所以该圆是圆球水平投影可见与不可见的分界线。

而侧面投影中圆是球面上平行于侧面的最大圆的投影，三个投影对应关系及可见性问题类似上述。但必须注意的是，这三个圆绝不是空间一个圆的三个投影。

画圆球的投影时，应先画出各投影图中的中心线，再以相同的半径画圆球的各个投影。

2. 圆球体表面定点、定线

由于球面上没有直线，所以球面上定点的方法只有纬圆法。

例 5-7　已知圆球体表面上的各点的一个投影，求其余两个投影，如图 5-14 所示。

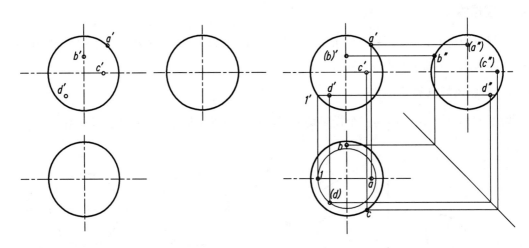

图 5-14　圆球表面上取点

解： 先判断点所在的位置，若点在外形轮廓素线(即平行于投影面的三个最大圆)上，则可直接利用投影关系求出。若在其他位置，则可用辅助纬圆法作图，而圆球体表面的纬圆，可以过一个点作平行于 H 面的纬圆，也可以是平行于 V 面或 W 面的纬圆。每个纬圆在平行的投影面上的投影反映实形，其余两个投影是直线段，长度是纬圆直径的长。如图 5-14 中 D 点的求法。

5.3 平面与立体相交

在工程实践和现实生活中，有些立体可以看成是由基本体被平面截切后形成的。要正确画出这类立体的投影，需要画出基本立体与平面的交线。

5.3.1 平面截切平面体

如图 5-15 所示，这些立体分别可看成是棱柱、棱锥被平面截切而成的。截切立体的平面 P 称为截平面，立体与截平面 P 之间产生的交线称为截交线，截交线围成的平面称为截面或者断面。

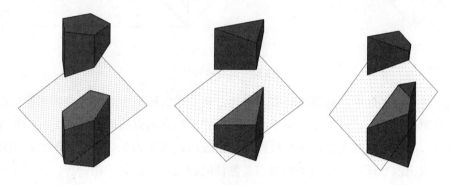

图 5-15 截交线的概念和几何特点

截交线的基本性质如下。

(1)共有性。截交线是截平面与立体表面的交线，既在立体表面上，又在截平面上，是两者之间的共有线。

(2)闭合性。因为立体是有范围的，因此单一平面截得的截交线是闭合的平面图形。

截交线几何形状的特点是：平面体的截交线是平面多边形，多边形的顶点是截平面与立体棱线或底边的交点；多边形的边是截平面与立体的棱面或底面的交线，故截平面截到几个表面，就形成几边形，以及对应相同数量的顶点。显然，影响截交线形状的因素主要有两个：一个是被截切立体本身的形状；另一个是截平面与立体的相对位置。

求截交线的问题可归结如下。

(1)求截平面与立体参与相交的各表面的交线问题(面、面交线问题)。

(2)求截平面与参与相交的棱线或者底边的交点问题(线、面交点问题)。

下面通过例题来介绍求截交线的基本方法和作图步骤。

例 5-8 如图 5-16 所示，已知四棱锥被正垂面 P 截切，求作其截交线的各投影，并完成立体的投影。

解： 首先，要进行空间分析，要解决的立体可以看成是四棱锥被一个正垂面截切后的立体。截平面是单一的，故截交线是一个平面闭合图形。截平面与四个侧棱面都相交，与底面没有交线，所以截交线由四条直线段构成；截平面与四条侧棱线相交，产生四个交点，与底边没有交点，所以截交线有四个顶点，综上分析，截交线的空间形状是平面四边形。

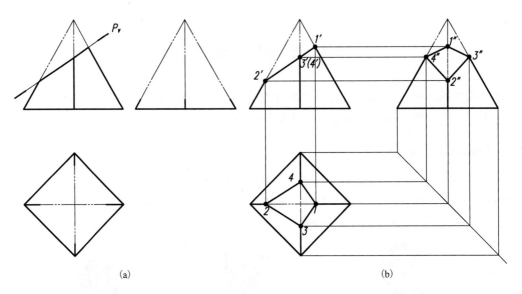

图 5-16　四棱锥被截切

　　其次，进行投影分析，截交线具有共有性，截交线的投影也对应既在截平面的投影上，又在立体表面的投影上。截平面是正垂面，正面投影积聚为直线段，则截交线的正面投影在积聚投影上，只需要求截交线的水平投影和侧面投影，其图形都是与空间形状相类似的四边形。关键是求出四个顶点，即截平面与四条侧棱线的交点 Ⅰ、Ⅱ、Ⅲ、Ⅳ，这四个点的正面投影直接确定，再利用直线上点的投影规律即可求出水平投影和侧面投影。

　　具体作图步骤如下。

　　(1)求点。找到四个顶点的正面投影 1′、2′、3′、4′，再作投影连线，分别在对应的棱线的水平投影上找到 1、2、3、4，在侧面投影上找到 1″、2″、3″、4″。

　　(2)连线。求出了一系列点，要首先判断哪些点之间要连接，判断的准则是两点的连线在被截切前立体的表面，只有两点在同一个棱面上时，连线才会在表面，所以通常可以判断两点是否在同一棱面上。如 Ⅰ Ⅲ 之间、Ⅲ Ⅱ 之间、Ⅱ Ⅳ 之间、Ⅳ Ⅰ 之间要分别连接成线。但是 Ⅰ Ⅱ 之间、ⅢⅣ 之间不能连接，因为 Ⅰ Ⅱ 点不在四棱锥的同一个侧棱面上，Ⅰ Ⅱ 不是截平面与四棱锥体表面的交线(Ⅰ Ⅱ 实际上在被截切后的立体的一个表面上，不是表面与表面的交线，不应该画线)，ⅢⅣ同理。连线时，可先连接 13，再连接 1″3″，然后连接下一条线的两面投影，以此类推。同时，要注意判别投影的可见性，在本例中，所有截交线的投影都是可见的，都连成实线，可先连成细线以方便修改。

　　(3)整理。求出了截交线的投影后，应该把被截切掉的部分擦除或者已经不存在的部分用双点画线表示(图 5-16(b))，把除了截交线仍然存在部分的投影补全，确认图形无误后，加粗加深图线。

　　在工程实际中，还有很多立体，可以看成是一个立体被多个截平面同时截切而形成的，这样的问题通常称为切口问题。切口问题的解决与单一平面截切立体有不同之处，通过例题来具体说明。

　　例 5-9　如图 5-17 所示，已知三棱锥被两个平面截切，完成截切后剩下部分的投影。

　　解：首先要进行分析，本例中的立体可以看成是一个三棱锥被两个平面 P、Q 同时截切的，是一个切口问题。截平面 Q 为一个水平面，与侧棱线 SA 相交产生一个交点，可记为 I 点，还分别与 SAB、SAC 两个侧棱面相交，但并未完全截断，故水平面在三棱锥表面的截交线是两段直线段构成的不闭合折线；截平面 P 为一个正垂面，与 Q 面截交线类似，读者可自行分析。截平面 P、Q 之间产生一条交线，为一条正垂线。因 P、Q 的正面投影都积聚为直线段，所以两截交线的正面投影都落在积聚投影上，是已知的，只需要求其余两投影。

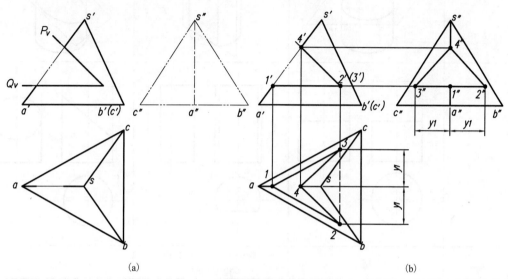

(a)   (b)

图 5-17　三棱锥被两个平面截切

具体作图步骤如下。

(1) 确定出截交线的正面投影。定出关键点的正面投影 1′、2′、3′、4′，如图 5-17(b) 所示。

(2) 求截平面 Q 面与三棱锥表面的截交线。按直线上点的投影规律求出 1、1″，按平面上点的投影规律求出 2、2″ 及 3、3″，再分别连接 12、1″2″、13、1″3″，都连成实线。

(3) 求截平面 P 面与三棱锥表面的截交线。求出 4、4″，连接 42、4″2″、43、4″3″，都可见，连成实线。

(4) 求截平面 P、Q 面之间的交线。交线是一条正垂线，即 II III，正面投影积聚为一点；连接 23，需注意的是，水平投影不可见，需要连成虚线；侧面投影落在积聚投影上。

(5) 整理。被切除的部分擦除或用双点画线表示，仍然存在部分的投影要补全。确认无误后，加粗加深图线。

5.3.2　平面截切曲面体

单一平面截切曲面体，一般情况下是闭合的平面曲线，或由直线和曲线围成的平面图形。截交线具有共有性，截交线上的点是截平面和曲面体表面的共有点，一般求出一系列共有点，然后光滑连接得到截交线。下面分别讨论最常见的几种旋转体表面的截交线。

1. 圆柱体表面的截交线

截平面与圆柱面的相对位置有三种基本情况，见表 5-1。

表 5-1　圆柱面的截交线

截平面位置	垂直于轴	平行于轴	倾斜于轴
立体图	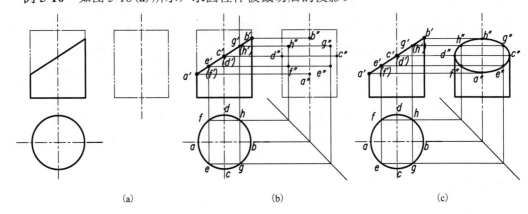		
投影图			
截交线	圆	平行两直线(与上下底面的交线构成矩形)	椭圆

下面通过例题来介绍求截交线的方法和作图步骤。

例 5-10　如图 5-18(a)所示，求圆柱体被截切后的投影。

(a)　　　　　　　　　　(b)　　　　　　　　　　(c)

图 5-18　圆柱体表面的截交线

解： 该立体可看成是一个圆柱体被单一平面截切后形成的。空间分析：截平面与圆柱体的轴线倾斜相交，截交线的空间形状是一个平面椭圆，前后对称。投影分析：圆柱体轴线为铅垂线，则截交线的水平投影落在圆柱面的积聚投影上，图形为圆形曲线；截平面为正垂面，则截交线的正面投影落在正垂面的积聚投影上，为一条直线。因此，只需要求截交线的侧面投影，图形为椭圆，先求一系列共有点的侧面投影，再光滑连接。

作图步骤如下。

(1)求特殊点。特殊点一般有：截平面与旋转体外形轮廓素线的交点、截交线上极限位置点(最高、最低、最左、最右、最前、最后)、不同图形之间的结合点、图形本身的特征点(如椭圆长短轴上的端点)等。本例中,可先找出 A、B、C、D 的正面投影和水平投影,并求出侧面投影。

(2)求一般点。为了光滑连接,可再选取几个一般位置点 E、F、G、H,由正面投影和水平投影定出侧面投影。

(3)依次光滑连接点的同面投影,并判断可见性。侧面投影均可见,连接成实线。

(4)整理。

例 5-11 如图 5-19(a)所示,求圆柱体被三个平面截切后立体的投影。

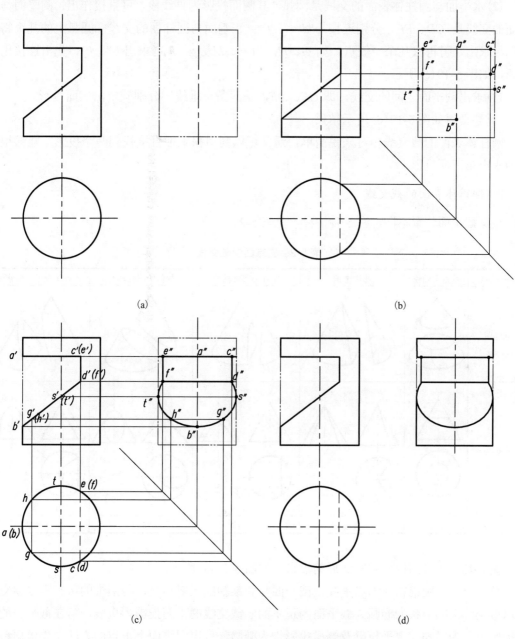

图 5-19 圆柱体被三个平面截切

解: 圆柱体被水平面、侧平面和正垂面截切，截交线由三部分构成，分别是圆弧、直线段和椭圆弧。截平面之间产生两条交线，都是正垂线。截交线的水平投影均在圆柱面的积聚投影上，为已知，三个截平面的正面投影积聚，截交线的正面投影也可直接定出，只需求截交线的侧面投影。

作图步骤如下。

(1) 在 V 面投影上可先定出特殊点(关键点)，如 A、B、C、D、E、F、S、T 点，由正面投影和水平投影求出侧面投影，如图 5-19(b)所示。

(2) 水平面与圆柱体表面的交线是圆弧，其侧面投影为直线段，可直接作出；侧平面与圆柱面的交线是 CD、EF，分别连接 $c''d''$、$e''f''$；正垂面与圆柱面的交线椭圆弧上的几个特殊点已经求出，可再求几个一般点，如 G、H，由 g'、h' 及 g、h 可求出 g''、h''，光滑连接出椭圆弧，如图 5-19(c)所示。

(3) 求出截平面之间的交线，即 CE、DF，是两条正垂线，分别确定出三面投影。

(4) 整理得如图 5-19(d)所示结果。

圆柱体表面的截交线相对来说简单，通常可以利用积聚性直接找到两个投影，能够很方便地求出第三面投影。

2. 圆锥体表面的截交线

根据截平面位置不同，有 5 种情况，见表 5-2。

表 5-2　圆锥面的截交线

截平面位置	垂直于轴线	通过锥顶	平行于圆锥轴线	倾斜于圆锥轴线	平行于圆锥一条素线
立体图	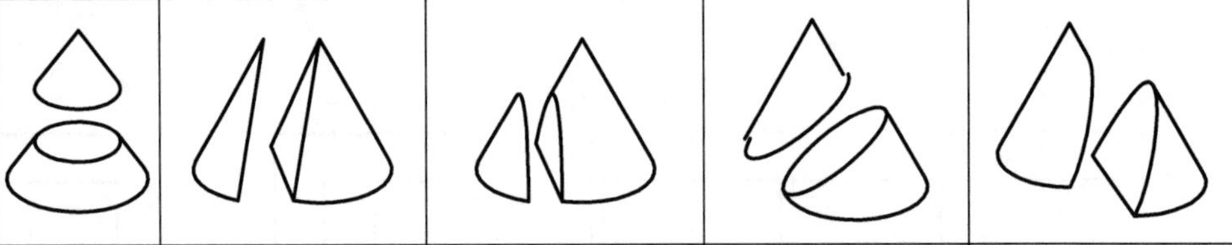				
投影图	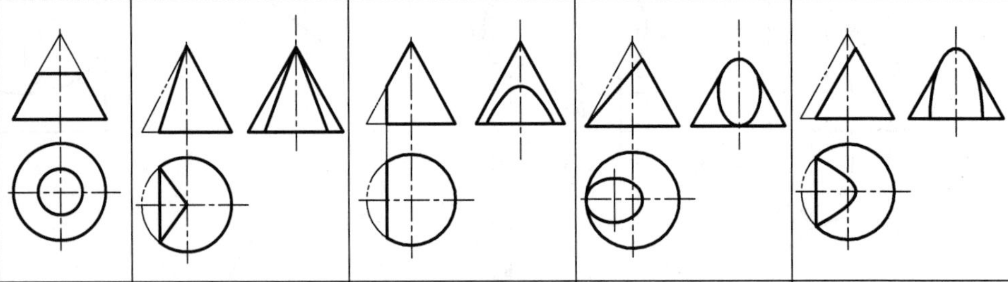				
截交线	圆	直线	双曲线	椭圆	抛物线

例 5-12 求作圆锥体被截切后的投影，如图 5-20(a)所示。

解: 分析：圆锥轴线为铅垂线，截平面与圆锥轴线倾斜相交，与圆锥的所有素线相交，所以截交线空间形状为椭圆。截平面为正垂面，截交线的正面投影为直线，落在截平面的积聚投影上，为已知。水平投影及侧面投影均为椭圆，可用圆锥面上求点的方法，先求出截交线上一系列点的投影，再光滑连接，得到截交线的投影。

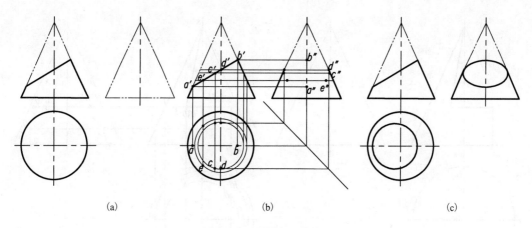

图 5-20　圆锥被平面截切

作图步骤如下。

(1)求特殊点。见图 5-20(b)，截平面与圆锥面上最左、最右的外形素线产生交点，正面投影记为 a′、b′，与最前面素线的交点 D 的正面投影为 d′，与最后面素线的交点的正面投影与 d′重合，为保持图面清晰，不再标字母表示。四个点的水平投影和侧面投影可用点从属于线的原理求出。同时，最低点 A 和最高点 B，是椭圆长轴上的两个端点。最前点 C 和最后点同时也是椭圆短轴上的两个端点，可用素线法或纬圆法，求得 c，再由 c、c′求得 c″。

(2)求一般点。如点 E，可用纬圆法，求出点的水平投影 e 和侧面投影 e″。后面还有一个点与 E 点对称，可按照同样的方法求出其水平投影和侧面投影。

(3)判别可见性。截平面之上部分圆锥被切掉，截交线的水平投影及侧面投影均可见。

(4)连线。见图 5-20(c)，将截交线的水平投影和侧面投影光滑地连成椭圆，连线时注意曲线的对称性。

(5)整理外形轮廓线的侧面投影。

例 5-13　求作圆锥体被截切后的投影，如图 5-21(a)所示。

解：分析：这是一个圆锥被三个平面截切，自上而下，分别是正垂面、水平面和侧平面。正垂面经过锥顶，故在圆锥面上的交线是两条直线段，共有端点是锥顶；水平面与圆锥的轴线垂直，故截交线是圆，但因为圆锥还被其他平面截切，所以，截交线是同一个纬圆上的两段圆弧；侧平面平行于轴线，故截交线为双曲线，但只是双曲线的一部分。三个截平面的截交线正面投影均为已知的，只需要求出水平投影和侧面投影。

作图步骤如下。

(1)求特殊点。可以先找到点 A、B、C 和 D 的正面投影，如图 5-21(b)所示，a′、b′重合，c′和 d′是重合的。这几个点既是截交线的端点，又是截交线之间的结合点。再找到 E 和 F 的正面投影 e′和 f′，这两个点是截平面与圆锥底圆的两个交点。底圆上的 E 和 F 可直接在底圆的投影上求出。利用纬圆法求出水平投影 a、b、c 和 d 以及侧面投影 a″、b″、c″和 d″。

(2)求一般点。截交线为直线和圆弧的，只要求出端点就可以作出截交线的投影，但是双曲线上还需求出一些一般点。如图 5-21(b)所示，找出一般点 H 和 G 的正面投影 h′和 g′，仍然利用纬圆法求出其水平投影 g、h 和侧面投影 g″、h″。

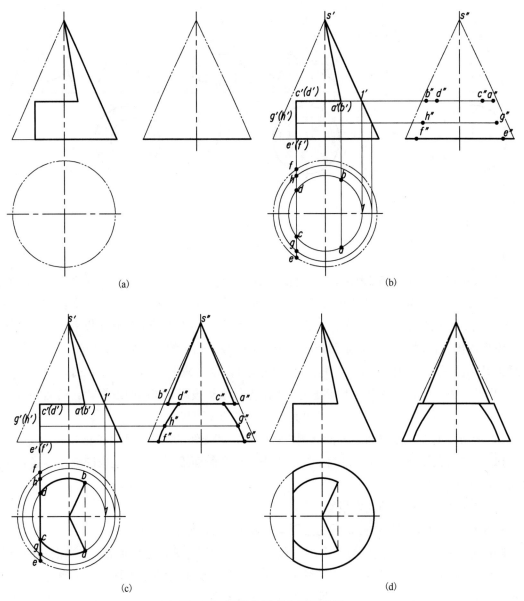

图 5-21　圆锥体被多个平面截切

　　(3)连线。连接 *SA*、*SB* 的同面投影 *sa*、*sb*、*s″a″*、*s″b″* 等，即求出了正垂面与圆锥表面的截交线；同理，连接圆弧 *AC*、*BD* 的同面投影，连接双曲线段 *CGE* 和 *DHF* 的同面投影。求出截交线后，还要把截平面间的交线连接起来，连接 *AB*、*CD* 的同面投影，注意判别可见性。截平面与圆锥底面的交线 *EF* 的同面投影也需要连接。

　　(4)整理。擦除不要的线，加粗需要的轮廓线，见图 5-21(d)。

3. 圆球体表面的截交线

　　截平面与圆球体无论处于何种位置，其截交线空间形状都是圆，当截平面过球心时，截得圆的直径最大，就是球的直径。截平面是投影面平行面时，圆在该投影面上的投影反映实形的圆，其余两投影为直线，长度就是直径。如图 5-22(b)所示。截平面是投影面垂直面时，圆在该投影面上的投影积聚成倾斜于投影轴的直线，其余两投影为椭圆，如图 5-22(c)所示。

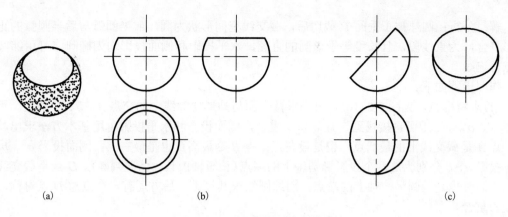

(a)   (b)   (c)

图 5-22 圆球体表面的截交线

例 5-14 求作圆球体被截切后的投影，如图 5-23(a)所示。

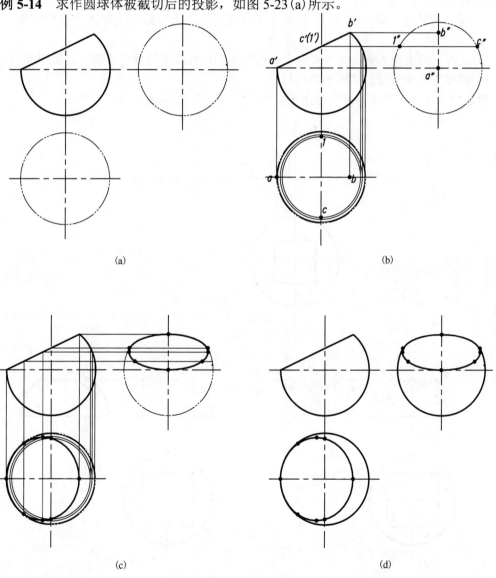

(a)   (b)

(c)   (d)

图 5-23 圆球被正垂面截切

解：分析：圆球被正垂面 P 截切后，截交线空间形状为圆，前半圆弧与后半圆弧的正面投影重合，为直线段，且长度等于该圆的直径，水平投影和侧面投影均为椭圆，可用纬圆法求点再连线。

作图步骤如下。

(1)求特殊点。见图 5-23(b)，可先求截平面与外形轮廓线上的交点 A、B、C 和 I。正面投影 a'、b'、c'、$1'$ 可直接找到，且 c' 和 $1'$ 重合，侧面投影和水平投影可用基本方法求出。同时，点 A 是截交线上的最低点，也是最左点；点 B 是最高点也是最右点；侧面投影 a''、b'' 和水平投影 a、b 分别为这两个投影椭圆轴上的端点(长短轴由具体情况判断)。D 点是截交线最前点，同时也是椭圆另一轴上的端点，用纬圆法求其投影，后方还有一个点与 D 点对称，正面投影重合。

(2)求一般点。如点 E，可利用纬圆法求出 E 点的水平投影 e 和侧面投影 e''，同时可求出与之前后对称的点的投影。

(3)判别可见性。截平面 P 上面部分球体被切掉，所以截交线的水平投影和侧面投影均可见。

(4)连线。将求得的截交线上点的水平投影和侧面投影光滑地连成椭圆，见图 5-23(c)。

(5)整理外形轮廓线，见图 5-23(d)。

例 5-15 求作半圆球体被挖切通孔后的投影，如图 5-24(a)所示。

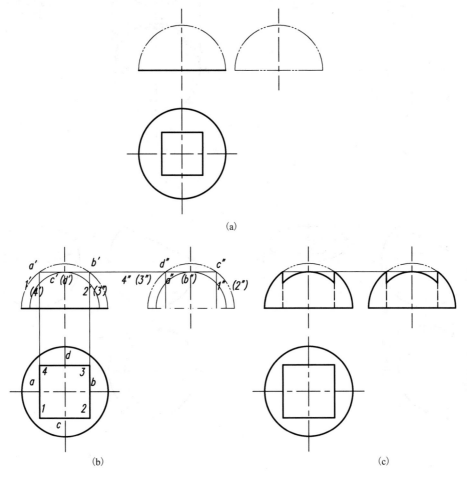

图 5-24 半圆球体被挖切通孔

解：分析：半圆球体被两个正平面和两个侧平面同时切割，产生四条截交线，每条截交线都是一段圆弧，且圆弧在端点处两两依次连接。截交线的水平投影均为直线，且为已知；前后两条截交线正面投影为圆弧，且重合，侧面投影为两条直线段；左右两条截交线正面投影为直线段，侧面投影为圆弧重合。所以，主要是找到结合点或者极限位置点这样一些特殊点，就可以很方便地作出整体的投影。

作图步骤如下。

(1)Ⅰ、Ⅱ、Ⅲ、Ⅳ这四个点是四条截交线之间的连接点，可在立体的水平投影上直接找到它们的水平投影1、2、3、4，A、B、C、D这四个点是每条截交线上位置最高的点，直接找到水平投影a、b、c、d。

(2)用纬圆法求点的其余投影，可过Ⅰ、Ⅱ、C点作一条平行于V面的半圆弧，半圆弧的水平投影是经过1、2及c的直线段，如图5-24所示，可以先作出水平投影，且求出s，再由s求出s'，就可以作出半圆弧的正面投影，为反映实形的半圆弧。

(3)再由(1)中八个点的水平投影，求出它们的正面投影，再求出侧面投影，此过程中，要利用到对称性。

(4)关键点求出后，就可以求出四条截交线的三面投影。

(5)求出截交线后，注意截平面之间两两产生交线，共有四条，水平投影积聚为点。交线的正面投影均不可见，画成虚线，并且前边两条和后边两条的正面投影是重合的；侧面投影均不可见，并且左边两条和右边两条的侧面投影是重合的。

(6)整理加深最后结果，擦去多余线条，如图5-24(c)所示。

4. 多立体表面的截交线

如图5-25(a)所示，该立体可以看成是圆锥、圆柱和圆球体组合而成的，故分析出截平面与每个立体的相交位置，分别作出截交线即可。

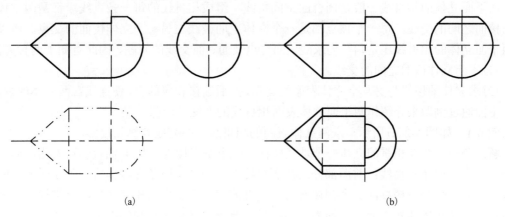

(a) (b)

图5-25 同轴多立体被平面截切

第6章 两立体相贯

两立体相交称为相贯，表面产生的交线称为相贯线，相贯线上的点称为相贯点。相贯线是两立体表面的共有线；因为立体是有限的，所以相贯线一般是有限范围的闭合图形。立体的形状不同，相贯线的形状也不同；立体的相对位置不同，相贯线也会有不同情况。当一个立体完全贯穿另一个立体时，称为全贯，通常产生两条相贯线；当两个立体互相贯穿时，称为互贯，通常产生一条相贯线，一般是闭合的空间图形，如图6-1所示。

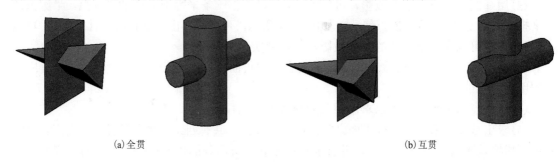

(a) 全贯 (b) 互贯

图 6-1　立体的相贯形式

下面分别讨论两平面立体相贯、平面立体与曲面立体相贯以及两曲面立体相贯的情形。

6.1　两平面立体相贯

两平面立体的相贯线一般是闭合的空间折线。组成相贯线的每一条直线段都是两立体棱面与棱面之间的交线，每一个顶点都是一个立体上的棱线与另一个立体棱面的交点。所以，求两平面立体的相贯线还是归结为求线、面交点及面、面交线的问题，因此有如下两种方法。

(1) 求两立体棱面之间的交线。

(2) 求立体的棱线与另一个立体表面的交点，然后连接相应的点，使连线在两立体的表面。

下面通过例题来介绍作两平面立体表面相贯线的方法及步骤。

例 6-1　如图 6-2(a) 所示，求两立体表面的相贯线，并完成其侧面投影。

解： 分析：参与相贯的立体一个是三棱柱，一个是三棱锥；从 V 面投影可看出，两立体为全贯，产生两条相贯线；前面部分，棱面与棱面之间产生四条交线构成一条闭合的空间相贯线，后面部分是三棱柱的三个侧棱面与三棱锥的同一个侧棱面相交产生的相贯线，是平面三角形。两条相贯线的正面投影均为已知，只需要求出水平投影和侧面投影，关键仍然是求点，求出所有棱线与另一个立体表面的交点，然后依次连成，得到相贯线。

作图步骤如下。

(1) 三棱柱的三条侧棱线都与三棱锥表面相交，每条侧棱线与棱锥表面有两个交点，可先找出六个交点的正面投影，可标记为 1′和 2′、3′和 4′、5′和 6′；三棱锥只有棱线 SB 与三棱柱表面相交产生两个交点，其中一个就是点 Ⅰ，另一个标记为点 Ⅶ，正面投影为 7′；分别求出这七个点的水平投影和侧面投影，如图 6-2(b) 所示。

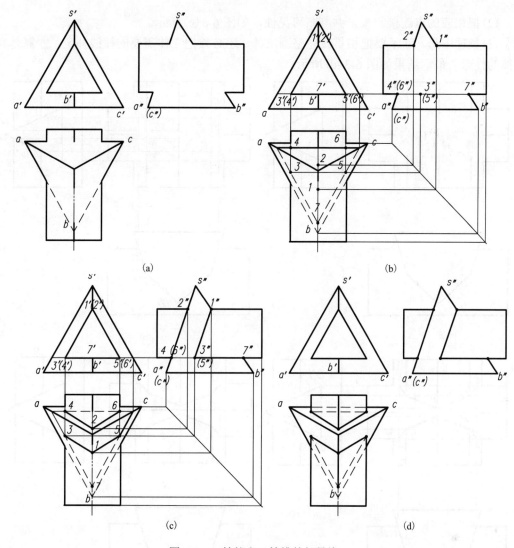

(a)

(b)

(c)

(d)

图 6-2 三棱柱和三棱锥的相贯线

（2）把相应的点连接起来。判断点是否可以连接的准则，是看两个点的连线是不是同时在两个立体的同一表面，如果连线穿入任一立体的内部，是不能连线的，同时还要注意可见性。本题中，Ⅰ和Ⅲ、Ⅲ和Ⅶ、Ⅶ和Ⅴ、Ⅴ和Ⅰ是可以连线的，构成闭合的空间相贯线；Ⅱ和Ⅳ、Ⅱ和Ⅵ、Ⅳ和Ⅵ也是可以连线的，构成平面三角形。结果如图 6-2（c）所示。

（3）整理图形。除了要把相贯线完整画出，还必须把立体需要的棱线补全，才算是完成整体的投影。最后结果如图 6-2（d）所示。

例 6-2 如图 6-3（a）所示，求两立体的相贯线。

解：作图步骤如下。

（1）如图 6-3（a）所示，这是一个竖直放置的五棱柱与一水平放置的三棱柱相贯，三棱柱的两条侧棱线与五棱柱表面相交，每条侧棱与五棱柱有 2 个交点，通过水平投影可找到 A、B 和 C、D，五棱柱有三条棱与三棱柱相交，每条侧棱与三棱柱有 2 个交点，通过侧面投影可找到，分别为Ⅰ和Ⅱ、Ⅲ和Ⅳ、Ⅴ和Ⅵ。根据棱柱表面找点的方法找到这 8 个点的正面投影。如图 6-3（b）所示。

(2)把相应的点连接起来，并判断可见性，如图 6-3（c）所示。

(3)整理图形。除了要把相贯线完整画出外，还必须把立体需要的棱线补全，才算是完成整体的投影。最后结果如图 6-3（d）所示。

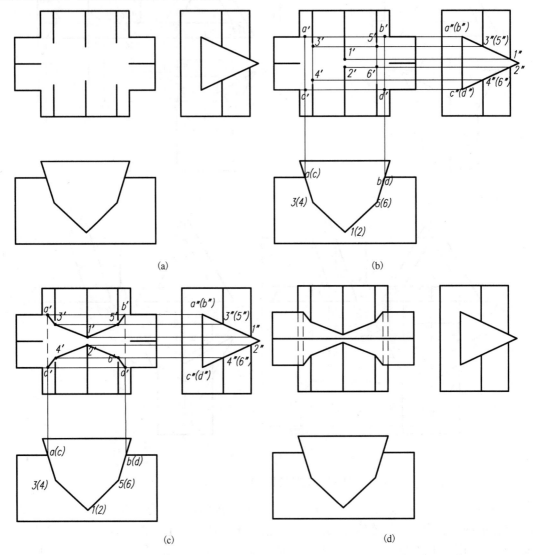

图 6-3　两平面立体的相贯线

同坡屋面是房屋建筑屋顶设计中常见的一种屋面形式，当屋面由若干个与水平面倾角相等的平面组成时，称为同坡屋面，如图 6-4 所示。最常见的一种是檐口高度相同的同坡屋面。同坡屋面投影图的作图步骤如下。

(1)在屋面的水平投影图上作每一个墙角的角平分线，就可以确定斜脊线、天沟线的投影，并在一定范围内求出各交点。

(2)过交点作檐口线的平行线及屋脊线，但要注意判断有几对檐口线。

(3)依次连接各屋脊线的端点。

(4)作出其余投影面上的投影，并判别可见性。

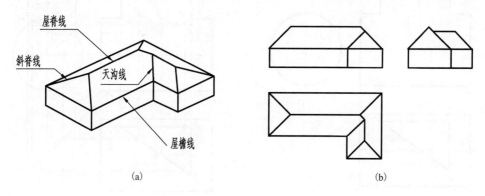

屋脊线

斜脊线

天沟线

屋檐线

(a)

(b)

图 6-4 同坡屋面

6.2 平面立体与曲面立体相贯

平面立体与曲面立体相贯，其相贯线一般是由若干段平面曲线或由平面曲线和直线所组成的闭合空间线。每一段平面曲线(或直线段)是多面体上一个棱面与曲面体的截交线；相邻平面曲线或曲线与直线的交点，是多面体的棱线与曲面体的交点。因此求作多面体与曲面体的相贯线，可以归结为求作平面与曲面体表面交线和直线与曲面体交点的问题（图 6-5）。

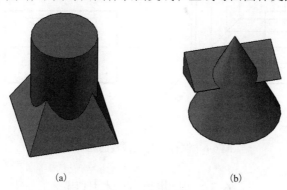

(a)   (b)

图 6-5 平面立体与曲面立体的相贯线

例 6-3 如图 6-6(a)所示，求两立体表面的相贯线。

解： 作图步骤如下。

(1)如图 6-6(a)所示，这是一个水平放置的圆柱与竖直放置的三棱柱的相贯，三棱柱完全和圆柱相贯。三棱柱的三条侧棱和圆柱相交，交点从水平投影可看出，分别为 I、II、III。根据圆柱表面找点的方法先找到这 3 个点的正面投影。IV点为椭圆弧上的最高点，也是圆柱体外形轮廓线上的点，根据圆柱表面找点的方法也可找到IV点的正面投影。为了光滑连接椭圆弧 I IV II，可以找到中间点 V、VI。如图 6-6(b)所示。

(2)把相应的点连接起来，并判断可见性，如图 6-6(c)所示。

(3)整理图形。除了要把相贯线完整画出外，还必须把立体仍然存在的棱线补全，才算是完成整体的投影。最后结果如图 6-6(d)所示。

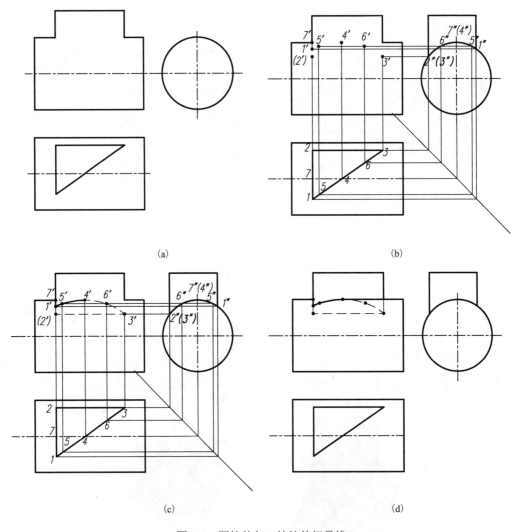

(a)

(b)

(c)

(d)

图 6-6 圆柱体与三棱柱的相贯线

6.3 两曲面立体相贯

两曲面立体表面的相贯线是两立体表面的共有线。其形状一般是闭合的空间曲线，特殊情形下可能是由平面曲线或直线构成的。影响相贯线形状的主要因素除曲面体的几何形状外，还有它们之间的相对位置、相对大小，如图 6-7 所示。

图 6-7 曲面体相贯

求作相贯线的基本思路是：求出两曲面体表面上一系列的共有点，然后光滑连接，并判别其可见与不可见部分。根据曲面体的投影特点不同，求点的方法主要有两种：表面定点法和辅助平面法。

6.3.1 表面定点法

当相贯的两立体表面的某一投影具有积聚性时，相贯线在该投影面上的投影必定落在积聚投影上。这时，就可以通过曲面立体表面上作点的方法作出相贯线上点的其他投影。

例 6-4 如图 6-8 所示，求两圆柱的相贯线。

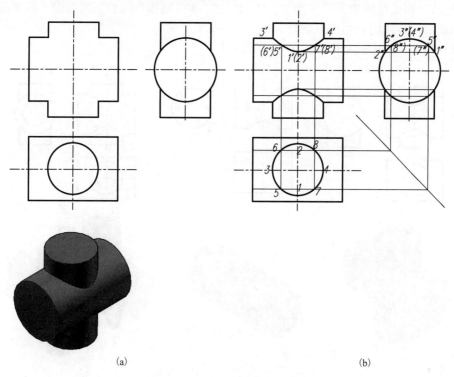

(a)   (b)

图 6-8 两个圆柱体表面的相贯线

解：图 6-8 为两个圆柱体全贯，水平放置的较大圆柱体轴线是侧垂线，竖直放置的较小圆柱体轴线为铅垂线，形成上下两条相贯线。每条相贯线都是闭合的空间曲线，前、后对称，左、右也对称。相贯线的水平投影在竖直圆柱面的水平投影上，为完整的圆；相贯线的侧面投影在大圆柱面的侧面投影上，但同时相贯线不可能超出小圆柱面范围，所以相贯线的侧面投影是竖直圆柱面侧面投影范围内的圆弧段。只需要求正面投影，又因为相贯线的对称性，所以每条相贯线的前半部分和后半部分的正面投影是重合的，且正面投影图形左右也是对称的。根据已知投影，利用圆柱面上定点的方法，求出相贯线上一系列点的正面投影，然后光滑连接，就可以求出相贯线的正面投影。

作图步骤如下。

(1)求特殊点。特殊点主要有外形轮廓素线上的点和极限位置点，即相贯线上最高、最低、最前、最后，最左、最右的点。先分析上面的一条相贯线，竖直圆柱面最前、最后、最左、最右的四条外形轮廓线分别与水平圆柱面产生四个交点，分别为Ⅰ和Ⅱ、Ⅲ和Ⅳ，Ⅲ和Ⅳ正好是水平圆柱最上面的轮廓线和竖直圆柱面的交点。可直接找到四个点的水平投影1、2、3、

4 以及侧面投影 1″、2″、3″、4″，直接找到正面投影 3′和 4′，通过作图作出 1′和 2′，1′和 2′重合。从水平投影分析，点 I 和 II 分别为相贯线上最前和最后的点，点III和IV就是最左、最右的点；从侧面投影分析，点III和IV是最高点，点 I 和 II 是最低点。所以，有些情况下外形轮廓线上的点就是极限位置点，可以先求出这些点。

(2)求一般位置点。如图 6-8(b)所示，可从水平投影入手，取相贯线上点 V、VII 的水平投影 5、7，这两点是左右对称的，由投影关系，在相贯线的侧面投影上求出 5″、7″，作图求出 5′、7′。VI、VIII 分别与 V、VII 前后对称，它们的水平投影和侧面投影可直接找到，正面投影 6′、8′则分别与 5′、7′重合。读者可以用同样的方法再求一些一般位置点。

(3)连线。用曲线依次光滑连接 3′、5′、1′、7′、4′得到相贯线的正面投影，后半段的正面投影为虚线与前半段的正面投影重合。

两圆柱体的相贯形式多样，如图 6-9 所示。

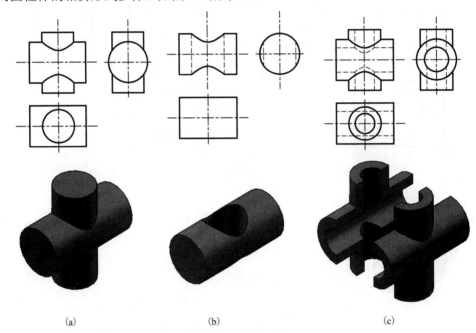

(a)　　　　　　　(b)　　　　　　　(c)

图 6-9　圆柱表面的相贯线

两圆柱体的相对大小对相贯线形状的影响，如图 6-10 所示。

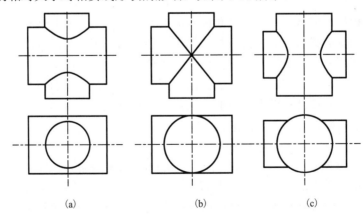

(a)　　　　　　　(b)　　　　　　　(c)

图 6-10　两圆柱体表面的相贯线

两圆柱体的相对位置对相贯线形状的影响，如图 6-11 所示。

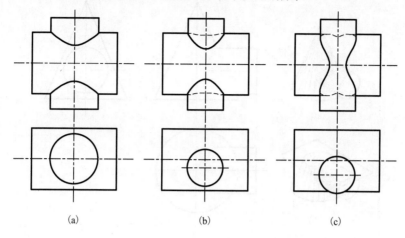

(a)　　　　　　　　　(b)　　　　　　　　　(c)

图 6-11　两圆柱体表面的相贯线

6.3.2　辅助平面法

辅助平面法是利用三面共点的原理求点的方法。作一个辅助平面，辅助平面与两个曲面体同时相交，与每个曲面体表面之间各产生一条截交线，两条截交线之间的交点就是两立体表面的共有点。辅助平面的选择原则是：应使辅助平面与曲面体之间的截交线形状为简单好作的图形（圆或直线），并使投影形状也简单好作，所以一般尽量选择投影面平行面作为辅助平面。

例 6-5　如图 6-12(c)所示，求两立体表面的相贯线。

解：分析过程如下。圆柱体和圆锥体的相贯线是一条闭合的空间曲线，前后对称。其侧面投影为圆，在圆柱面的积聚投影上。正面投影和水平投影为非圆曲线，先用辅助平面法求出相贯线上一系列点，判别可见性，光滑连接得到相贯线的投影。

作图步骤如下。

(1)求特殊点。特殊点如Ⅰ、Ⅱ、Ⅲ、Ⅳ，是圆柱面最上、最下、最前、最后四条外形轮廓素线与圆锥体表面的交点。Ⅰ、Ⅱ则与圆锥面最左的外形素线相交，圆锥面最前、最后、最右的素线没有参与相贯，不产生交点。Ⅰ、Ⅱ的正面投影和侧面投影可直接找到，再作出水平投影。Ⅲ、Ⅳ的侧面投影可以直接找到，但正面投影和水平投影可以用辅助平面法求出，如图 6-12(d)所示。作水平面 Q 面，经过圆柱轴线，与圆锥面的截交线为一个水平圆，分别作出其三面投影；水平面与圆柱面的交线为最前和最后的两条素线，三面投影是已知的。则水平圆的水平投影和圆柱面前后两条素线的水平投影产生两个交点，即为Ⅲ、Ⅳ的水平投影 3、4，由水平投影作出正面投影 3′、4′。

(2)求一般点。分别再作水平面 P、S、T，用上述作图过程求出Ⅴ、Ⅵ、Ⅶ点的水平投影和正面投影。

(3)连线。依次光滑连接各点的正面投影，因为相贯线对称，前半段和后半段的正面投影重合，故正面投影连接成一段实线；水平投影以 3、4 为界，上半段的水平面投影连成实线，下半段的水平面投影连接成虚线。

(4)整理。补全仍然存在部分的投影。

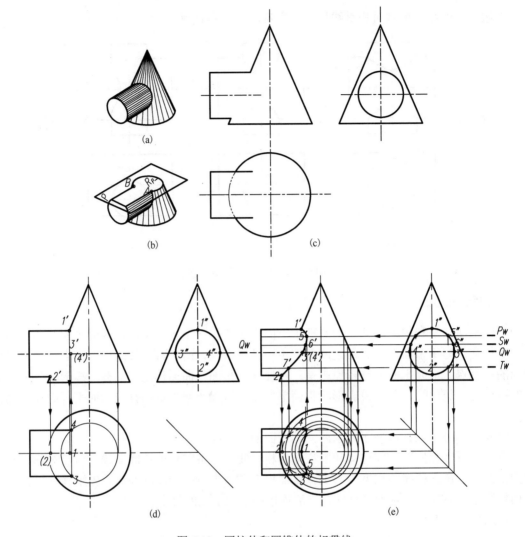

图 6-12　圆柱体和圆锥体的相贯线

6.3.3　两立体表面相贯线的特殊情形

在特殊情况下，两立体表面的相贯线还可能是平面曲线以及直线段。

(1) 当两个旋转体同时外切于一个球时，相贯线是平面曲线——椭圆，如图 6-13 所示。当两个旋转体本身的形状及相对位置不同时，椭圆也有不同情形。最常见的是当两个圆柱体直径相等、两轴线垂直相交，且公切于一个球时，相贯线是两个相同的椭圆。这两个平面椭圆在两圆柱体的轴线共同平行的投影面上的投影是两条直线，而其余两个投影都是圆，分别落在两个圆柱面的积聚投影上。

(2) 当两个旋转体共轴线时，相贯线为圆，且圆所在的平面必垂直于轴线，如图 6-14 所示。

(3) 两个圆锥共锥顶、共底面时，表面相交于素线上，所以相贯线是两条直线，交于锥顶，如图 6-15 所示；当两个圆柱轴线平行时，若同时共底面、共顶面，则相贯线是两条直线，若不共底面和顶面，则相贯线是两条直线和两段圆弧围成的空间闭合线框，如图 6-15 所示。

88

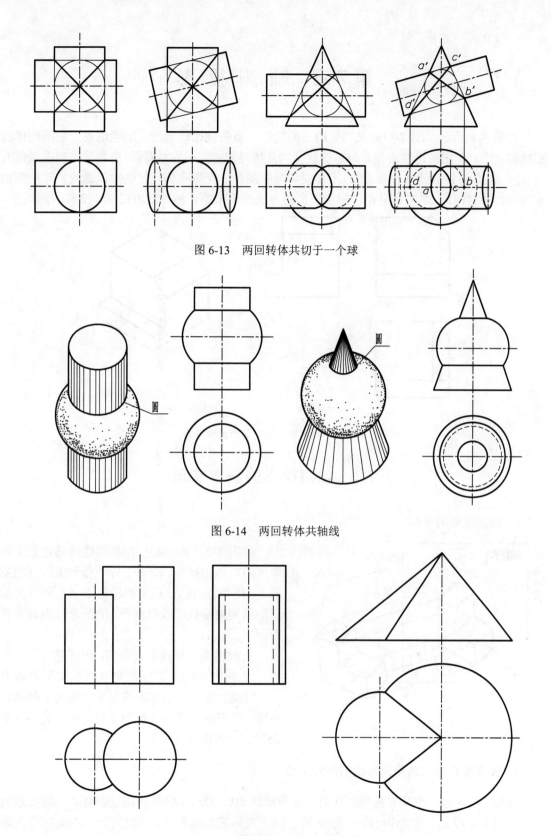

图 6-13　两回转体共切于一个球

图 6-14　两回转体共轴线

图 6-15　两柱轴线平行，两锥共顶

第7章 轴测投影

如图 7-1 所示，图 7-1(a) 是物体的三面投影，该图能比较全面、准确地表示空间物体的形状和大小，作图也比较简便，但是这种图的立体感较差，不容易看懂(需要学习制图课程的内容)。而图 7-1(b) 就很容易看懂(不需要学习制图课，仅需立体几何的知识就能大致把握物体的形状和结构)。图 7-1(b) 是用轴测投影的方法画出来的，称为轴测投影，简称轴测图。

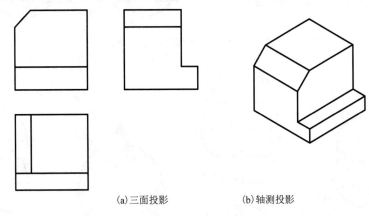

(a)三面投影   (b)轴测投影

图 7-1　物体的三面投影和轴测投影

7.1　轴测投影的基本知识

7.1.1　轴测投影的形成

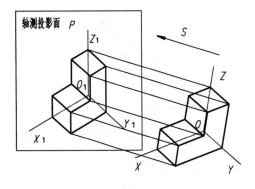

图 7-2　轴测投影的形成

如图 7-2 所示，将空间物体连同确定其空间位置的直角坐标系，沿不平行于任一坐标面的方向 S，用平行投影法投射到投影面 P 上所得到的图形称为轴测投影或轴测图。平面 P 称为轴测投影面。

轴测图是一种单面投影图，优点是富于立体感，缺点是不能直接反映物体的真实形状和大小，度量性差，所以多数情况下只作为一种辅助图样，用来表达某些建筑物及其构配件的整体形状和节点的搭接关系等。

7.1.2　轴测投影中的轴间角和轴向伸缩系数

如图 7-2 所示，空间直角坐标系的三条坐标轴 OX、OY、OZ 在轴测投影面 P 上的投影为 O_1X_1、O_1Y_1、O_1Z_1，称为轴测轴。轴测轴之间的夹角 $\angle X_1O_1Y_1$、$\angle Y_1O_1Z_1$、$\angle Z_1O_1X_1$ 称为轴间角。

轴测轴上的某一长度与坐标轴上的对应长度的比值，分别称为 OX、OY、OZ 轴的轴向伸

90

缩系数，分别用 p_1、q_1、r_1 表示，即 $p_1 = \dfrac{O_1X_1}{OX}$、$q_1 = \dfrac{O_1Y_1}{OY}$、$r_1 = \dfrac{O_1Z_1}{OZ}$。

轴间角和轴向伸缩系数是绘制轴测图时需要的参数，不同类型的轴测图有不同的轴间角和轴向伸缩系数。

7.1.3　轴测投影的分类

根据投射方向与轴测投影面的相对位置，可将轴测投影分为两大类。

1.　正轴测投影

当投射方向垂直于轴测投影面时，得到的投影称为正轴测投影。

在正轴测投影中，若三个轴向伸缩系数均相等，称为正等轴测投影；若两个轴向伸缩系数相等，且不等于第三个轴的轴向伸缩系数，称为正二轴测投影；若三个轴向伸缩系数均不相等，称为正三轴测投影。

2.　斜轴测投影

当投射方向倾斜于轴测投影面时，得到的投影称为斜轴测投影。

在斜轴测投影中，若三个轴向伸缩系数均相等，称为斜等轴测投影；若两个轴向轴向伸缩系数相等，且不等于第三个轴的轴向伸缩系数，称为斜二轴测投影；若三个轴向伸缩系数均不相等，称为斜三轴测投影。

7.1.4　轴测投影的特性

轴测投影由平行投影法得到，所以轴测投影具有平行投影的投影特性，如下所述。

(1)平行性。空间直线平行，其轴测投影仍然平行。

(2)度量性。物体上与坐标轴平行的直线尺寸，在轴测图中均可沿轴测轴的方向度量。

(3)定比性。一个线段的分段比例在轴测投影中保持不变。

7.1.5　轴测投影的画法

在轴测投影中，用粗实线画出物体的可见轮廓。为了使画出的图形立体感强，通常不画出物体的不可见轮廓，必要时用中虚线画出。

根据形体的多面正投影画其轴测投影时，一般采用下面的基本作图步骤。

(1)形体分析并在形体上确定直角坐标系，坐标原点一般设在形体的角点或对称中心上。

(2)选择轴测图的种类与合适的投影方向，确定轴测轴及轴向伸缩系数。

(3)根据形体特征选择合适的作图方法，常用的作图方法有坐标法、叠加法、切割法、装箱法、端面法。

下面分别介绍正等轴测投影和斜轴测投影的特点及画法。

7.2　正等轴测图

7.2.1　正等轴测图的轴间角和轴向伸缩系数

根据 $p_1 = q_1 = r_1$ 所作出的正轴测图，称为正等轴测图，简称正等测。正等轴测图的轴间角

$\angle X_1O_1Y_1=\angle Y_1O_1Z_1=\angle Z_1O_1X_1=120°$，轴向伸缩系数 $p_1=q_1=r_1\approx0.82$。为方便作图，常采用简化轴向伸缩系数，即 $p=q=r=1$，如此可直接按物体的实际尺寸截取，这样画出来的图形比实际的轴测图放大了约 1.22 倍。虽然利用简化轴向伸缩系数作物体的正等轴测图有所放大，但方法比较简单，不用换算，是最常用的正轴测图。正等轴测图的轴间角与轴向伸缩系数如图 7-3 所示。

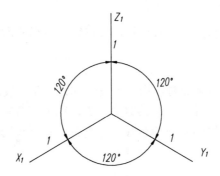

图 7-3　正等轴测图的轴间角和轴向伸缩系数

7.2.2　正等轴测图的画法举例

例 7-1　已知正五棱柱的两面投影图(图 7-4(a))，试画其正等轴测图。

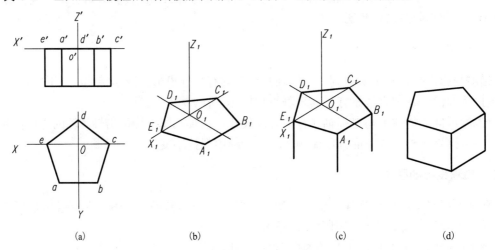

图 7-4　正五棱柱的正等测画法

解：采用简化轴向伸缩系数 $p=q=r=1$，具体作图步骤如下。

(1)选定坐标原点及坐标轴。如图 7-4(a)所示，将坐标原点 O 定在上底面五边形的中心，以五边形的中心线为 OX 轴和 OY 轴。

(2)如图 7-4(b)所示，画出轴测轴 O_1X_1、O_1Y_1、O_1Z_1，注意轴间角均为 120°。(因轴测图只要求画出可见轮廓线，不可见轮廓线一般不要求画出，故常将坐标原点取在顶面上，直接画出可见轮廓，使作图简化。)

由于顶点 D 在 OY 轴上，可直接量取并在轴测轴 O_1Y_1 上作出 D_1。

虽然顶点 A、B、C、E 均不在坐标轴上，但 AB 平行于 OX 轴(可根据 X 轴的轴向伸缩系数进行度量)，可直接量取 A_1B_1 到 O_1X_1 的距离作平行线 A_1B_1，C_1、E_1 两点的位置根据水平投影坐标确定，连接 A_1、B_1、C_1、D_1、E_1，即得上底面五边形轴测投影。

(3)如图 7-4(c)所示，由顶点 A_1、B_1、E_1 沿着 O_1Z_1 轴的负方向画出与正五棱柱相等高度的可见轮廓线。过 D_1、C_1 点的轮廓线由于被遮挡而不画出来。

(4)如图 7-4(d)所示，连接下底面各点，清理作图线，描深，完成正五棱柱的正等轴测图。

例 7-2 已知物体的三面投影图(图 7-5(a))，试画其正等轴测图。

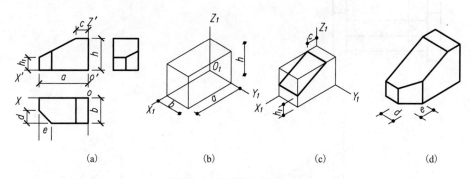

(a)　　　　　　(b)　　　　　　(c)　　　　　　(d)

图 7-5　切割法作正等轴测图

解：大多数平面立体可以设想为由长方体切割而成的，为此，可先画出长方体的正等轴测图，然后进行轴测切割，从而完成立体的轴测图。这种方法称为切割法。

(1)在多面正投影图中设置坐标系 $OXYZ$(图 7-5(a))。

(2)画出轴测轴，作出辅助长方体的轴测图(图 7-5(b))。

(3)以正垂面进行切割(图 7-5(c))。

(4)以铅垂面进行切割，清理作图线，描粗可见轮廓线，完成全图(图 7-5(d))。

例 7-3 已知台阶的三面投影图(图 7-6(a))，试画其正等轴测图。

解：此台阶可以看作由左、右两块栏板和中间的踏步三部分组合而成的，可以用装箱法先画两侧栏板，再画中间的三个踏步。

(1)在水平和正面投影图中设置坐标系 $OXYZ$(图 7-6(a))，并画出轴测轴(图 7-6(b))。

(2)量取坐标画出两侧栏板未切割前的正等轴测投影(图 7-6(c))。

(3)经过切割得到栏板的正等轴测图(图 7-6(d))。

(4)在右侧栏板的端面上依据 y、z 坐标画上三个踏步在此端面上的正等轴测图(图 7-6(e))，这种方法称为端面法。

(5)过端面上的各交点分别作 O_1X_1 轴的平行线，遇到左侧栏板则打断不画，描粗可见轮廓线，得到台阶的正等轴测图(图 7-6(f))。

例 7-4 已知圆柱的两面投影图(图 7-7(a))，试画其正等轴测图。

解：圆柱的轴线垂直于水平面，上、下底为两个与水平面平行且大小相同的圆，在轴测图中均为椭圆。可先作出上、下底面圆的正等轴测图(椭圆)，再作两椭圆的公切线即得圆柱的正等轴测图。

(1)如图 7-7(a)所示，以上顶面圆的圆心为坐标原点，在 H 面和 V 面投影中设置坐标系 $OXYZ$，并在 H 面中画出上顶面圆的外切正方形，得切点 a_0、b_0、c_0、d_0。

(2)作轴测轴和四个切点的轴测投影 a'_1、b'_1、c'_1、d'_1，过四点分别作 X_1、Y_1 轴的平行线，得外切正方形的轴测图(菱形)(图 7-7(b))。

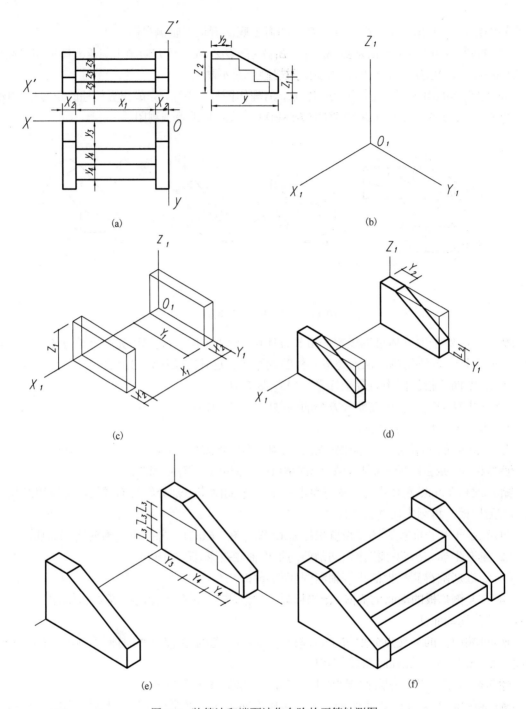

(a)　　　　　　　　　　　　　　　　(b)

(c)　　　　　　　　　　　　　　　　(d)

(e)　　　　　　　　　　　　　　　　(f)

图 7-6　装箱法和端面法作台阶的正等轴测图

(3)用四心法作出上顶面圆和下底面圆的轴测椭圆：过菱形顶点 1、2，连接 1c 和 2b 得交点 3，连接 2a 和 1d 得交点 4。1、2、3、4 各点即作近似椭圆四段圆弧的圆心。以 1、2 为圆心，1c 为半径作圆弧；以 3、4 为圆心，3b 为半径作圆弧，即得圆柱上底的轴测椭圆。将椭圆的三个圆心 2、3、4 沿 Z_1 轴平移高度 h，作出下底面圆的轴测椭圆(下底椭圆看不见的一段圆弧不必画，故圆心 1 不用平移)(图 7-7(c))。

(4)作两椭圆的公切线，清除作图线，描粗可见轮廓线，完成全图(图 7-7(d))。

94

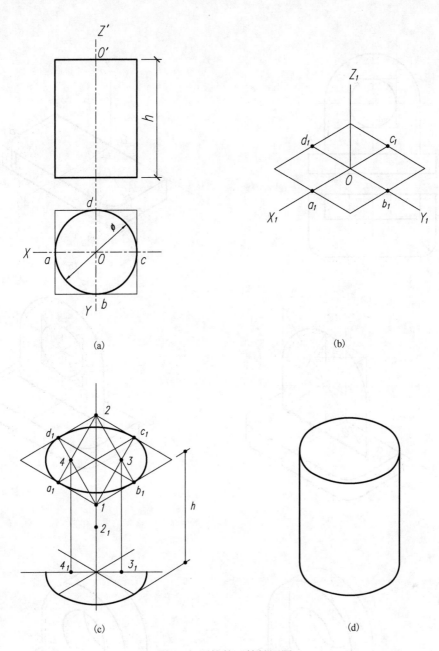

(a)

(b)

(c)

(d)

图 7-7　圆柱的正等轴测图

例 7-5　已知形体的两面投影图(图 7-8(a)),试画其正等轴测图。

解:具体作图步骤如下。

(1)在水平和正面投影图中设置坐标系 $OXYZ$(图 7-8(a))。

(2)画出轴测轴,作底板的正等轴测图,并画出两个圆角(图 7-8(b)),画圆角时分别从两侧切点作切线的垂线,交得圆心,再用圆弧半径画弧。

(3)作立板的正等轴测图,上部半圆柱体用四心法画椭圆弧,圆孔用四心法画其正等轴测椭圆,并作出两个椭圆弧的切线(图 7-8(c)~(e))。

(4)清理作图线,描粗可见轮廓线,完成全图(图 7-8(f))。

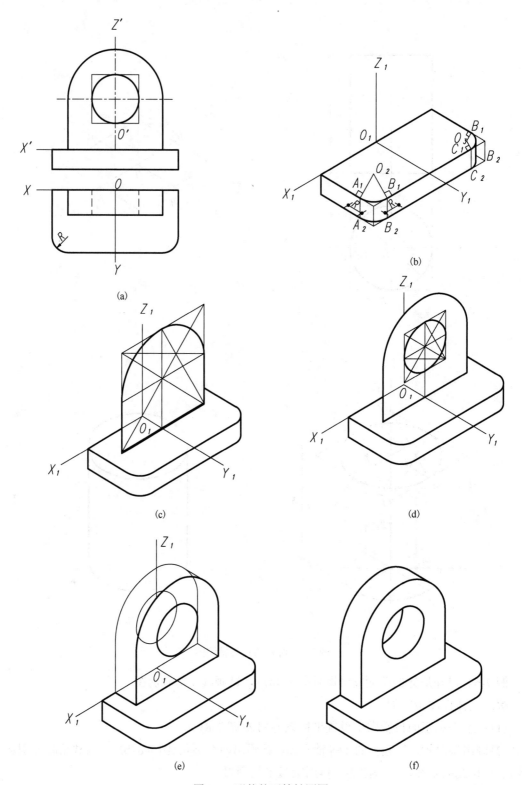

图 7-8　形体的正等轴测图

7.3 斜 轴 测 图

7.3.1 斜轴测图的轴间角和轴向伸缩系数

为便于绘制物体的斜轴测图，可使物体上两个主要方向的坐标轴平行于轴测投影面。为便于说明问题，设坐标轴 OX 和 OZ 就位于轴测投影面 P 上，这样坐标轴 OX、OZ 就是轴测轴 O_1X_1、O_1Z_1，它们之间的轴间角 $\angle X_1O_1Z_1$ 为 $90°$，轴向伸缩系数 $p_1=r_1=1$。轴测轴 O_1Y_1 的方向和轴向伸缩系数则由投射方向确定。由于投射方向可随意，所以轴测轴 O_1Y_1 的方向和轴向伸缩系数之间没有固定的关系，可以任意选定。

若设坐标轴 OX 和 OY 平行于轴测投影面，则轴间角 $\angle X_1O_1Y_1$ 为 $90°$，轴测轴 O_1Z_1 的方向和轴向伸缩系数也可以任意选定。

7.3.2 常用的两种斜轴测图

1. 正面斜轴测图

以正平面作为轴测投影面所得到的斜轴测图，称为正面斜轴测图。由于其正面可反映实形，所以这种图特别适用于画正面形状复杂、曲线多的物体。

将轴测轴 O_1Z_1 画成竖直，O_1X_1 画成水平，轴向伸缩系数 $p_1=r_1=1$；O_1Y_1 可画成与水平线成 $45°$、$30°$ 或 $60°$，根据情况可选向右下(图 7-9(a))、右上、左下(图 7-9(b))、左上倾斜，q_1 可取 0.5。这样画出的正面斜轴测图称为正面斜二轴测图，常简称为斜二测。

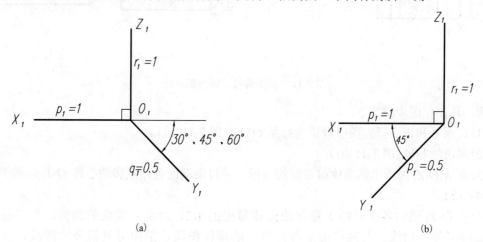

图 7-9 正面斜二轴测图的轴间角和轴向伸缩系数

画图时，由于物体的正面平行于轴测投影面，可先抄绘物体正面的投影，再由相应各点作 O_1Y_1 的平行线，根据轴向伸缩系数量取尺寸后相连即得所求的斜二轴测图。

例 7-6 已知台阶的两面投影图(图 7-10(a))，试画其正面斜二轴测图。

解：具体作图步骤如下。

(1)在水平和正面投影图中设置坐标系 $OXYZ$(图 7-10(a))。

(2)画出轴测轴(图 7-10(b))。

(3)在 $X_1O_1Z_1$ 内画出台阶前端面的实形，并过前端面各顶点作 O_1Y_1 轴的平行线

（图 7-10(c)）。

(4)在 O_1Y_1 轴的各平行线上量取台阶宽度（Y 方向）的 1/2（即 $q_1=0.5$），得后端面上的各顶点，并连接各点，清理作图线，描深图线，完成全图（图 7-10(d)）。

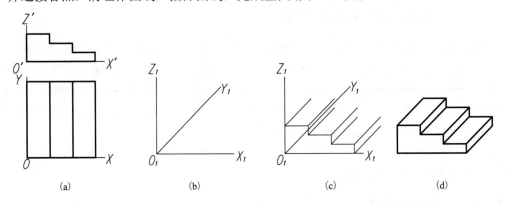

图 7-10　台阶的正面斜二轴测图画法

例 7-7　已知形体的两面投影图（图 7-11(a)），试画其正面斜二轴测图。

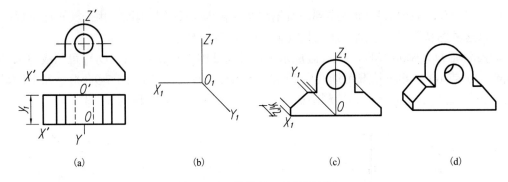

图 7-11　形体的斜二轴测图画法

解：具体作图步骤如下。

(1)在水平和正面投影图中设置坐标系 $OXYZ$（图 7-11(a)）。

(2)画出轴测轴（图 7-11(b)）。

(3)在 $X_1O_1Z_1$ 内画出曲面体前端面的实形，并过前端面各顶点和圆心作 O_1Y_1 轴的平行线（图 7-11(c)）。

(4)在 O_1Y_1 轴的各平行线上量取曲面体厚度的 1/2，画出后端面的圆弧，作半圆柱体上前后两圆外公切线，并连接前后各顶点，清理作图线，描粗可见部分的图线，完成全图（图 7-11(d)）。

2. 水平斜轴测图

以水平面作为轴测投影面所得到的斜轴测图，称为水平斜轴测图。房屋的平面图、区域的总平面布置图等常采用这种轴测图。

画图时，使 O_1Z_1 轴竖直（图 7-12(b)），O_1X_1 与 O_1Y_1 保持直角，O_1Y_1 与水平线成 30°、45°或 60°，一般取 60°，当 $p_1=q_1=r_1=1$ 时，称为水平斜等轴测图。也可使 O_1X_1 轴保持水平，O_1Z_1 轴倾斜（图 7-12(b)）。由于水平投影平行于轴测投影面，可先抄绘物体的水平投影，再由相应

各点作 O_1Z_1 轴的平行线，量取各点高度后相连即得所求水平斜等轴测图。

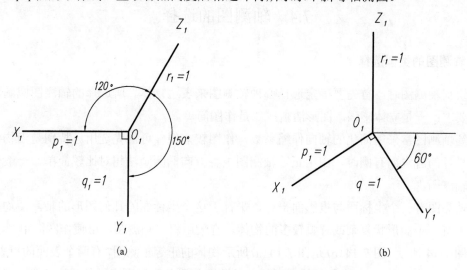

图 7-12　水平斜等轴测图的轴间角和轴向伸缩系数

例 7-8　已知建筑物的两面投影图（图 7-13(a)），试画其水平斜等轴测图。

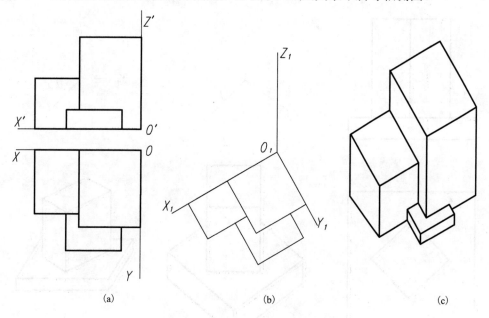

图 7-13　建筑物的水平斜等轴测图

解：具体作图步骤如下。

(1) 在水平和正面投影中设置坐标系 $OXYZ$（图 7-13(a)）。

(2) 画出轴测轴（图 7-13(b)），使 O_1Y_1 轴与水平线成 60°，按与 O_1X_1、O_1Y_1 的关系，画出建筑物的水平投影（反映实形）。

(3) 由各顶点作 O_1Z_1 轴的平行线，量取高度后相连，清理作图线，描粗可见部分的图线，完成全图（图 7-13(c)）。

7.4 轴测图的选择

7.4.1 轴测图的类型选择

在绘制轴测图时，首先要确定选择哪种轴测图来表达物体。所选择的轴测图应满足两个方面的要求：一是立体感强，图形清晰；二是作图简单。

正等轴测图常采用简化的轴向伸缩系数，作图较方便，可优先选用。特别是当物体上与坐标面平行的各表面有圆时，由于正等轴测图中各方向椭圆画法相对比较简单，一般也都采用正等轴测图。

斜二轴测图有一个坐标面与投影面平行，平行于这个坐标面的几何图形的轴测图均反映实形。对于有一个面形状复杂或圆弧较多的物体，宜采用斜二轴测图，可使作图简单。

如图 7-14 所示，图 7-14(b) 是图 7-14(a) 所示物体的正等轴测图，有两个表面的投影积聚，立体感不强；采用图 7-14(c) 所示的正面斜二轴测图就避免了平面表面的投影积聚，能更好地反映物体的形状。

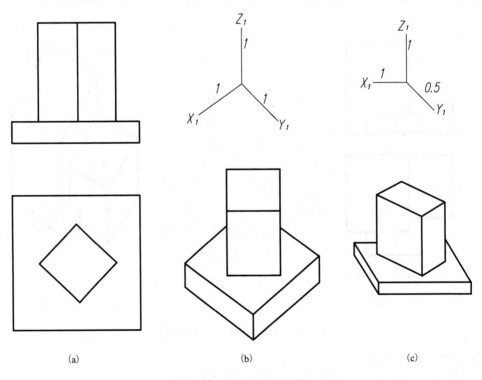

(a)   (b)   (c)

图 7-14　轴测类型的选择

7.4.2 轴测图的投射方向选择

绘图前，应根据物体的形状特征确定轴测投影的投射方向，通常把反映物体主要特征的面放在前面，挑选一个使物体较多部分和主要部分可见的投射方向。轴测图的投射方向可以从上到下投射，得到俯视效果的轴测图，如图 7-15(b)、(c)所示；也可以从下向上投射，得到仰视效果的轴测图，如图 7-15(d)、(e)所示。其中图 7-15(b)最能反映该立体的主要特征，也能保证主要部分都可见，是最佳的投射方向。

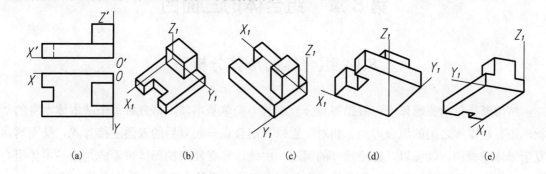

图 7-15 不同投射方向的正等轴测图

第8章　组合体的三面图

8.1　组合体的形体分析法

结构形状复杂的形体,可假想将其分解成若干简单基本体,再分析每个基本体本身的形状,还有基本体之间的组合方式、相对位置以及组合在一起以后的表面连接方式,从而解决复杂形体的画图、读图以及标注尺寸的问题。由此,形状复杂的形体可看成是由基本体组合而成的组合体,这种"化整为零、化难为易"由形体入手的分析方法称为形体分析法。

基本体本身的形状不同,组合而成的组合体形状千差万别;即使基本体形状相同,但相对位置不同,也会形成不同的组合体。

采用形体分析法对组合体进行分解,组成方式一般为叠加和切割(包括穿孔)两种。但很多组合体的组成不是单一的方式,可称为综合式。

8.1.1　组合体的组合方式

1. 叠加

如图 8-1 所示的组合体,可以看成是由若干个基本体叠加而成的,叠加在实体内部的表面及棱线由于成为一个整体而不存在了。其他相邻表面连在一起,连接方式有相交、共面(平齐)及相切,连接方式不同,分界线的情况也不同。

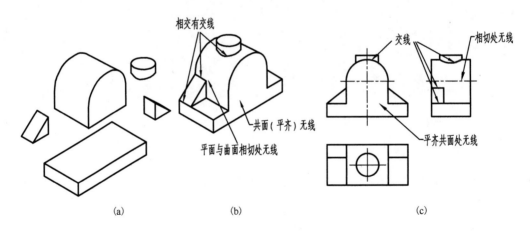

图 8-1　组合体表面连接方式

(1)相交。相邻表面相交处产生交线(截交线、相贯线),在作图时必须画出交线的投影。

(2)共面(平齐)。当相邻两表面共面时,连接处不应该有分界线,画图时不画线。

(3)相切。相邻表面相切时,由于相切是光滑连接,不产生交线,不画线。

2. 切割(包括穿孔)

切割型组合体是由基本体被一些平面或曲面切割而成的(在切割处产生截交线、相贯线),

如图 8-2 所示。

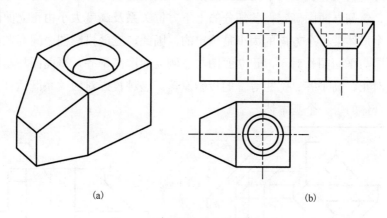

(a)   (b)

图 8-2　组合体由基本体切割而成

3.　综合

大部分复杂的组合体都是由基本体以叠加和切割两种方式组成的。用形体分析法分解组合体时，分解方式不唯一。如图 8-3 中同一个立体有两种不同的分解方式。

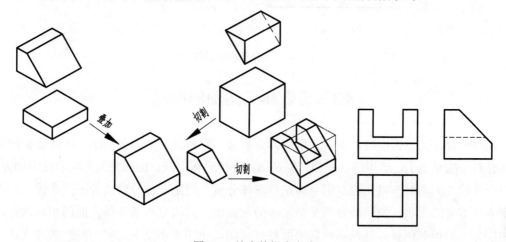

图 8-3　综合的组合方式

要想熟练应用形体分析法画图或读图，应先熟悉简单形体的三面图。

8.1.2　组合体三面图的形成及投影规律

在工程制图中，常把立体在某个投影面上的正投影称为视图，相应的投射方向称为视向。则正面投影、水平投影、侧面投影分别称为主(正)视图、俯视图、左视图，合称组合体的三视图。在土建工程制图中，三面投影分别称为正立面图(简称正面图)、平面图、左侧立面图(简称侧面图)，合称三面图。如图 8-4 所示。

组合体的三面图与点线面等基本几何元素及简单立体的三面投影一样，正立面图反映组合体各部分的左右、上下的方位关系，表达出组合体各部分的长度和高度的大小；平面图反映组合体各部分的左右、前后的方位关系，表达出组合体的长度和宽度的大小；左侧立面图反映组合体的上下、前后的方位关系，表达出组合体的高度和宽度的大小。所以，组合体的各部分的左右方位关系和长度大小由正立面图、平面图确定；各部分的前后方位关系及宽度大小由平面图、左侧立面图确定；各部分的上下方位关系及高度大小由正立面图、左侧立面图确定。同一个形体某一个方向的大小是确定的，因此，三面投影图之间存在如下投影对应关系：正立面图与平面图长对正，正立面图与左侧立面图高平齐，平面图与左侧立面图宽相等，符合"长对正、高平齐、宽相等"的投影原理。这种投影对应关系既适合整个组合体，也适合组成组合体的每一个基本体。

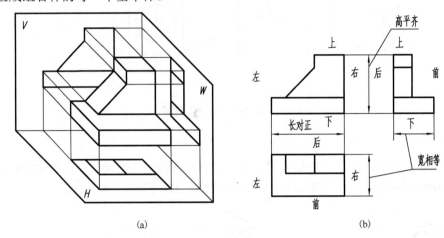

图 8-4　组合体的三面图

8.2　组合体三面图的画法

在画组合体的三面图时，主要采用形体分析法，有时辅以线面分析法。线面分析法是在形体分析法的基础上，运用线、面的投影规律，分析形体上线、面的空间形状和位置的方法。画组合体的三面图时，首先应对组合体进行形体分析，把组合体分解成若干基本体，熟悉每个基本体本身的形状，快速确定每个基本体的三面图；其次分析基本体之间的相对位置，来决定图形上的相对位置，并判断相邻表面是以共面、相切或相交中的哪一种连接方式连接，从而确定投影图中对应位置是否划分界线；然后按照一定的步骤画出组合体的三面图；最后将组合体与所画的三面图反复进行核对，以确定所画三面图的正确性。必要时，可按线面分析法分析组合体上某些线或面的投影，以明确它们在组合体中的位置及形状。

下面以图 8-5(a)所示的组合体为例，来说明组合体三面图的画图和步骤。

(1)进行形体分析。如图 8-5(b)所示，该组合体可分解为四个基本体：Ⅰ是长方体底板；Ⅱ是有通孔的柱体；Ⅲ是三棱柱形状的支承肋板，肋板有两个，形状大小一样，对称分布，故只分析一个；Ⅳ是一个小圆柱。四个基本体以叠加的方式组成组合体。

(2)确定正视方向及安放位置。正视方向是指正立面图的投射方向，非常重要。确定原则是：尽量使正立面图最能反映该组合体的形状特征以及相互位置关系；一般使组合体处于正常工作状态，尽可能地将形体的主要平面放置成特殊位置平面(投影面平行面或者投影面垂直面)，把主要轴线放置成特殊位置直线(投影面垂直线或投影面平行线)，以便获得最好的实形性；而且使投影图中虚线最少。如图 8-5(a)所示，四个投射方向中，*A*、*B* 向获得的投影比 *C*、

D 向的投影能更清晰地反映立体的形状特征及基本体之间的相对位置，而 B 向视图则会出现较多虚线，综合比较，以 A 向作为正视方向最佳。

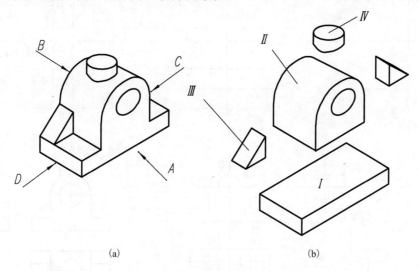

(a)   (b)

图 8-5　组合体的分解和正视图选择

(3)选比例、定图幅、画基准线。

可以先根据组合体的复杂程度选定比例以及图纸幅面，由组合体的长、宽、高计算出三个投影所占的面积，在投影之间、投影与图框线之间留出适当的距离，如果需要标注尺寸，要在投影图周围留出标注尺寸的足够位置。确定以后，如图 8-6(a)所示，可先画出各图的基准线，一般以组合体主要端面的投影、主要回转体的轴线以及图形对称线中心线作为基准线。

也可以先选定图幅的大小，并根据三面图的布置，留出标注尺寸的位置及适当的间距，再确定比例。

(4)画组合体的三面图(打底稿)。

首先应该用细实线打底稿。可先画形体Ⅰ的三面图，再画形体Ⅱ的三面图，画完形体Ⅱ后要注意擦除多余的线，如图 8-6(c)所示。画完形体Ⅲ、Ⅳ后，注意擦除已经不存在的线，如图 8-6(e)所示。

画图时注意以下几个问题：①一般是按先主(主要形体)后次(次要形体)、先大(形体)后小(形体)、先实(体)后虚(挖去的槽、孔等)、先外(外轮廓)后内(里面的细部)的顺序逐个作基本体的图形；②对于每一个基本体，三个投影要联系起来同时画，先画最具有形状特征的投影，然后画出其他两投影；③对于很多基本体，可以先完整地画出其投影，画完以后再考虑组合使基本体的图形产生的变化，再分析基本体之间相邻表面的连接方式，修改图线。

(5)加深图线。如图 8-6(f)所示，把所绘三面图与组合体进行反复对照，并仔细检查有无错误、遗漏，在正确无误的情况下，对全图按规定的线型加深、加粗。当几种图线发生重合时，应按粗实线、虚线、细点画线、细实线顺次取舍。

图 8-7 是切割体，可看成一个长方体(图 8-7(a))，被切去一个三棱柱，再被切去两个四棱柱形成的组合体(图 8-7(b))。画这样的组合体，通常先画出被切割前基本体的三面图，再逐步画出切割后形成的投影，最后加深，画图过程如图 8-7(c)、(d)所示。

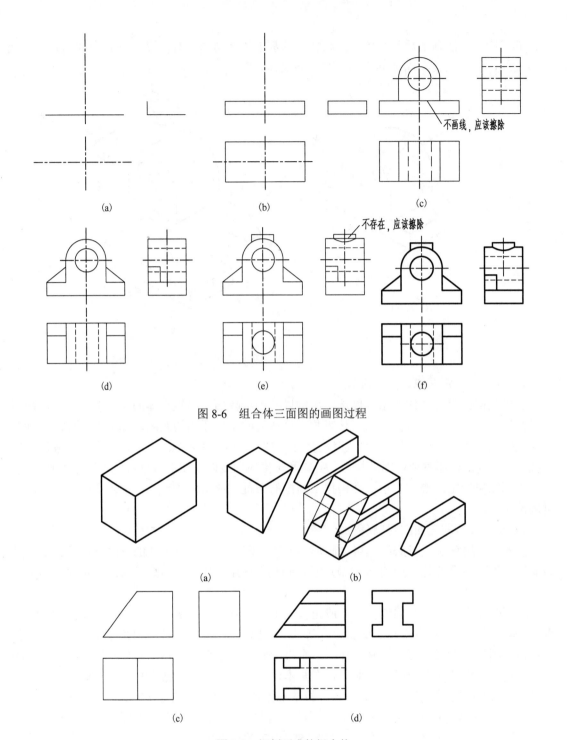

图 8-6 组合体三面图的画图过程

图 8-7 切割而成的组合体

8.3 组合体的尺寸标注

组合体的三面图只能表达它的形状，而组合体各部分的大小和相互位置必须由标注的尺寸来确定。在画完组合体的三面图之后，应在图形上进行尺寸标注。尺寸标注要求：正确、完整、清晰、合理。

8.3.1 常见基本体的尺寸标注

平面立体一般标注长、宽、高三个方向的尺寸；旋转体一般标注径向和轴向两个尺寸，径向尺寸要在尺寸数字前加上符号"Φ"或"R"，圆球的直径数字前要加"SΦ"；在正多边形上标注尺寸，可以标注其外接圆的直径尺寸。常见的基本体尺寸标注方式如图8-8所示。

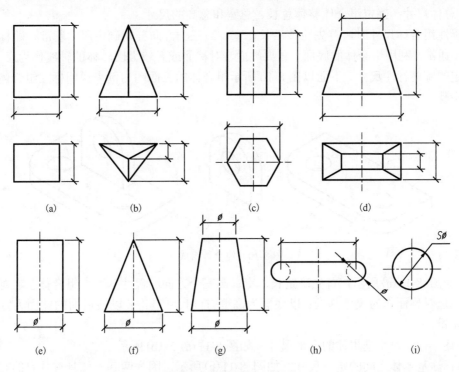

图 8-8　基本体的尺寸标注

当基本体上有截切的情况时，不能在截交线上标注尺寸，但应该标注出确定截平面位置的尺寸；当两立体表面有相贯线时，不能在相贯线上直接标注尺寸，如图8-9所示。

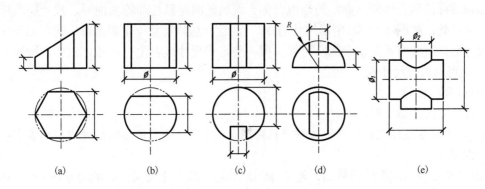

图 8-9　截切和相贯体的尺寸标注

8.3.2 组合体三面图的尺寸标注

标注组合体尺寸的主要方法还是形体分析法。先标注每个基本体的尺寸，再标注确定基本体相对位置的尺寸，最后标注组合体总长、总宽、总高的尺寸。组合体的尺寸可以分为以下三类。

(1)定形尺寸：确定组合体中各基本体形状大小的尺寸。

(2)定位尺寸：确定组合体中基本体相对位置的尺寸。

(3)总体尺寸：确定组合体整体总长、总宽和总高的尺寸。

在标注组合体尺寸时，首先应该沿长、宽、高三个方向分别确定尺寸基准，即标注尺寸的起点。通常，利用组合体的底面、重要端面、对称面或者较大回转体的轴线作为尺寸基准，按照一定的顺序标注尺寸。下面以图 8-10 所示组合体的三面图为例来说明标注组合体尺寸的方法和步骤。

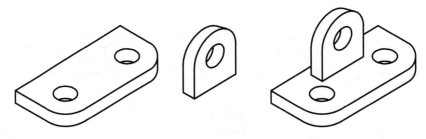

图 8-10　组合体组成

(1)如图 8-11(a)所示，首先确定长、宽、高三个方向的尺寸基准。组合体左右对称，长度方向可选对称面作为尺寸基准；以底面为高度方向尺寸基准；以最后面的端面为宽度方向的尺寸基准。

(2)逐一标注每个基本体的定形尺寸。如图 8-11(a)、(b)所示。

(3)标注基本体之间的定位尺寸。如图 8-11(c)所示，因为两基本体具有共有的对称面，所以长度方向不必再标注定位尺寸；底板高度方向的定形尺寸已起到定位作用，所以高度方向也不必标注两者的定位尺寸；可在水平投影中标注宽度方向的定位尺寸 17。

(4)标注总体尺寸。该组合体的底板长和宽也是组合体的总长、总宽，之前已经进行了标注。还需要标注组合体的总高，但当组合体一端的断面是圆柱面等曲面时，尺寸应该标注至圆柱面轴线处，如图 8-11(d)所示尺寸的 86。注意，总体尺寸一定要进行标注，如果标注了总体尺寸后，尺寸有重复多余的，可以去掉一些定形尺寸或者定位尺寸，例如，标注了总高 86 后，就可以去掉尺寸 63。

(5)检查，协调。

标注尺寸的注意事项如下。

(1)尺寸应尽量标注在反映形体特征的视图上，且同一基本形体的尺寸应尽可能集中标注在一个视图上。

(2)尺寸尽量标注在图形外面，避免与图形的轮廓线产生交叉，影响清晰性。

(3)尽量避免在虚线上标注尺寸。

(4)直径尺寸应尽量标注在投影为非圆的视图上，半径标注在投影为圆的视图上。

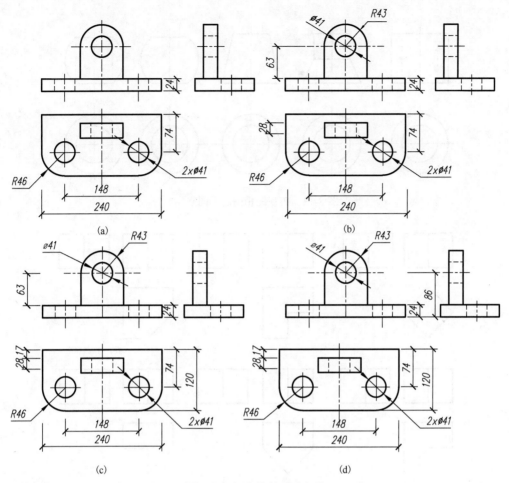

图 8-11　组合体的尺寸标注

8.4　组合体三面图的阅读

8.4.1　读图的思维基础

读图是根据组合体的三面图，分析想象确定出它的空间形状，是与画图相反的过程。以叠加方式组合的组合体，主要用形体分析法读图，以切割方式为主的组合体则适用线面分析法读图，或者整体用形体分析法，局部用线面分析法，两者结合使用。

读图的时候以特征视图为主，三个视图配合起来读。一个视图是不能确定形体的空间形状的，如图 8-12 所示；即使是两面图给定，往往也不能确定形体的空间形状，如图 8-13 所示。

8.4.2　用形体分析法读图的方法和步骤

用形体分析法读图时，首先，从特征视图入手(通常是正立面图)，结合其他视图，将组合体的特征视图分解成若干简单闭合的线框，意味着将组合体分解成了若干个基本体，一个线框就是一个基本体的投影；然后，利用投影规律找出每个线框对应的基本体的其他两面投影，由每个基本体的三面投影，确定每个基本体本身的形状；最后，分析基本体之间的相对位置，综合想象出组合体的整体形状。

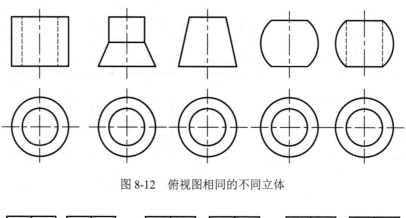

图 8-12　俯视图相同的不同立体

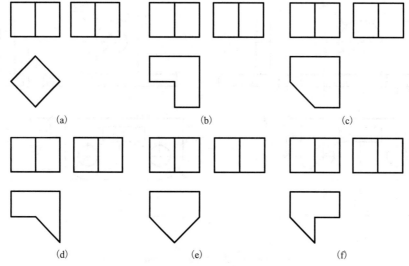

(a)　　　　　　　　(b)　　　　　　　　(c)

(d)　　　　　　　　(e)　　　　　　　　(f)

图 8-13　两个视图相同的不同立体

例 8-1　由组合体的三面图，想象出组合体的空间形体，如图 8-14(a)所示。

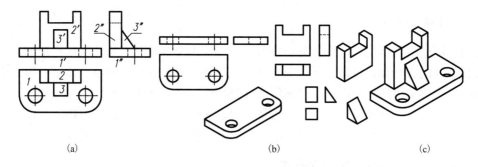

(a)　　　　　　　　(b)　　　　　　　　(c)

图 8-14　用形体分析法读组合体三面图

解：按照基本思路，读图过程如下。

(1)抓特征视图，分线框，对投影。如图 8-14(a)所示，从正立面图入手，分解为 1′、2′、3′三个线框，根据投影规律找到在其他两面视图中每部分对应的投影，这样就把组合体分解成了三个简单体，每个简单体的三面投影也已知。

(2)由投影想形状。由每个简单体的三面投影,想象简单体的空间形状。反映形体形状特征的视图是想象形体空间形状的关键,但各简单体的特征视图不一定会集中在某一个视图上,形体Ⅰ的特征视图是其水平投影1,形体Ⅱ的特征视图是正面投影2′,形体Ⅲ的特征视图是侧面投影3″。从这三个特征视图入手,结合另外两个投影就可以想象出每个简单体的空间形状,Ⅰ是有两个圆角、两个圆柱孔的长方体板;Ⅱ是挖切掉一个小长方体的长方体板;Ⅲ是三棱柱,如图8-14(b)所示。

(3)综合起来确定整体。图 8-14(a)中,正立面图清晰反映出各基本体左右、上下的相对位置;平面图反映左右、前后的相对位置;左侧立面图反映上下、前后的相对位置。综合简单体的形状和相对位置想象出组合体的整体形状,如图8-14(c)所示。

8.4.3 用线面分析法读图的方法和步骤

用线面分析法读图,就是运用点、线、面的投影规律,找到组合体的表面及表面之间交线的投影,由投影确定出面或线的位置及形状,从而想出整个组合体的形状。用线面分析法读图时,要注意视图中的图线有以下三种情况,如图8-15(a)所示:

(1)形体上面与面交线的投影。
(2)圆柱面、圆锥面等外形轮廓线的投影。
(3)形体上一表面(平面或曲面)的积聚投影。
视图中每一闭合线框,有三种情况,如图8-15(b)、(c)所示:
(1)形体上一个面(平面或曲面)的投影。
(2)可能是两个或两个以上表面光滑连接而成面的投影。
(3)可能是形体上挖切部分的投影。

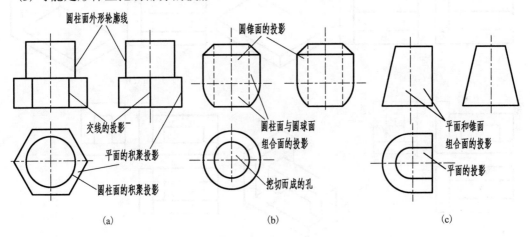

(a)　　　　　　　(b)　　　　　　　(c)

图 8-15　投影图中图线、线框的含义

视图中两个相邻的闭合图形可能是:
(1)形体上两个相交的表面;
(2)两个不平齐的表面,此时两相邻图形之间的分界线,一般是第三表面的积聚投影;
(3)大图形里包围的小图形则可能表示凸起的面或凹下去的面,也可能表示挖空部分(通孔)。如图8-16所示。

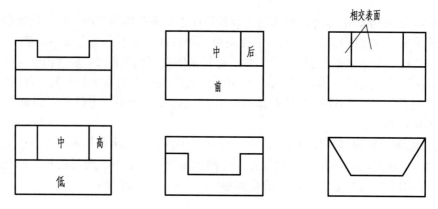

图 8-16　投影图中相邻线框的位置分析

8.4.4　空间思维能力训练方法

组合体的读图，是培养空间思维能力的一个重要环节，通常可以通过二补三、补画漏线、构形设计等练习，提高读图和画图能力，从而提高空间构形和表达能力。

(1)根据组合体的两视图，补画第三视图，也称二补三。

例 8-2　读组合体的正立面图和平面图，并补画出左侧立面图，如图 8-17(a)所示。

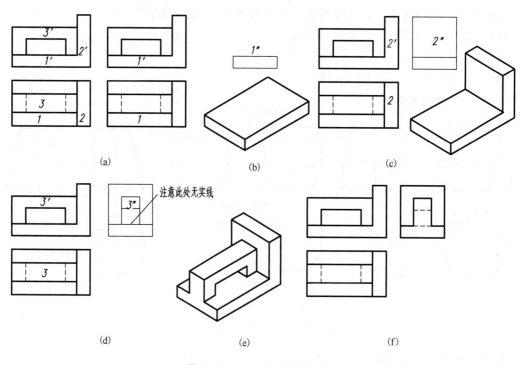

图 8-17　二补三(形体分析法)

解： 如图 8-17(a)所示，结合两面图，可分解成三部分简单立体，一个视图分解成三个线框，一一对应起来分析，Ⅰ、Ⅱ都是长方体形状的板，Ⅲ是挖去小长方体的较大长方体板。从平面图上看，图形整体前后对称，三部分立体关于同一个对称面前后对称；从正立面图上看，Ⅰ在下，Ⅱ和Ⅲ在上，Ⅰ、Ⅲ的左侧端面平齐，Ⅰ、Ⅱ的右侧端面平齐。根据上述分析，综合想象出组合体的整体形状，如图 8-17(e)所示。逐一补画三部分立体的侧面投影，如图 8-17(f)所示，补画每一部分后，要检查连接处的图线是否多余需要擦除，或者是否要改成虚线。画完所有图形后，检查无误，加深最后结果。

例 8-3 读组合体的正立面图和平面图，并补画左侧立面图，如图 8-18(a)所示。

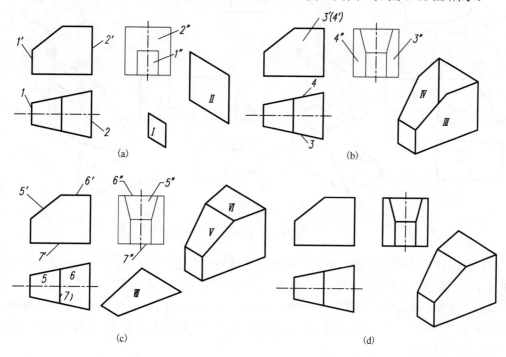

图 8-18　二补三(线面分析法)

解： 该立体可看成切割而成的，主要用线面分析法解决。如图 8-18 所示，先整体分析，该组合体共由七个平面围成。平面 Ⅰ、Ⅱ 是两个矩形的侧平面，Ⅲ、Ⅳ 是两个五边形的铅垂面，且两者沿前后位置对称分布，Ⅴ 是四边形的正垂面，Ⅵ、Ⅶ 是水平面，想象确定出这七个表面围成立体的空间形状。利用投影规律，逐次作出平面的侧面投影。在具体作图过程中，往往有些平面的投影与其他平面的投影重合或者积聚为线段，就不需要重复作图，但是一定要清楚每个平面、每条交线的投影都存在。例如，图 8-18(c)中作出了 Ⅰ、Ⅱ、Ⅲ、Ⅵ 四个表面的侧面投影后，Ⅵ、Ⅶ 的侧面投影都积聚为直线段，且与已作出的图线重合，Ⅴ 的侧面投影的图形也与已有的图形重合，所以都不需要重复作图。检查无误后，加深最后结果，如图 8-18(d)所示。

(2)补画三面图中所缺的图线(补画漏线)。

三面图中所缺的是组合体的某些局部结构在投影图中的遗漏，补画时，就要从已知的一个投影中的局部结构入手，根据投影规律把缺失的投影补画完整。这个练习强调了组合体的任何部分、表面、交线的每面投影都是存在的，在各视图中都要有所表达。画图时，三面图要对应起来同时画，切勿画完正立面图再画平面图或者左侧立面图，那样容易遗漏图线，而且重复思考导致作图效率低。

例 8-4 补全组合体三面图中所缺的图线，如图 8-19 所示。

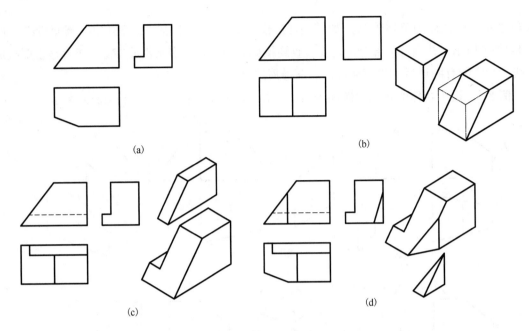

(a)
(b)
(c)
(d)

图 8-19　补画漏线

　　解： 从给出的正立面图看，可以看成是长方体被切割去一个三棱柱，平面图中少交线，如图 8-19(b)所示；从左侧立面看，又切去一个四棱柱，形成一个矩形水平面和一个正平面，正立面图中缺少一条虚线，平面图中缺少实线，如图 8-19(c)所示；从平面图看，用铅垂面切去一个棱锥体，形成了一个三角形平面，正立面图和侧立面中都少画了实线，如图 8-19(d)所示。

　　(3) 构形设计。

　　构形设计是由不同的简单体按不同的位置、组合方式构造出不同的组合体，画出三面图。或者给出单面投影，构思出各种不同形状的形体，画出其三面图。构形训练可以启迪思维，开拓思路，提高空间想象能力，培养空间创新能力和画图能力。

　　例 8-5 由组合体的正立面图，构思出不同的空间立体，如图 8-20 所示。

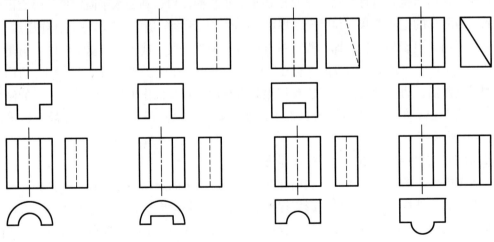

图 8-20　由组合体的正立面图构思不同组合体

第9章 工程形体的图样画法

工程形体的形状和结构是多种多样的。要想把它们表达得既完整、清晰，画图、读图又很简便，只用前面介绍的三面投影图难以满足要求。为此，国家标准《技术制图》GB/T 14692—2008、GB/T 13361—2012、GB/T 16675.1—2012、GB/T 16675.2—2012 规定了一系列的图样表达方法，以供画图时根据形体的具体情况选用。

9.1 视 图

9.1.1 基本视图

表达一个形体有六个基本投射方向(图 9-1)。相应地，有六个基本投影面分别垂直于这六个基本投射方向。通常也把这六个基本投射方向称为六个基本视向，垂直于 V 面、H 面、W 面的基本投射方向分别称为正视方向、俯视方向、侧视方向。六个基本投影面组成了一个方箱，把待表达的形体围在当中。形体在这些基本投影面上的投影称为基本视图。图 9-2 表示形体投射到六个投影面上后投影面展开的方法。展开后六个基本视图的配置关系和视图名称见图 9-3(a)。这种将形体置于第一分角内，即形体处于观察者与投影面之间进行投射，然后按图 9-2 展开投影面的方法称为第一角画法。如此配置的六个基本视图一律不必注明视图的名称，必要时可画出第一角画法的识别符号(图 9-3(b))。

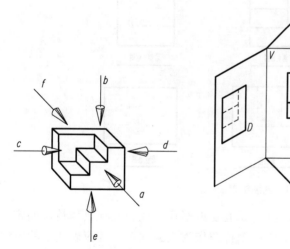

图 9-1 六个基本投射方向

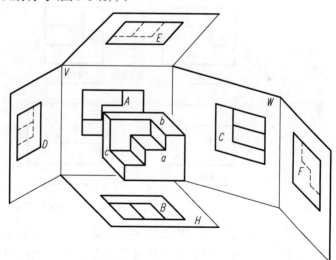

图 9-2 六个基本视图的形成和展开方法

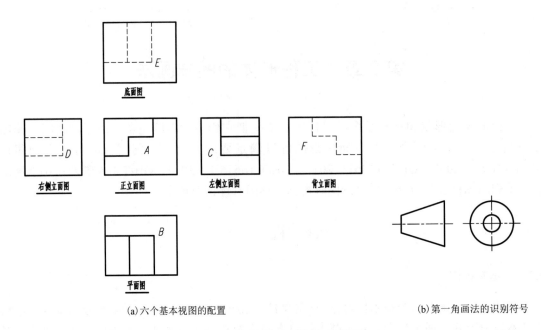

(a)六个基本视图的配置

(b)第一角画法的识别符号

图 9-3 六个基本视图(第一角画法)

同三面图一样,六个基本视图之间仍然保持着内在的投影联系,即"长对正、高平齐、宽相等"的三等规律。

在实际工作中,当在同一张图纸上绘制同一个物体的若干个视图时,为了合理地利用图纸,可将各视图的位置按图 9-4 的顺序进行配置。此时每个视图一般应标注图名。图名宜标注在视图的下方或一侧,并在图名下用粗实线绘一条横线,横线长度应以图名所占长度为准。

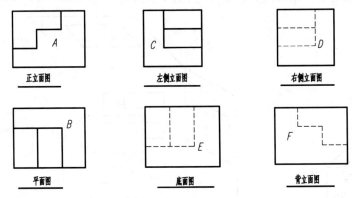

图 9-4 视图配置

虽然形体可以用六个基本视图来表达,但实际上要画哪几个视图应视具体情况而定。一般来说,应把表示形体形状特征信息最多的那个视图作为正立面图,且应表达它的自然安放情况或工作位置。然后根据实际需要选用其他视图。在明确表达形体的前提下,应使视图数量最少;应尽可能少地使用或不用虚线来表达形体的轮廓;避免不必要的细节重复,如图 9-5 所示。

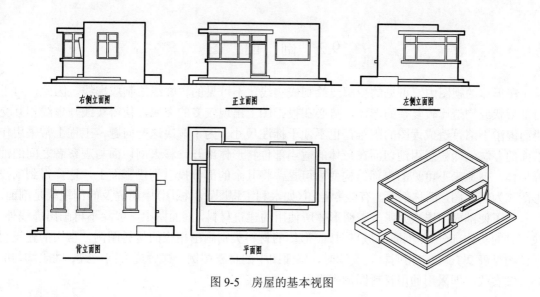

右侧立面图　　　　　正立面图　　　　　左侧立面图

背立面图　　　　　平面图

图 9-5　房屋的基本视图

9.1.2　镜像投影

有些工程构造，如板梁柱构造节点(图 9-6(a))，因为板在上面，梁、柱在下面，按第一角画法绘制平面图时，梁、柱不可见，要用虚线绘制，这样给读图和尺寸标注带来不便。如果把 H 面当作一个镜面，在镜面中就能得到梁、柱为可见的反射图像，这种投影称为镜像投影。

镜像投影法属于正投影法。镜像投影是形体在镜面中的反射图形的正投影，该镜面应平行于相应的投影面。用镜像投影法绘图时，应在图名后加注"镜像"二字(图 9-6(b))，必要时可画出镜像投影画法的识别符号(图 9-6(c))。这种图在室内设计中常用来表现吊顶(天花)的平面布置。

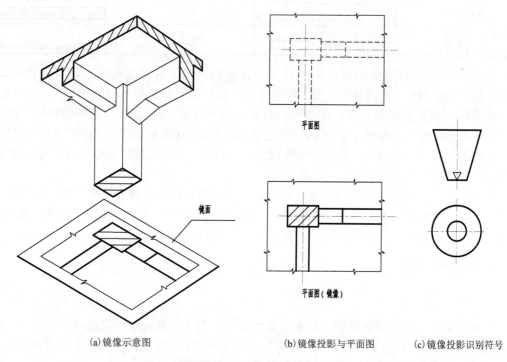

镜面

平面图

平面图(镜像)

(a)镜像示意图　　　　　(b)镜像投影与平面图　　　　　(c)镜像投影识别符号

图 9-6　形体的镜像投影图

9.2 剖 面 图

在形体的视图中，可见的轮廓线绘制成实线，不可见的轮廓线绘制成虚线。因此，对于内部形状或构造比较复杂的形体，势必在投影图上出现较多的虚线，使得实线与虚线相互交错而混淆不清，造成读图的困难，也不便于标注尺寸。为了解决这一问题，工程上常采用作剖面的办法，即假想用剖切面在形体的适当部位将形体剖开，移去剖切面与观察者之间的部分形体，把原来不可见的内部结构变为可见，将其余的部分投射到投影面上，这样得到的投影图称为剖面图，简称剖面。有些专业图（如水利工程图、机械图）中所提及的剖视就是剖面。

为了使剖面图层次分明且表明形体所使用的建筑材料，剖面图中一般除不再画出虚线外，被剖到的实体部分（即剖面区域）应按照形体的材料类别画出相应的材料图例。常用的建筑材料图例见表 9-1。在未指明材料类别时，剖面图中的材料图例一律画成方向一致、间隔均匀的45°细实线，即采用通用材料图例来表示。

表 9-1　常用建筑材料图例

名称	图例	名称	图例
自然土壤		砂、灰土	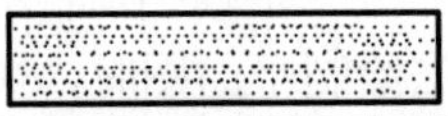
夯实土壤		毛石	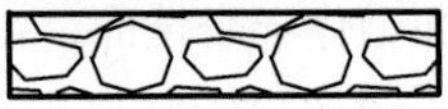
普通砖	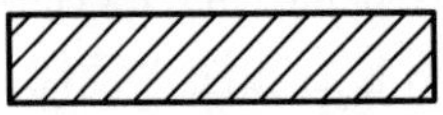	金属	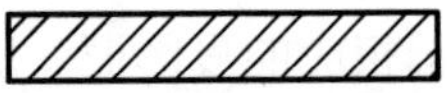
混凝土	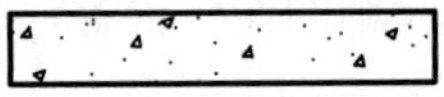	木材	
钢筋混凝土	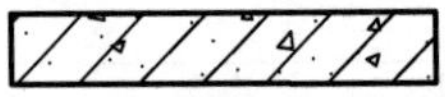	玻璃	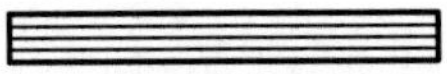
饰面砖	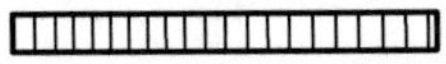	粉刷	

图 9-7(a)是杯口基础的立体图，其三个投影均出现了许多虚线，使图样不清晰，见图 9-7(b)。假想用一个通过杯口基础，且平行于 V 面的剖切面 P 将基础剖开，移走前半部分，将其余的部分向 V 面投射，然后在基础的断面内画上通用材料图例（若需指明材料，则画上表 9-1 所示的具体材料图例），即得基础的正视方向剖面图（图 9-7(c)）。这时基础的杯口壁厚度、杯口深均表示得很清楚，且便于标注尺寸。也可用一个通过杯口基础，且平行于 W 面的剖切面剖开基础，得到另一个方向的剖面图。

剖面图只是一种表达形体内部结构的方法，其剖切和移去一部分是假想的，因此除剖面图外的其他视图应按原状完整地画出。当同一个形体具有多个剖面区域时，其材料图例的画法应一致。同一个形体多次剖切时，其剖切方法和先后次序互不影响。

9.2.1 剖面图的标注

1. 剖切位置

形体的剖切平面位置应根据表达的需要来确定。为了完整清晰地表达内部形状，一般来说，剖切平面通过门、窗空间或孔、槽等不可见部分的中心线，且应平行于剖面图所在的投影面。若形体具有对称平面，则剖切平面应通过形体的对称平面。

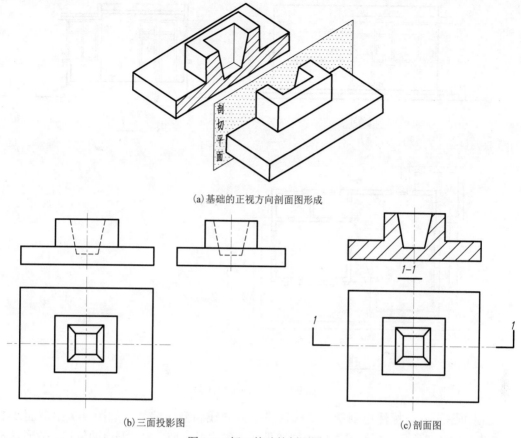

(a)基础的正视方向剖面图形成

(b)三面投影图

(c)剖面图

图 9-7　杯口基础的剖面图

2. 剖面的剖切符号与剖面图的名称

剖面图中的剖切符号由剖切位置线和投射方向线两部分组成，剖切位置线用 6～10mm 长的粗短画表示，投射方向线用 4～6 mm 长的粗短画表示。

剖面的剖切符号的编号宜采用阿拉伯数字，并水平地注写在投射方向线的端部。

剖面图的名称应用相应的编号，水平地注写在相应剖面图的下方，并在图名下画一条粗实线，其长度以图名所占长度为准，如图 9-7(c)所示。

9.2.2　剖面图的种类

1. 全剖面图

用一个(或多个)平行于基本投影面的剖切平面，将形体全部剖开后画出的图形称为全剖面图。显然，全剖面图适用于外形简单、内部结构复杂的形体。

图 9-8 为图 9-5 所示房屋的剖面表达方案图。为了表达它的内部布置情况，假想用一个稍高于窗台位置的水平剖切面将房屋全部剖切开，移去剖切面及以上部分，将以下部分投射到水平投影面上，就得到了房屋的水平全剖面图，这种剖面图在建筑施工图中称为平面图。由于房屋的剖面图都是用小于 1∶50 的比例绘制的，因此按国家标准的规定一律不画材料图例。

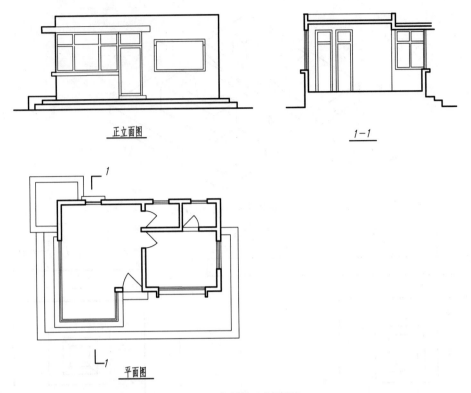

正立面图

1-1

平面图

图9-8　房屋的全剖面图

全剖面图一般应标注出剖切位置线、投射方向线和剖面编号，如图9-7中剖面1-1和图9-8中剖面1-1所示。房屋平面图的剖切平面一般均经过门、窗、洞口的位置，故通常不需标注剖切位置线和投射方向。

2. 半剖面图

当形体具有对称平面时，在垂直于该对称平面的投影面上投射所得到的图形，可以对称中心线为界，一半画成剖面图，另一半画成外形视图，这样组合而成的图形称为半剖面图。半剖面图适用于内外结构都需要表达的对称形体。

图9-9所示的形体左右、前后均对称，若采用全剖面图，则不能充分地表达外形，故用半剖面图以保留1/2外形，再配上半个剖面图表达内部构造。半剖面图一般不再画虚线，但如有孔、洞，仍需将孔、洞的轴线画出。

在半剖面图中，规定以形体的对称中心线作为剖面图与外形视图的分界线。当对称中心线为铅垂线时，习惯上将半个剖面图画在中心线右侧；当对称中心线为水平线时，将剖面图画在水平中心线下方(图9-9(a))。一般情况下应按规定标注,如图9-9中的半剖面图1-1所示。

3. 局部剖面图

将形体局部地剖开后投射所得的图形称为局部剖面图。局部剖面图适用于内外结构都需要表达，且又不具备对称条件或仅局部需要剖切的形体。局部剖面图一般不需标注。

在局部剖面图中，外形与剖面以及剖面部分相互之间应以波浪线分隔。波浪线只能画在形体的实体部分上，且既不能超出轮廓线，也不能与图上其他图线重合。

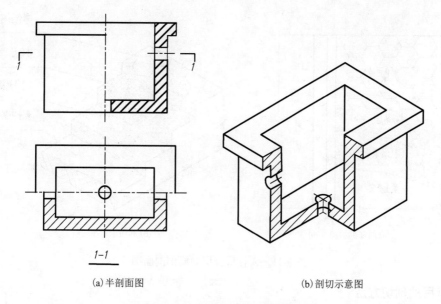

(a)半剖面图	(b)剖切示意图

图 9-9　工程形体的半剖面图

　　图 9-10 为杯形基础的局部剖面图。该图在平面图中保留了基础的大部分外形，仅将其一个角画成剖面图，从而表达出基础内部钢筋的配筋情况。从图 9-10 中还可看出，正立剖面图为全剖面图，按《建筑结构制图标准》(GB/T 50105—2010)的规定，当在断面上已画出钢筋的布置时，就不必再画钢筋混凝土的材料图例了。画钢筋布置的规定是：平行于投影面的钢筋用粗实线画出实形，垂直于投影面的钢筋用小黑圆点画出它们的断面。

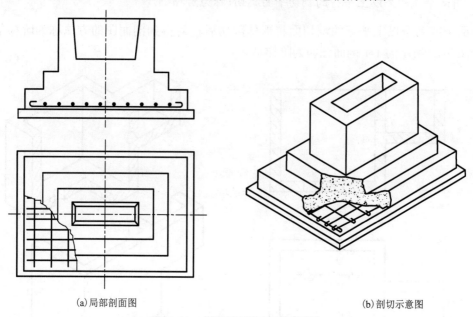

(a)局部剖面图	(b)剖切示意图

图 9-10　杯形基础的局部剖面图

　　对建筑物结构层的多层构造可用一组平行的剖切面按构造层次逐层局部剖开。这种方法常用来表达房屋的地面、墙面、屋面等的构造。分层局部剖面图应按层次以波浪线将各层隔开，波浪线不应与任何图线重合。图 9-11 为用分层局部剖面图表达某道路上人行道的多层构造。

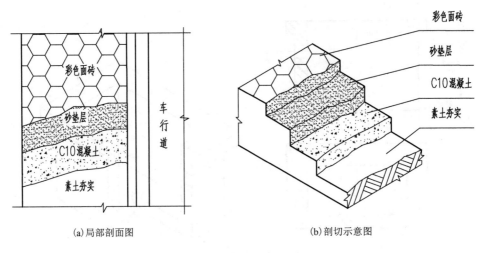

(a)局部剖面图   (b)剖切示意图

图 9-11　人行道分层的局部剖面图

9.2.3　常用的剖切方法

常用的剖切方法按剖切平面的多少和相对位置可分为单一剖、阶梯剖和旋转剖三种。

1.　用一个剖切平面剖切(称为单一剖)

每次只用一个剖切面，但必要时可多次剖切同一个形体的剖切方法称为单一剖。图 9-7 和图 9-8 中的平面图，以及图 9-9 中的半剖面图 1-1 都是用单一剖获得的。

2.　用两个或两个以上平行的剖切平面剖切(称为阶梯剖)

用两个或两个以上平行的剖切面将形体剖切后投射得到剖面图的方法称为阶梯剖切方法。如图 9-12 所示的 1-1 剖面图即为阶梯剖。

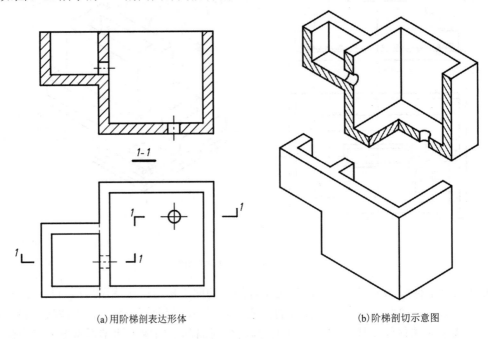

(a)用阶梯剖表达形体   (b)阶梯剖切示意图

图 9-12　全剖面图

当形体内部需要剖切的部位不处在剖面图所在投影面的同一个平行面上,即用一个剖切面无法全部剖到时,可采用阶梯剖。阶梯剖必须标注剖切位置线、投射方向线和剖切编号。

由于剖切是假想的,在作阶梯剖时不应画出两剖切面转折处的交线,并且要避免剖切面在图形轮廓线上转折。

3. 用两个或两个以上相交的剖切面剖切(称为旋转剖)

采用两个或两个以上相交的剖切面将形体剖切开,并将倾斜于投影面的断面及其关联部分的形体绕剖切面的交线(投影面垂直线)旋转至与投影面平行后再进行投射,这样得到剖面图的方法称为旋转剖切方法,所得的旋转剖面图的图名后应加上"展开"二字,如图9-13(a)中的2-2(展开)所示。旋转剖适用于内外主要结构具有理想的回转轴线的形体,而轴线恰好又是两剖切面的交线,且两剖切面一个应是剖面图所在投影面的平行面,另一个是投影面的垂直面。

用单一剖、阶梯剖、旋转剖切方法都可以获得全剖面图、半剖面图和局部剖面图。采用何种剖切方法应视形体的实际情况来定。

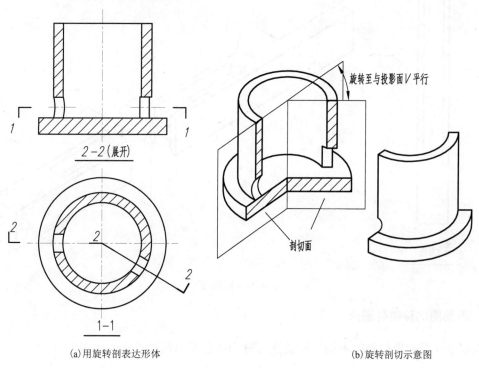

(a)用旋转剖表达形体　　　　　　　　　　(b)旋转剖切示意图

图9-13　全剖面图

9.3　断　面　图

9.3.1　断面图的形成

假想用剖切面剖开物体,将处在观察者和剖切面之间的部分移去,仅画出剖切面切到部分的图形称为断面图。断面图简称断面。断面图与剖面图一样,也是用来表达形体的内部结构形状的,两者的区别在于以下几点:

（1）剖面图是形体剖切之后剩下部分的投影，是体的投影；断面图是形体剖切之后剖面区域的投影，是面的投影。因此说，剖面图中包含了断面图。

（2）剖切符号的标注不同。剖面图用剖切位置线、投射方向线和编号来表示。断面图则只画剖切位置线与编号，用编号的注写位置来代表投射方向。即编号注写在剖切位置线哪一侧，就表示向哪一侧投射，如图 9-14 中 1-1 断面图所示。

（3）剖面图可用两个或两个以上的剖切平面进行剖切，断面图的剖切平面通常是单一的。

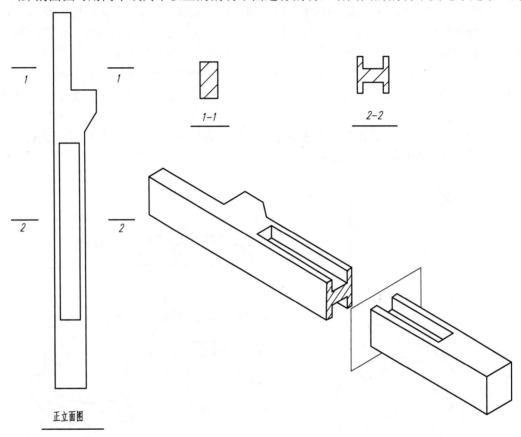

图 9-14　断面图

9.3.2　断面图的种类与画法

根据断面图布置位置的不同，断面图可分为移出断面图和重合断面图两种。

1. 移出断面图

布置在形体视图之外的断面图，称为移出断面图。移出断面图的轮廓线用粗实线绘制，配置在剖切线的延长线上或其他适当的位置。

当一个形体有多个移出断面图时，最好整齐地排列在相应剖切位置线的附近。这种表达方式适用于断面变化较多的构件。

图 9-15 是梁、柱节点构造图，其花篮梁的断面形状由 1-1 断面表示，上、下方柱分别用断面 2-2 和 3-3 表示。

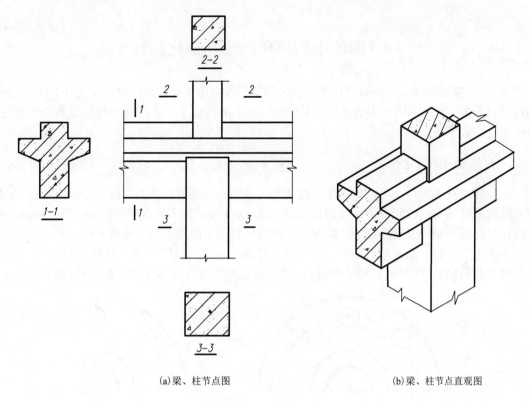

(a)梁、柱节点图　　　　　　　　　　　　(b)梁、柱节点直观图

图 9-15　梁、柱节点图

2. 重合断面图

直接画在视图之内的断面图称为重合断面图。

重合断面图的轮廓线在土建制图中用粗实线画出。当视图中的轮廓线与重合断面图重叠时，视图中的轮廓线仍应连续画出，不可间断。

重合断面图不需任何标注。

图 9-16 为现浇钢筋混凝土屋面的重合断面图。它是用侧平的剖切面剖切屋面板得到的断面图，经旋转后重合在平面图上，因屋面板断面图形较窄，不易画出材料图例，故予以涂黑表示。

图 9-17 为墙面装饰的重合断面图。它用于表达墙面的凸起花纹，故该断面图不画成封闭线框，只在断面图的范围内，沿轮廓线边缘加画 45° 细斜线。

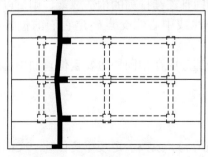

图 9-16　屋面的重合断面图

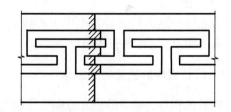

图 9-17　墙面装饰的重合断面图

9.4　图样中的简化画法和简化标注

为了节省绘图空间和时间，《技术制图》国家标准(GB/T 16675.1—2012、GB/T 16675.2—2012)和《房屋建筑制图统一标准》(GB/T 50001—2010)规定了一系列的简化画法和简化标注。现简要介绍如下。

9.4.1　对称图形的简化画法

构配件的对称图形，可以对称中心线为界，只画出该图形的 1/2，并画上对称符号。对称符号用两平行细实线绘制，平行线的长度宜为 6～10 mm，两平行线的间距宜为 2～3mm，平行线在对称线两侧的长度应相等，两端的对称符号到图形的距离也应相等(图 9-18(a))。如果图形不仅上下对称，而且左右对称，还可进一步简化只画出该图形的 1/4(图 9-18(b))。对称图形也可稍超出对称线，此时可不画对称符号，而在超出对称线部分画上折断线(图 9-18(c))。

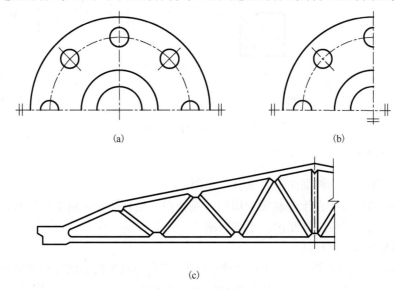

(a)　　　　　　　　　　　　　　(b)

(c)

图 9-18　对称画法

9.4.2　相同结构要素的省略画法

建筑物或构配件的图样中，若图上有多个完全相同且连续排列的构造要素，则可以仅在两端或适当位置画出其完整形状，其余部分以中心线或中心线交点确定它们的位置即可(图 9-19(a)～(c))。

若连续排列的构造要素少于中心线交点，则其余部分应在相同构造要素位置的中心线交点处用小圆点表示(图 9-19(d))。

9.4.3　较长构件的断开省略画法

较长的构件，如果沿长度方向的形状相同(图 9-20(a))，或按一定规律变化(图 9-20(b))，可采用断开省略画法。断开处应以折断线表示。应该注意的是：当在用断开省略画法所画出的图样上标注尺寸时，其长度尺寸数值仍应标注构件的全长。

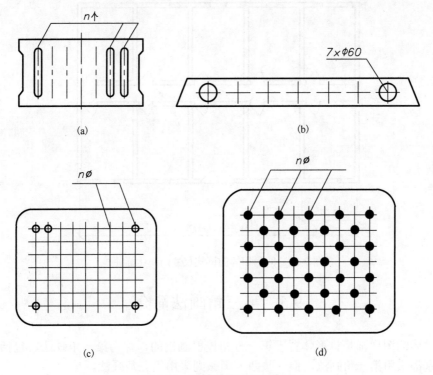

图 9-19　相同要素的省略画法

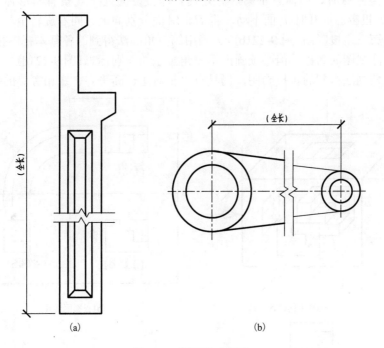

图 9-20　断开省略画法

9.4.4　间隔相等的链式尺寸的简化标注

间隔相等的链式尺寸可采用图 9-21 所示的简化标注。

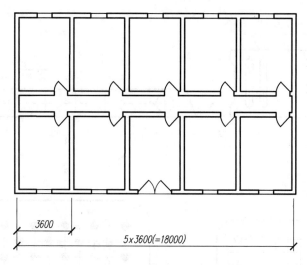

图 9-21   间隔相等的链式尺寸的简化标注

9.5   第三角画法简介

前面讲述的图样都是将形体置于第一分角投射画出的,称为第一角画法。包括我国在内的不少国家都采用第一角画法,但一些西方国家则采用第三角画法。

采用第三角画法时,形体置于第三分角内,即投影面处于观察者与形体之间进行投射(图 9-22(a))。投影面展开时 V 面不动,将 H、W 面分别向上、向右旋转至与 V 面共面,于是得到形体的第三角投影图(图 9-22(b))。当用第三角画法得到的各基本视图按图 9-22(c)配置时,一律不注视图的名称,但必须画出第三角画法的识别标志(图 9-22(d))。

采用第三角画法得到的各投影图,仍具有"长对正、高平齐、宽相等"的投影关系。

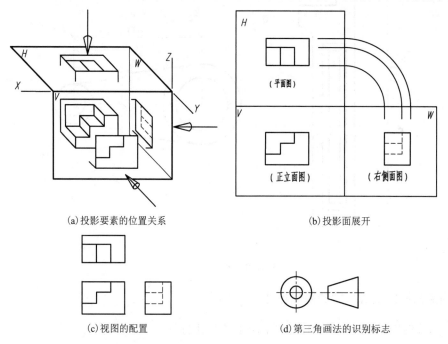

(a)投影要素的位置关系   (b)投影面展开

(c)视图的配置   (d)第三角画法的识别标志

图 9-22   第三角画法

第10章 标 高 投 影

10.1 概 述

前面讨论了用两面或三面投影来表达点、线、面和立体，但对一些复杂曲面，这种多面正投影的方法就不很合适。例如，起伏不平的地面很难用它的三面投影来表达清楚。为此，常用一组平行、等距的水平面与地面截交，所得的每条截交线都为水平曲线，其上每一点距某一水平基准面 H 的高度相等，这些水平曲线称为等高线。一组标有高度数字的地形等高线的水平投影，能清楚地表达地面起伏变化的形状。

为表达图 10-1(a)所示的四棱台，若仅仅画出水平投影，则缺少棱台的高度，若在水平投影中加注出它的上、下底面距某一基面的高度(如下底面为 0.00，上底面为 2.00)，则四棱台的形状和大小就可以完全确定，如图 10-1(b)所示。这种用水平投影加注高程数字相结合表示空间形体的方法称为标高投影法，所得到的单面正投影图称为标高投影图。

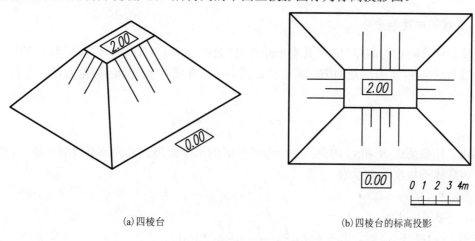

(a)四棱台   (b)四棱台的标高投影

图 10-1 四棱台及其标高投影

标高投影图中的基准面一般为水平面，当水平面为海平面时，建筑物或地形等高线相对海平面的高度称为绝对标高或高程，其尺寸单位以米计，一般注到小数点后 3 位(总平面图保留 2 位小数)，并且不需注写"m"。标高投影图中还应画出绘图比例尺或给出绘图比例。标高投影为单面投影，但有时也要利用铅垂面上的投影来帮助解决某些问题。

10.2 点、直线和平面的标高投影

10.2.1 点的标高投影

如图 10-2 所示，以水平投影面 H 为基准面，作出空间已知点 A、B 在 H 面上的正投影 a、b，并在点 a、b 的右下角标注该点距 H 面的高度，所得的水平投影为点 A、B 的标高投影图。

在标高投影中，设水平基准面 H 的高程为 0，基准面以上的高程为正，基准面以下的高

程为负。在图 10-2(a) 中，点 A 的高程为 $+4$，记为 a_4；点 B 的高程为 -3，记为 b_{-3}。如图 10-2(b) 所示。

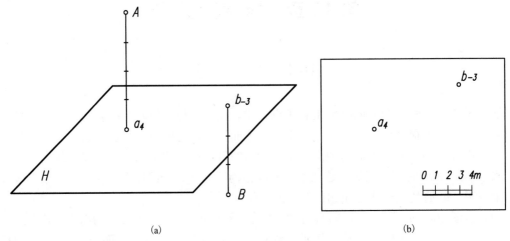

(a)　　　　　　　　　　　　　(b)

图 10-2　点的标高投影

10.2.2　直线的标高投影

1. 直线的坡度和平距

直线上任意两点的高差 (H) 与其水平距离 (L) 之比，称为该直线的坡度，记为 i。在图 10-3(a) 中设直线上点 A 和 B 的高差为 H，其水平距离为 L，直线对水平面的倾角为 α，则直线的坡度为

$$i = \frac{H}{L} = \frac{3}{6} = \frac{1}{2} = 1:2$$

直线上任意两点 B 和 C 的高差为一个单位时的水平距离，称为该直线的平距，记为 l。这时，该直线的坡度可表示为

$$i = \frac{1}{l} = 1:l \text{ 或平距 } l = \frac{1}{i}$$

例如，$i=1/2=1:2$ 时，其平距 $l = \frac{1}{i} = \frac{1}{1/2} = \frac{2}{1} = 2 \ (\text{m})$。

从上式可知，坡度和平距互为倒数。坡度大，则平距小；坡度小，则平距大。直线坡度的大小是指直线对水平面倾角的大小。例如，$i=1$ 的坡度大于 $i=0.5$ 的坡度。

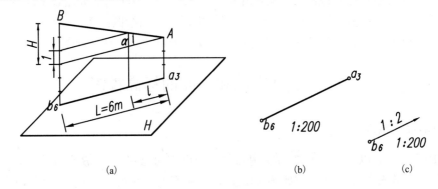

(a)　　　　　　　　　　　(b)　　　　　　　(c)

图 10-3　直线的标高投影

2. 直线的标高投影表示法

通常用直线上两点的标高投影来表示该直线，例如，在图 10-3(b) 中，把直线上点 A 和 B 的标高投影 a_3 和 b_6 连成直线，即为直线 AB 的标高投影。

当已知直线上一点 B 和直线的方向时，也可以用点 B 的标高投影 b_6 和直线的坡度 $i=1:2$ 来表示直线，并规定直线上表示坡度方向的箭头指向下坡，如图 10-3(c) 所示。

3. 直线上的点

直线上的点有两类问题需要求解：一是计算直线上已知位置点的高程；二是在已知直线上定出任意高程点的位置。

例 10-1 已知直线 AB 的标高投影 a_3b_7 和直线上点 C 到点 A 的水平距离 $L_{AC}=3$ m，如图 10-4(a) 所示。试求直线 AB 的坡度 i、平距 l 和点 C 的高程。

解： 根据图 10-4 中所给出的绘图比例尺，在图中量得点 a_3 和 b_7 之间的距离为 12 m，于是可求得直线的坡度为

$$i = \frac{H}{L} = \frac{7-3}{12} = \frac{1}{3}$$

由此可求得直线的平距为

$$l = \frac{1}{i} = \frac{3}{1} = 3 \ (m)$$

又因为点 C 到 A 的水平距离 $L_{AC}=3$m，所以点 C 和 A 的高差为

$$H_{AC} = iL_{AC} = \frac{1}{3} \times 3 = 1 \ (m)$$

由此可求得点 C 的高程为

$$H_C = H_A + H_{AC} = 3+1 = 4 \ (m)$$

记为 c_4，如图 10-4(b) 所示。

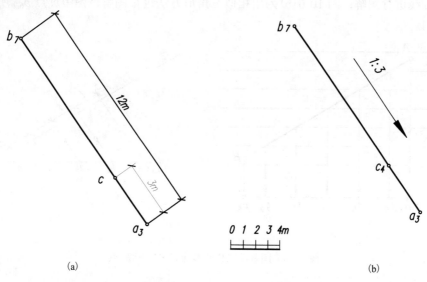

(a)   (b)

图 10-4　求直线上一点的高程

例 10-2 已知直线 AB 的标高投影为 $a_{11.5}b_{6.2}$，求作 AB 上各整数标高点（图 10-5）。

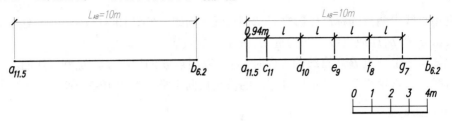

图 10-5 求作直线上的整数标高点

解：标高投影中直线上的整数标高点可利用计算法或图解法求得。

1）计算法

根据已给的作图比例尺在图 10-5 中量得 $L_{AB}=10\text{m}$，可计算出坡度为

$$i = \frac{H_{AB}}{L_{AB}} = \frac{11.5 - 6.2}{10} = \frac{5.3}{10} = 0.53$$

由此可计算出平距为

$$l = \frac{1}{i} = 1.88 \text{ (m)}$$

点 $a_{11.5}$ 到第一个整数标高点 c_{11} 的水平距离应为

$$L_{AC} = \frac{H_{AC}}{i} = \frac{11.5 - 11}{0.53} = 0.94 \text{ (m)}$$

用图 10-5 中的绘图比例尺在直线 $a_{11.5}b_{6.2}$ 上自点 $a_{11.5}$ 量取 $L_{AC}=0.94$ m，便得点 c_{11}。以后的各整数标高点 d_{10}、e_9、f_8、g_7 间的平距均为 $l=1.88$ m。

2）图解法

也可利用作比例线段的方法作出已知直线标高投影上各整数标高点。图 10-6（a）为用一组等距的平行线进行图解；图 10-6（b）为用相似三角形方法进行图解，图中过点 $b_{6.2}$ 所引的直线为任意方向。

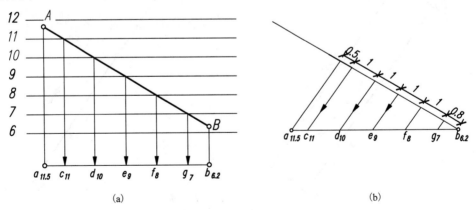

(a)   (b)

图 10-6 图解法求作直线上的整数标高点

10.2.3 平面的标高投影

1. 平面上的等高线和坡度线

平面上的等高线就是平面上的水平线，也就是该平面与水平面的交线。平面上的各等高线互相平行，并且各等高线间的高差与水平距离成同一比例。当各等高线的高差相等时，它们的水平距离也相等，如图10-7(a)所示。

平面上的坡度线就是该平面上对水平面的最大斜度线，它的坡度代表了该平面的坡度。平面上的坡度线与等高线互相垂直，它们的标高投影也互相垂直，如图10-7(b)所示。

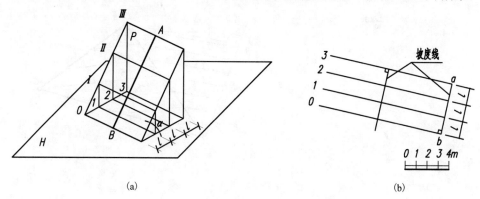

图 10-7　平面上的等高线和坡度线

2. 平面的标高投影表示法

1) 用一组高差相等的等高线表示平面

如图10-8所示，用高差为1、标高从0到4的一组等高线表示平面，从图可知，平面的倾斜方向和平面的坡度都是确定的。

2) 用坡度线表示平面

图10-9给出了三种方式：

(a) 用带有标高数字(刻度)的一条直线表示平面，这条带刻度的直线也称为坡度比例尺，它既确定了平面的倾斜方向，也确定了平面的坡度；

(b) 用平面上一条等高线和平面的坡度表示平面；

(c) 用平面上一条等高线和一组间距相等、长短相间的示坡线表示平面，示坡线应从高程高的等高线画起，指向下坡，示坡线上应注明平面的坡度。

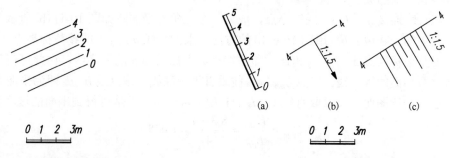

图 10-8　用一组等高线表示平面　　　　　　　图 10-9　用坡度线表示平面

133

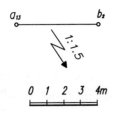

图 10-10 用倾斜线和坡度表示平面

3）用平面上一条倾斜直线和平面的坡度表示平面

在图 10-10 中画出了平面上一条倾斜直线的标高投影 $a_{13}b_2$。因为平面上的坡度线不垂直于该平面上的倾斜直线，所以在平面的标高投影中坡度线不垂直于倾斜直线的标高投影 $a_{13}b_2$，把它画成带箭头的弯折线，箭头仍指向下坡。

4）用平面上三个带有标高数字的点表示平面

图 10-11（a）给出了平面上三个带有标高数字的点，假如用直线连接各点，则为三角形平面的标高投影。

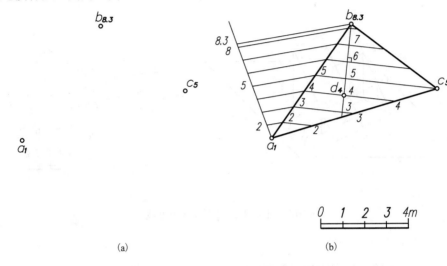

(a)   (b)

图 10-11　求作平面上整数标高的等高线

5）水平面标高的标注形式

在标高投影图中水平面的标高，可用等腰直角三角形标注，如图 10-12（a）所示；也可用标高数字外画细实线矩形框标注，如图 10-12（b）所示。本章统一采用图 10-12（b）所示的标注形式。

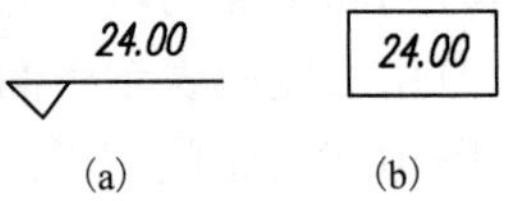

图 10-12　水平面标高的标注形式

3．作平面上的等高线

例 10-3　已知平面由点 a_1、$b_{8.3}$、c_5 表示，如图 10-11（a）所示。试求作该平面上的整数标高的等高线和平面的坡度。

解：用直线连接 a_1、$b_{8.3}$、c_5 三个点，成为一个三角形平面，如图 10-11（b）所示，将两端高差数字较大的一条边 $a_1b_{8.3}$ 用图 10-6（b）的方法，求得直线 $a_1b_{8.3}$ 上的整数标高点 $2,3,\cdots,8$，并将其上的整数标高点 5 与点 c_5 相连，即作得平面上标高为 5 的等高线，由此可得到平面上其余各条整数标高的等高线。过点 $b_{8.3}$ 作直线垂直于等高线，该直线 $b_{8.3}d_4$ 即为平面上的坡度线。根据已知的绘图比例尺量取直线 $b_{8.3}d_4$ 的长度 $L_{BD}=4$ m，于是可得到平面的坡度为

$$i_{\text{平面}}=\frac{H_{BD}}{L_{BD}}=\frac{8.3-4}{4}=1.075$$

因为平距 $l=\dfrac{1}{i}=\dfrac{1}{1.075}=0.93$，所以平面的坡度也可写为 $i=1:0.93$。

例 10-4 求作图 10-13(a)所示平面上高程为 0m 的等高线。

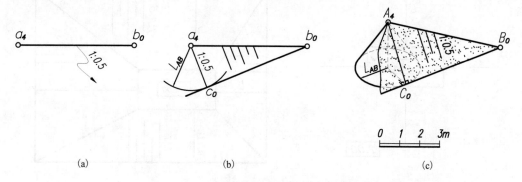

(a) (b) (c)

图 10-13 用倾斜线表示平面时等高线的作法

解: 由于已知直线 AB 不是平面上的等高线,所以该平面坡度线的准确方向未知。但高程为 0m 的等高线必通过点 b_0,且距点 a_4 的水平距离应为

$$L_{AB} = \frac{H_{AB}}{i} = \frac{4-0}{1/0.5} = 2 \ (\text{m})$$

在图 10-13(b)中以点 a_4 为圆心,以 L_{AB}=2m 为半径画圆。再自点 b_0 引圆的切线,切线可作两条,根据画有箭头表示坡向的弯折示坡线,确定其中的一条切线,则切点 c_0 到点 a_4 的距离为 2m。点 C 的标高为 0,记为 c_0。直线 b_0c_0 即为所求。

此解题方法可以理解为,以高程为 4m 的点 A 为锥顶,底圆半径为 2m,素线坡度为 1:0.5 作一正圆锥面,高程为 0m 的等高线与底圆相切,平面 ABC 与该圆锥面相切,切线 AC 就是平面的坡度线,如图 10-13(c)所示。

4. 平面交线的标高投影

在标高投影中,两平面(或曲面)的交线就是两平面(或曲面)上两对相同标高的等高线相交后所得交点的连线,如图 10-14 所示。

在工程中,相邻两坡面的交线称为坡面交线,坡面与地面的交线称为坡脚线(填方坡面)或开挖线(挖方坡面)。

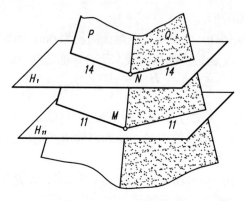

图 10-14 两平面交线的求法

例 10-5 在高程为 2 m 的地面上挖一基坑,坑底高程为 −2 m,坑底的大小、形状和各坡面的坡度如图 10-15(a)所示,求开挖线和坡面交线。

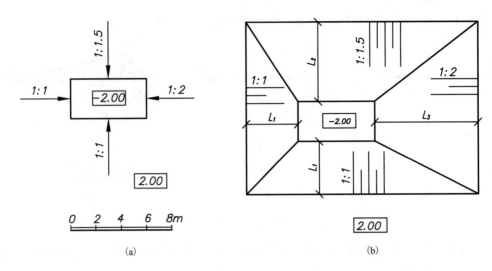

图 10-15 求作基坑开挖线和坡面交线

解：如图 10-15(b)所示。

(1)求开挖线。地面高程为 2 m，因此开挖线就是各坡面上高程为 2m 的等高线，它们分别与相应的坑底边线平行，其水平距离可根据各坡面的坡度计算得到，即

$$L_1 = \frac{H}{i_1} = \frac{4}{1/1} = 4 \ (m), \qquad L_2 = \frac{H}{i_2} = \frac{4}{1/1.5} = 6 \ (m), \qquad L_3 = \frac{H}{i_3} = \frac{4}{1/2} = 8 \ (m)$$

(2)求坡面交线。分别连接相邻两坡面相同高程等高线的交点，即得到四条坡面交线。

(3)画出各坡面的示坡线。用细实线画出部分示坡线，它们与等高线垂直，且从标高大的等高线画向标高小的等高线(指向下坡)。

从图 10-15(b)可以看出，当相邻两坡面的坡度相同时，其坡面交线是两坡面上相同高程等高线夹角的角平分线。

例 10-6 如图 10-16(a)所示，在高程为 0 m 的地面上修建一平台，平台顶面高程为 4m，有一斜坡道通向平台顶面，平台坡面和斜坡道两侧的坡面坡度均为 1：1，试画出其坡脚线和坡面交线。

解：如图 10-16(b)～(d)所示。

(1)求坡脚线。如图 10-16(b)、(d)所示，地面高程为 0m，因此各坡面的坡脚线就是各坡面上高程为 0 m 的等高线。平台坡面的坡脚线与平台顶面边线 a_4d_4 平行，水平距离为

$$L_1 = \frac{H}{i} = \frac{4-0}{1/1} = 4 \ (m)$$

斜坡道两侧坡面的坡脚线求法与图 10-13 相同：分别以 a_4、d_4 为圆心，$L_1=4m$ 为半径画圆弧，再自 b_0、c_0 分别作此二圆弧的切线，即为斜坡道两侧坡面的坡脚线，如图 10-16(d)所示。

(2)求坡面交线。如图 10-16(c)所示，连接 a_4e_0 和 d_4f_0，就是所求的坡面交线。

(3)画示坡线。斜坡道两侧坡面的示坡线，应分别垂直于坡面上的等高线 b_0e_0 和 c_0f_0，如图 10-16(c)所示。

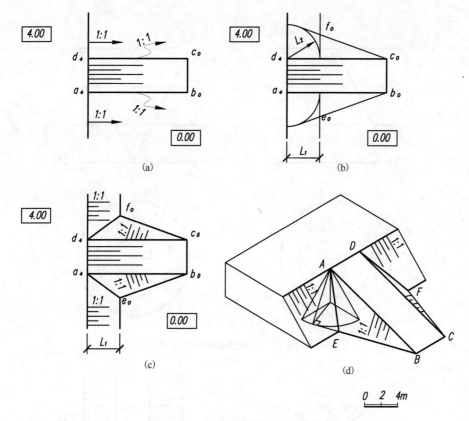

图 10-16　斜坡道的坡脚线和坡面交线

10.3　曲面和地形面的标高投影

10.3.1　正圆锥面的标高投影

如图 10-17 所示，当正圆锥面的轴线垂直于水平面时，其标高投影通常用一组注上高程数字的同心圆（圆锥面的等高线）表示。锥面坡度越陡，等高线越密；锥面坡度越缓，等高线越疏。显然，当圆锥正放（锥顶在上）时，等高线的标高值越大，则圆的直径越小。当圆锥倒放时，等高线的标高值越大，则圆的直径也越大。

在渠道、道路等护坡工程中，常将转弯坡面做成圆锥面，以保证在转弯处坡面的坡度不变，如图 10-18 所示。

例 10-7　在高程为 2m 的地面上筑一高程为 6m 的平台，平台顶面的形状及坡面坡度如图 10-19(a) 所示，求坡脚线和坡面交线。

解：如图 10-19(b)、(c) 所示。

(1) 求坡脚线。地面高程为 2m，因此各坡面的坡脚线是各坡面上高程为 2m 的等高线。平台左、右两边的边坡是平面坡面，其坡脚线是直线，并且与平台顶面边线平行，水平距离为

$$L = \frac{H}{i} = \frac{6-2}{1/1} = 4 \text{ (m)}$$

137

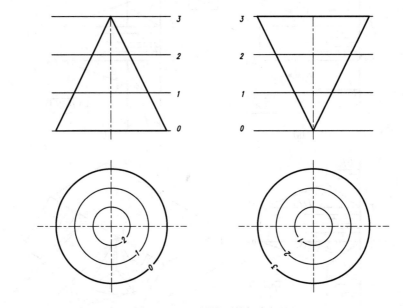

图 10-17　正圆锥面的标高投影

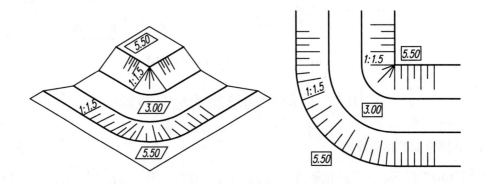

图 10-18　河渠的转弯边坡

平台顶面中部边线为半圆，其边坡是圆锥面，所以坡脚线与台顶半圆是同心圆，其半径为

$$R = r + L = r + \frac{H}{i} = r + \frac{6-2}{1/0.6}\,\text{m} = r + 2.4\ \text{m}$$

(2)求坡面交线。坡面交线是由平台左、右两边的边坡和中部圆锥面相交产生的，因两边平面边坡的坡度小于圆锥面的坡度，所以坡面交线是两段椭圆弧。a_6、b_6 和 c_2、d_2 分别是两条坡面交线的端点。为了求作交线的中间点，在平台两边边坡面和中部圆锥面上，分别求出高程为 5m、4m、3m 的等高线。两边平面坡面上的等高线为一组平行直线，它们的水平距离为 1m；圆锥面上的等高线为一组同心圆，其半径差为 0.6m。相邻面上相同高程等高线的交点就是所求交线上的点。用光滑曲线分别连接这些点，就可得到坡面交线。

(3)画出各坡面的示坡线。圆锥面上的各示坡线应通过圆心(锥顶)。

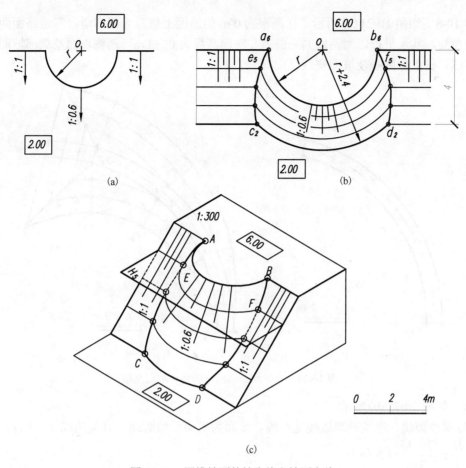

图 10-19　圆锥坡面的坡脚线和坡面交线

10.3.2　同坡曲面的标高投影

当正圆锥的轴线始终垂直于水平面,锥顶角不变,锥顶沿着一空间曲导线 AB 运动所产生的包络面,称为同坡曲面,如图 10-20 所示。同坡曲面与圆锥面的切线是这两个曲面上的共有坡度线,在土建工程中山区弯曲盘旋道路、弯曲的土堤斜道等两侧的坡面,往往为同坡曲面,如图 10-20(a)所示。

如图 10-20(b)所示,同坡曲面上的等高线与圆锥面上的同高程等高线一定相切,切点在同坡曲面与圆锥面的切线上。作同坡曲面上的等高线就是作圆锥面等高线的包络线。

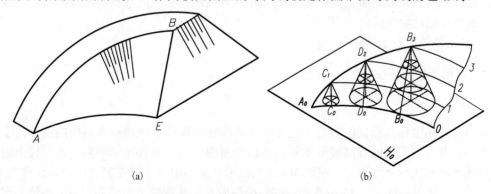

图 10-20　同坡曲面的形成及工程应用

139

例 **10-8**　如图 10-21(a)所示，在高程为 0 m 的地面上修建一段弯道，弯道路面两侧边线为空间曲线，其水平投影为两段同心圆弧，路面高程为 0～3 m，两侧坡面及端部坡面坡度均为 1：0.5，试求坡脚线及坡面交线。

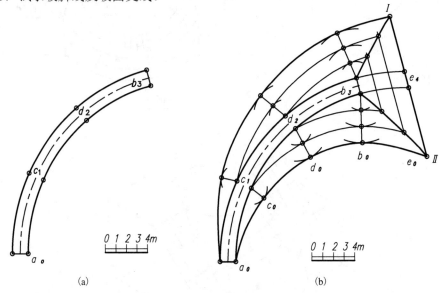

图 10-21　作同坡曲面的坡脚线和坡面交线

解：如图 10-21(b)所示。

(1)求坡脚线。弯道顶端边线是直线，坡面为平面，坡脚线ⅠⅡ与边线 b_3 平行，水平距离 $L = \dfrac{H}{i} = \dfrac{3-0}{1/0.5} = 1.5$ (m)。

弯道两侧边线是空间曲线，其两侧坡面是同坡曲面。在同坡曲面上，当等高线之间的高差为 1m 时，平距 $l = \dfrac{1}{i} = \dfrac{1}{1/0.5} = 0.5$ (m)。分别以 c_1、d_2、b_3 为圆心，l、$2l$、$3l$ 为半径作圆弧，自 a_0 作曲线与这些圆弧相切，即得到弯道内侧同坡曲面的坡脚线。

为了延长同坡曲面的坡脚线，使其与端部坡脚线ⅠⅡ相交，可顺延路面边线到 e_4，使 $b_3 e_4 = b_3 d_2$，再以 e_4 为圆心，$4l$ 为半径画圆弧，然后延长同坡曲面的坡脚线与该圆弧相切，便得到两坡脚线的交点Ⅱ。同样方法可求得弯道外侧的坡脚线。

(2)求坡面交线。弯道顶部边坡与两侧同坡曲面相交，交线是两段平面曲线。分别求出弯道顶部坡面和两侧同坡曲面上高程为 1m、2m 的等高线，把相同高程等高线的交点连成光滑曲线，就可作出坡面交线。

(3)画出各坡面的示坡线。

10.3.3　地形面的标高投影

1. *地形平面图*

在前面讲述的标高投影法概念中已介绍了用标有高程数字的地形等高线的水平投影表示复杂地形曲面，地形面的标高投影图称为地形平面图。通过阅读地形平面图可以较全面地了解该区域地形起伏变化的情况。在图 10-22 的地形平面图中可了解左侧为山包，高程为 19m，中部为山谷。从等高线 12、13 的形状可知，山谷中水流从图的上方流向下方。在地形平面图中，相邻等高线间距小的地方表示该处地势较陡，反之则表示该处地势较缓，例如，图 10-22 表明该区域地形总体情况是左边地势较陡，右边地势较缓。地形平面图中应有绘图比例尺，或注明绘图所用的比例。

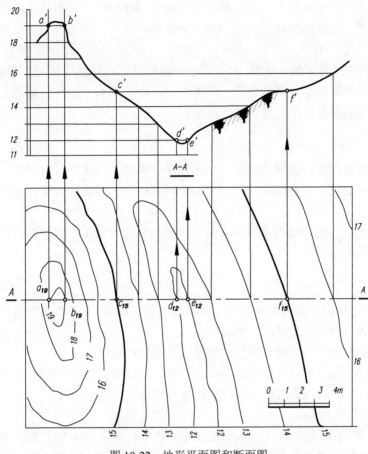

图 10-22　地形平面图和断面图

2. 地形断面图

　　为了表达地形平面图中沿某一条线（直线或曲线）的地形起伏情况或为了图解的需要，可通过该线作剖切（剖切面为铅垂面），画出相应的地形断面图，如沿大坝轴线的地形断面图、沿某段铁路或隧道中心线的地形断面图等。

　　作地形断面图的方法如下。在图 10-22 的地形平面图中画出剖切位置线 A-A，它与地形等高线交于点 a_{19}, b_{19}, $\cdots$, c_{15}, $\cdots$, d_{12}, e_{12}, $\cdots$, f_{15}，这些点之间的距离反映了相邻等高线在剖切位置线上的疏、密情况。在地形平面图上方（或下方）作一高度方向的比例尺，该比例尺可以与地形平面图中的比例尺相同，也可以不相同，在图 10-22 中采取相同的比例尺。过交点 a_{19}, b_{19}, $\cdots$, f_{15} 作竖直线，与高度比例尺上相应标高的水平线交于点 a', b', $\cdots$, f'，徒手把这些点连成光滑曲线，画出部分材料图例（图 10-22 中为天然土壤图例），并注写图名 A-A，即为地形断面图。作图时只要保持交点 a_{19}, b_{19}, $\cdots$, f_{15} 之间的水平距离不变，断面图可以画在图纸中任意合适的位置。

10.4 标高投影的应用实例

工程图样中常常需要求解土石方工程中的坡脚线(开挖线)和坡面交线,以便在图样中表达坡面的空间位置、坡面间的相互关系和坡面的范围,或在工程造价预算中对挖(填)土方量进行估算。

建筑物的坡面有平面,也有曲面,地面有水平地面或不规则地形面,因此坡脚线(开挖线)和坡面交线呈直线或规则、不规则曲线,求解的方法都是用水平面作辅助面,求相交两个面的相同高程等高线的交点,以直线或曲线连接。

1. 分析方法

坡脚线(开挖线)都是由建筑物边坡与地面相交产生的,因此通常情况下,建筑物的一条边线就会产生一个边坡,也就会有一条坡脚线或开挖线(个别坡脚线或开挖线会被其他边坡遮挡)。

一般情况下,建筑物边线为直线,坡面为平面;边线为圆弧,坡面为圆锥面;边线为空间曲线,坡面为同坡曲面。

2. 作图的一般步骤

(1)依据坡度,定出开挖或填方坡面上坡度线的若干高程点(若坡面与地形面相交,高程点的高程一般取为与已知地形等高线相对应)。

(2)过所求高程点作等高线(等高线的类型由坡面性质确定)。

(3)找出相交两坡面(包括开挖坡面、填方坡面、地形面)上同高程等高线的交点。

(4)依次连接各交点(连线的类型由相交两坡面的坡面性质确定)。

(5)画出坡面上的示坡线。

例 10-9 如图 10-23 所示,在一斜坡地面上修建一高程为 27m 的平台,斜坡地面用一组地形等高线表示。平台填筑坡面坡度均为 1∶1,开挖坡面的坡度均为 1∶0.5,求填挖坡面的边界线和坡面间的交线。

解:【分析与作图】从地形等高线可以看出,地形自右向左倾斜,平台面的高程为 27m,平台各侧面必有一部分为开挖坡,另一部分为填方坡,开挖坡与填方坡的分界点为平台面的边界与地面的交点,即图中 a、b 两点。那么以 a、b 为分界点,左半部分有三个填方坡,坡度为 1∶1;右半部分为挖方坡,坡度为 1∶0.5。

作图时,首先求各边坡的平距,并作出高差为 1m 的等高线,需要注意:右侧坡面为倒置半圆锥坡面,等高线是一组同心圆,圆心为 O 点。

再利用求相同高程等高线的交点的作图原理,求各边坡与地面的交线、相邻边坡间的交线,并连线。应注意:边坡与地面的交线及相邻边坡间的交线应"三面共点",如图 10-23 中的点 m、n。

3. 断面法作坡边线

在工程中断面法作坡边线应用较广泛,一则作图原理简单、直观;二则通过已作出的断面可确定断面的面积。根据相邻两断面的间距,还可计算出开挖或填筑的体积(即工程量)。

下面举例说明利用地形断面图求作坡边线的方法。

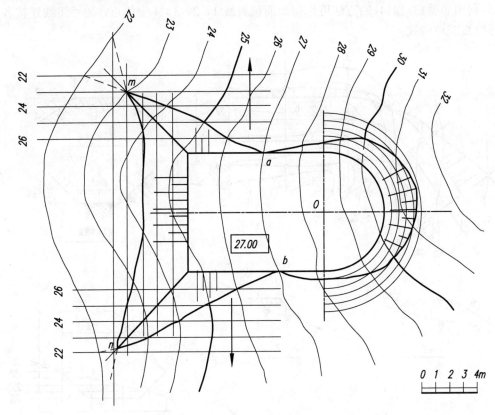

图 10-23　求作平台坡面与地面的交线

例 10-10　已知带有弯道的标高为 25.00 m 的水平道路，两侧开挖坡面的坡度为 1∶1，填筑坡面的坡度为 1∶1.5，路宽为 8m，道路的标准断面如图 10-24(a) 所示。试求作坡脚线和开挖线。

解：从图 10-24(a) 可看出，地形等高线与道路边线接近于平行，若通过作两侧坡面的等高线来求开挖线，则较为困难。在这种情形下，利用断面法作开挖线较为方便。作图步骤如下。

(1) 在已知的地形平面图中作了五个断面位置线，它们的间距可以相等，也可根据地形起伏变化情况不相等，其中断面 2-2 和 3-3 的剖切位置线相交于弯道的圆心，如图 10-24(a) 所示。

(2) 填挖分界点。不挖也不填筑的点称填挖分界点。在本例中道路路面标高为 25.00 m，它与标高为 25m 的地形等高线的交点 m、n，即为填挖分界点，如图 10-24(a) 所示。

(3) 过每条断面位置线作相应的地形断面。以断面 5-5 为例，剖切位置线与地形等高线交于点 25,26,…,30，保持各点间距不变，移到图纸右边且放成水平位置，如图 10-24(b) 所示。过这些交点作竖直线，与高度比例尺上相应标高的水平线相交，用光滑曲线徒手连接，即得地形断面图 5-5。请注意，作地形断面图时应同时作出道路中心线的位置，如图 10-24 中距离 L_0 所示。

(4) 作开挖(或填筑)断面。根据道路中心线、道路宽度、坡面的坡度和路面标高 25.00 m，可在地形断面图 5-5 中画出开挖的道路断面，两侧 1∶1 的斜线与地形断面交于点 a 和 b，即为开挖线上的点，如图 10-24(b) 所示。把点 a 到道路中心线的距离 L_2 量取到地形平面图中断

143

面位置线 5-5 上(以道路中心线为尺寸基准)，得到点 a。同理可得点 b。

(5)利用步骤(3)和(4)的方法可作得断面位置线 1、2、3、4 上的点，徒手用线连接各点，即得开挖线或坡脚线。

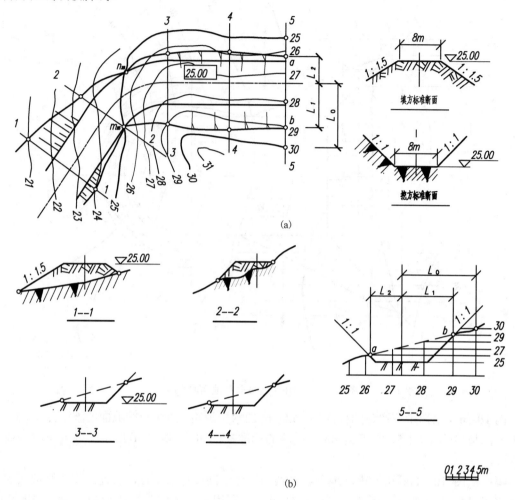

图 10-24　断面法求作坡边线

4. 坡面法作坡边线

从例 10-10 可看到，断面法在工程中虽应用较广泛，但作图较繁。若断面数量不多，则所作得到坡边线也不是很准确。为此，这里介绍利用坡面上等高线求作坡边线的方法。

例 10-11　已知地形平面图和标高为 15.00 m 的水平道路，开挖坡度为 $i_1 = 1 : 1$，填筑坡度为 $i_2 = 1 : 2$，试求作坡边线(图 10-25)。

解:　从图 10-25 可看出，地形等高线与道路中心线斜交且接近于垂直。对于这种地形，不利于作地形断面图，却十分有利于用坡面法求作坡面与地面的交线(坡边线)。作图步骤如下。

(1)确定填挖分界点。因为路面标高为 15.00 m，路两侧边线为 15.00 m 的等高线，它们与相同标高的地形等高线的交点，即为填挖分界点，如图 10-25 中点 a_{15} 和 b_{15}。由地形图可知，在 a_{15} 和 b_{15} 之间，地面低于路面，要填筑；点 a_{15} 的右边和点 b_{15} 的左边，地面均高于路面，需开挖。

（2）根据已知的地形等高线的高差（本例中高差为 1 m）和填筑坡度 i_2，计算出填筑坡面上相邻等高线的间距 $l_2 = \dfrac{H}{i_2} = \dfrac{1}{1/2} = 2\ (\text{m})$。用绘图比例尺量取 l_2，便可作出填筑坡面上标高为 14 m、13 m、12 m 的等高线，它们与相同标高的地形等高线相交，用粗实线徒手连接这些交点，即为填筑坡面与地面的交线（坡脚线）。

（3）根据 i_1 计算出开挖坡面上相邻等高线的间距 $l_1 = \dfrac{H}{i_1} = \dfrac{1}{1/1} = 1\ (\text{m})$，便可作出开挖坡面上标高为 16 m、17 m、18 m 的等高线，从而可作得开挖线。

（4）画出坡面上部分示坡线，如图 10-25 所示。

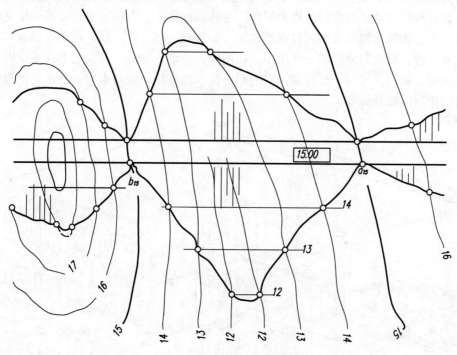

图 10-25　坡面法求作坡边线

145

第 11 章　建筑施工图

11.1　概　　述

11.1.1　房屋的组成及作用

　　一幢房屋，一般是由基础、墙或柱、楼面及地面、屋顶、楼梯和门窗 6 大部分组成的。如图 11-1 所示。其中，基础、墙或柱、梁和板这些起着承重作用的部分称为构件；而门窗和楼梯等具有某种特定功能的组装件称为配件。这些构配件中，有的起着直接或间接支撑和传递风、雪、人、物等荷载以及房屋自重的作用，如基础、墙、柱、梁、楼梯、屋面等；有的起着防止风、沙、雨雪的侵蚀和干扰作用，如屋面、外墙、窗等；有的起着联系室内外或上下交通的作用，如门、过道、楼梯等；有的起着排水的作用，如雨水管、散水等；有的起着保护墙身的作用，如勒脚等。

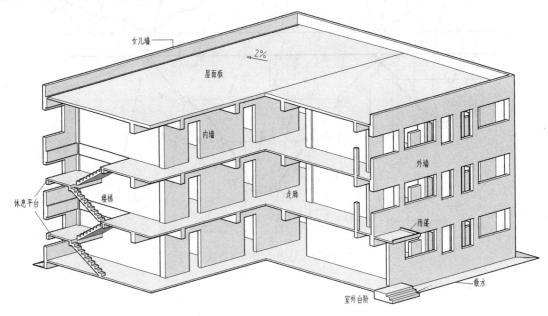

图 11-1　房屋的组成

11.1.2　房屋建筑图的分类

　　房屋建筑图因专业及要表达的内容不同，一般分为建筑施工图、结构施工图和设备施工图。

　　建筑施工图简称建施图，主要反映建筑物的规划布置、外部造型、内外装修、构造及施工要求等。主要内容包括施工图首页、总平面图、各层平面图、立面图、剖面图及详图等。

　　结构施工图简称结施图，主要反映建筑物承重结构的布置、构件类型、材料、尺寸和构造做法等。主要内容包括结构设计说明、结构平面布置图和各种构件详图等。

　　设备施工图简称设施图，主要反映建筑物的给水排水、采暖通风、电气照明、燃气等设备的布置和施工要求等。设施图包括各设备的平面布置图、系统图和详图等。

11.2　施工图首页

施工图除各种图样外，还包括图纸目录、建筑设计说明、门窗统计表、工程做法表等文字性说明。施工图首页服务于全套图纸，但习惯由建筑设计人员编写，可认为是建筑施工图的一部分。

1. 图纸目录

图纸目录的主要作用是便于查找图纸，常放在全套图的首页，一般以表格形式编写，说明该套施工图有几类，各类图纸分别有几张，每张图的图名、图号、图幅大小等。

2. 建筑设计说明

建筑设计说明主要用于说明建筑概况、设计依据、施工要求及需要特别注意的事项等。

3. 门窗统计表

为了方便门窗的下料、制作和安装，需将建筑的门窗进行编号，统计汇总后列成表格。门窗统计表用于说明门窗类型，每种类型的名称、洞口尺寸、每层数量和总数量以及可选的标准图集、其他备注等。

4. 工程做法表

工程做法表是对房屋的屋面、楼地面、顶棚、内外墙面、踢脚、墙裙、散水、台阶等建筑细部，根据其构造做法绘出详图进行局部图示，也可以用列成表格的方法集中加以说明。内容一般包括工程构造的部位、名称、做法及备注说明等。

11.3　建筑总平面图

11.3.1　建筑总平面图概述

总平面图是根据建筑物的使用功能要求，结合城市规划、场地的地形地质条件、朝向、绿化及周围环境等因素，因地制宜地进行总体布局，确定主要出入口的位置，进行总平面功能分区，在功能分区的基础上进一步确定单体建筑的布置、道路交通系统的布置、管线及绿化系统的布置。

总平面图是新建房屋定位放线以及布置施工现场的依据。

11.3.2　建筑总平面图的图示方法

总平面图包含范围较广，国家制图标准(以下简称"国标")规定：总平面图的比例应用1：500、1：1000、1：2000 来绘制。由于比例较小，总平面图上的房屋、道路、桥梁、绿化等都用图例表示。表 11-1 列出的为"国标"规定的总平面图图例。

总平面图中标高和尺寸均以 m 为单位，一般注写到小数点以后第二位，标高符号为细实线画出的等腰直角三角形、高约 3mm。如图 11-2(a)、(b)、(c)所示。如图 11-2 所示。室外整平标高采用全部涂黑的等腰直角三角形表示。如图 11-2(d)所示。

表 11-1 总平面图中常用的图例

名称	图例	备注
新建建筑物	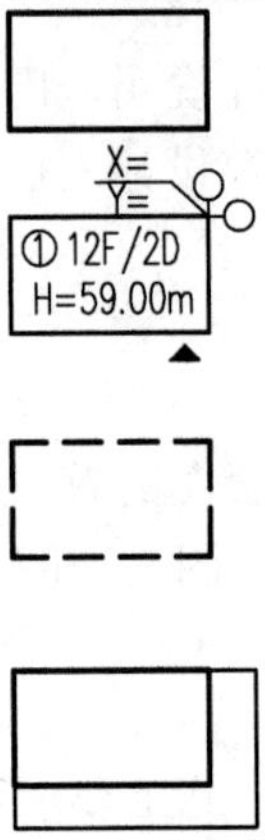	新建建筑物以粗实线表示与室外地坪相接处±0.00 外墙定位轴线 建筑物一般以±0.00 高度处的外墙定位轴线交叉点坐标定位。轴线用细实线表示,并标明轴线号 根据不同设计阶段标注建筑编号,地上、地下层数,建筑高度,建筑出入口位置(两种表示方法均可,但同一图纸采用一种表示方法) 地下建筑物以粗虚线表示其轮廓 建筑上部(±0.00 以上)外条建筑用细实线表示 建筑物上部连廊用细虚线表示并标注位置
原有建筑物	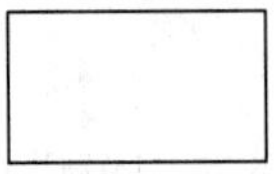	用细实线表示
计划扩建的预留地或建筑物		用中粗虚线表示
拆除的建筑物	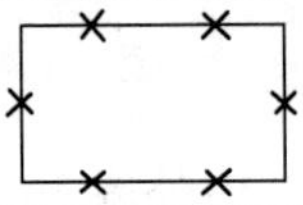	用细实线表示
铺砌场地	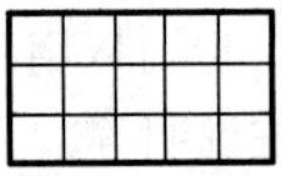	
围墙及大门	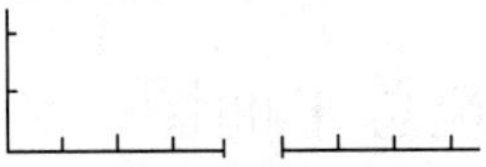	
挡土墙	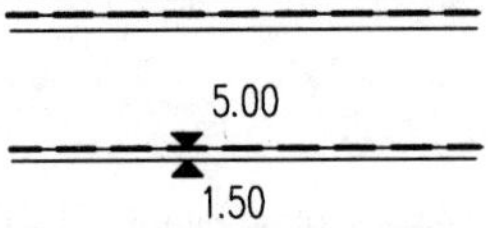 5.00 1.50	挡土墙根据不同设计阶段的需要标高 墙顶标高 墙底标高
台阶及无障碍坡道	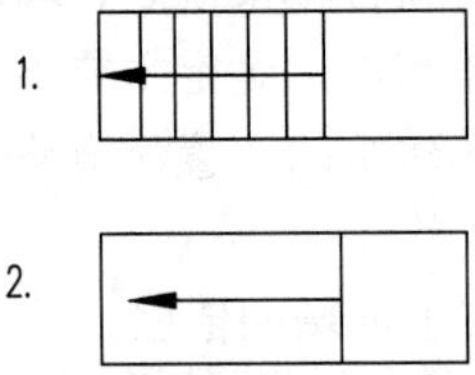 1. 2.	1. 表示台阶(级数仅为示意) 2. 表示无障碍坡道
填挖边坡	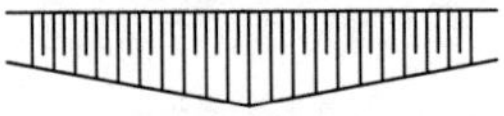	
地下车库入口	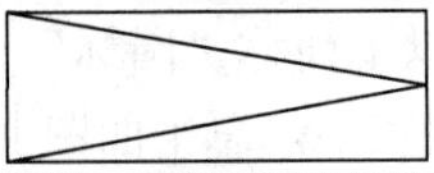	机动车停车场
露天机械停车场	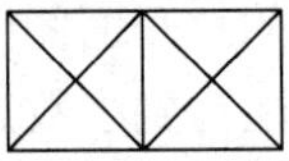	

148

名称	图例	备注
新建的道路	0.30% 100.00 R=6.00 107.50	"R=6.00"表示道路转弯半径;"107.50"为道路中心线交叉点设计标高,两种表示方式均可,同一图纸采用一种方式表示;"100.00"为变坡点之间的距离;"0.30%"表示道路坡度;→表示坡向
原有道路		
计划扩建的道路		
拆除的道路	×——× ×——×	
坐标	1. X=105.00 Y=425.00 2. A=105.00 B=425.00	1. 表示地形测量坐标系 2. 表示自设坐标系 坐标数字平行于建筑标注
室内地坪标高	145.00	数字平行于建筑物书写
室外地坪标高	▼ 135.00	室外标高也可采用等高线

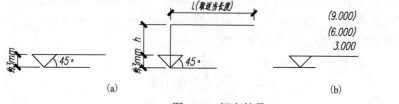

图 11-2　标高符号

新建建筑物的朝向与风向,可在图纸适当位置绘制指北针或风向频率玫瑰图(简称风玫瑰图)来表示。指北针形式如图 11-3 所示,圆用细实线,直径为 24mm;指针尾度宽度为 3mm,指针尖指向正北。风玫瑰图在 8 个或 16 个方位线上用端点与中心的距离,代表当地这一风向在一年中发生次数的多少,粗实线表示全年风向,细虚线表示夏季风向。风向由各方位吹向中心。

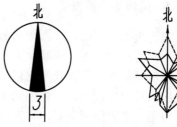

图 11-3　指北针与风玫瑰图

11.3.3　阅读建筑总平面图

图 11-4 是某单位的总平面图。由于该图包含的范围较大,采用的比例为 1∶1000。从图中等高线可以看出该地区的地势较为平缓。从图中图例可以看出,新建工程为办公楼(四层),

149

其北面有一房屋需拆除。并拟建两幢新建筑。从图中还可以看出各建筑物之间的道路以及绿化布置情况。

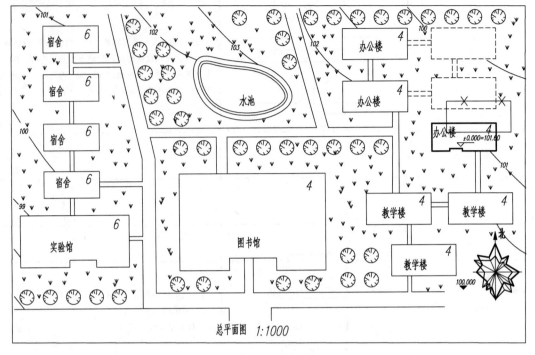

图 11-4 总平面图

新建建筑物可根据原有建筑物或道路来定位，也可以根据坐标(测量或施工坐标)来定位。从风玫瑰图的指向可知，办公楼为正南北向，该地区的主导风向为西北风。

新建办公楼以其底层的主要房间的室内地坪为设计标高。我国青岛市外黄海的平均海平面为标高的零点，其余各地都以此为基准，这种标高称为绝对标高。从等高线可以看出，该办公楼位置绝对标高在 101～102 m。原有的办公楼和教学楼是 4 层，新建的办公楼也是 4 层。图中还画出了拆除建筑、拟建建筑的图例和绿化图例。

11.4　建筑平面图

11.4.1　建筑平面图概述

在建筑施工图中，平面图是最基本、最重要的图样，主要表达房屋的平面布置情况，主要构配件的水平位置、形状、大小及标高等。平面图是假想用水平剖切面经建筑物的门、窗洞口将房屋剖开，将剖切平面以下的部分向下投射而得到的剖面图。一般情况下，房屋有几层就应画几个平面图，并在图的下方注写相应的图名。如果房屋的中间层构造、布置情况相同，可用一个平面图表示，称为标准层平面图或×层—×层平面图。

11.4.2　建筑平面图的图示内容

1. 比例

建筑平面图多采用 1∶50、1∶100、1∶200 的比例绘制。

2. 指北针

指北针标记了建筑物的朝向，一般在底层平面图中绘制。

3. 定位轴线

确定建筑物承重构件位置的轴线称为定位轴线，各承重构件均需标注纵横两个方向的定位轴线，非承重构件或次要构件应标注附加轴线。定位轴线用细点画线绘制，在线的端部画一直径为 8～10 mm 的圆，圆内注写轴线编号。平面图上的轴线编号，横向自左向右用阿拉伯数字编写，竖向从下至上用大写拉丁字母编写，字母 I、O、Z 不得作为轴线编号，以免与数字 1、0、2 混淆。通过定位轴线，大体可以看出房间的开间、进深和规模。

4. 图例

比例为 1∶100～1∶200 的平面图，不必画出建筑材料图例和构件的抹灰层，剖切到的砌体墙可涂红、钢筋混凝墙柱可涂黑。平面图中的门、窗、楼梯等一些建筑构配件一般用图例表示。图例应按国标规定绘制，表 11-2 给出了建筑物常用构造及配件图例。

表 11-2　建筑物常用构造及配件图例

名称	图例	备注
楼梯	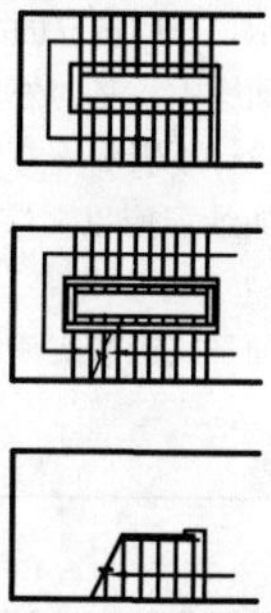	上图为顶层楼梯平面，中图为中间层楼梯平面，下图为底层楼梯平面，需设置靠墙扶手或中间扶手时，应在图中表示
孔洞		阴影部分也可填充灰度或涂色代替
坑槽		
烟道	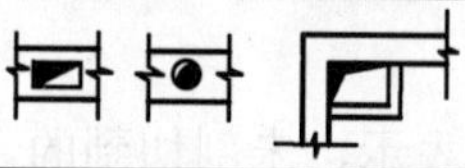	阴影部分也可填充灰度或涂色代替 烟道、风道与墙体为相同材料，其相接处墙身线应连通 烟道、风道根据需要增加不同的内衬
风道	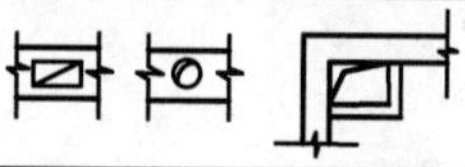	
空门洞	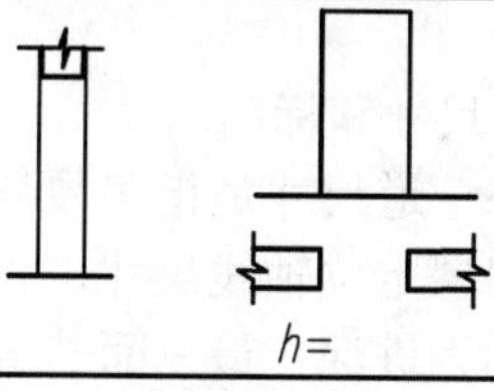 　　h=	h=门洞高度

名称	图例	备注
单面开启单扇门(包括双面平开或双面弹簧)	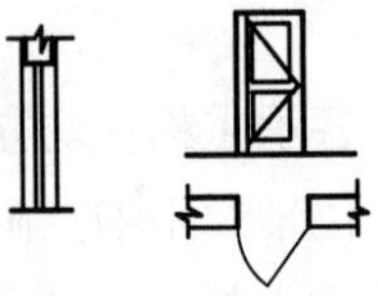	门的名称代号用M表示 平面图中,下为外,上为内 开启弧线宜绘出 立面图中,开启实线为外开,虚线为内开,开启线交角的一侧为安装合页的一侧。开启线在立面图中可不表示,在立面大样图中可根据需要绘出 剖面图中,左为外,右为内 附加纱窗应以文字说明,在平、立、剖面图中均不表示 立面形式应按实际情况绘制
单面开启双扇门(包括平开或单面弹簧)	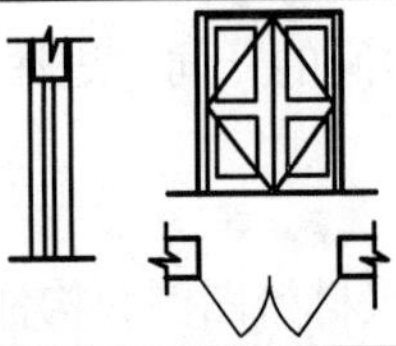	同单扇门
固定窗	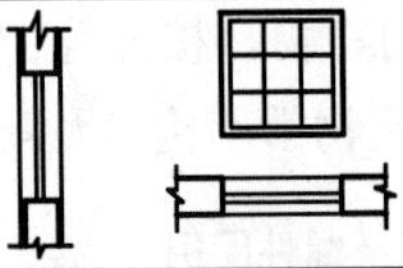	窗的名称代号用C表示 平面图中,下为外,上为内 立面图中,开启线实线为外开,虚线为内开,开启线交角一侧为安装合页的一侧。开启线在建筑立面图中可不表示,在门窗立面大样图中需绘出 剖面图中,左为外,右为内。虚线仅表示开启方向,项目设计不表示 附加纱窗应以文字说明,在平、立、剖面图中均不表示 立面形式应按实际情况绘制
单层外开平开窗	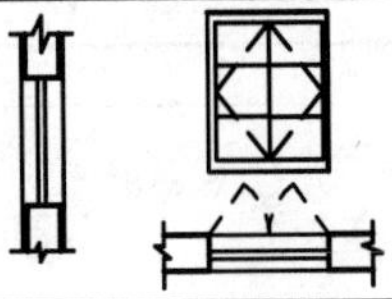	
单层内开平开窗	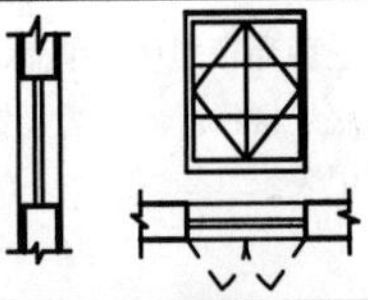	
高窗	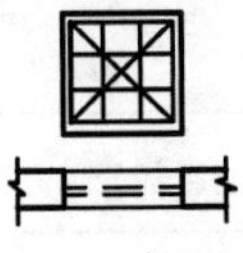 $h=$	h 表示高窗底距本层地面高度 高窗开启方式参考其他窗型

5. 图线

平面图中被剖切到的墙、柱等轮廓线用粗实线表示,未剖切到的,如室外台阶、散水、楼梯用中实线表示,尺寸线用细实线表示。

6. 尺寸标注

建筑平面图上的尺寸有三种:外部尺寸、内部尺寸和标高。

在建筑物四周,沿外墙应标注三道尺寸:最外一道尺寸是指房屋外轮廓的总尺寸,可用于计算建筑面积和占地面积;中间一道尺寸是指房屋定位轴线尺寸,相邻横向定位轴线之间的尺寸称为开间,相邻纵向定位轴线之间的尺寸称为进深;最里面一道尺寸是指门窗洞口尺寸和位置、墙垛尺寸以及细部构造等。

除外部尺寸外，图上还应当有必要的局部尺寸，即内部尺寸。主要用于注明内墙门窗洞口的位置及其宽度、墙体厚度、卫生器具台阶，花坛等构配件的位置及其大小。

建筑平面图中应标注主要楼地面的标高。常以底层主要房间的室内地坪标高为相对标高的零点（标记为±0.000），其他各处室内楼地面，楼梯、平台、台阶等，都应标注其相对标高。底层平面图还应标注室外标高。

7. 文字说明

常见的文字说明有图名、比例、房间名称或编号、门窗编号、构配件做法、做法引注等。

8. 详图索引符号

图中如需另画详图或引用标准图集来表达局部构造，则应在图中的相应部位以索引符号索引。它由直径为 10mm 的圆和水平直径组成，圆和水平直径均用细实线绘制。索引符号应按制图标准规定编写，详见 11.7 节。

11.4.3　阅读建筑平面图

图 11-5 为某宿舍楼的底层平面图，现以该图为例，说明读图方法。

1. 房屋的朝向

从指北针所示可知，宿舍楼的朝向是坐北朝南。

2. 房屋的平面位置和交通情况

房屋④—⑤轴线间为主要出入口，②—③、⑥—⑦轴线间是楼梯，各楼层靠此楼梯间进行竖向交通联系。内廊式建筑，房屋的水平交通依靠此内廊进行联系。内走廊两侧有 11 间大小相等的宿舍。

房屋四周有散水，有时散水在平面图中可不画出，或仅在转角处局部表示。

3. 门窗位置、类型、尺寸及编号

从图 11-5 中可以看出，共设有 5 种门，门洞宽度分别是 900 mm、1500 mm、2100 mm 等；设有三种窗，窗洞宽度分别是 900 mm、2100 mm、1200mm。

4. 轴线及其编号

从图 11-5 中可以看出，本建筑的横向轴线为①—⑧，纵向轴线为Ⓐ—Ⓓ。

5. 标高及其尺寸标注

在施工图中（除总平面图以外），一般将房屋底层主要房间的室内地面的标高定为零，其余各部分的标高以它为基准，这种标高就是相对标高。本图中将底层的地面标高定为±0.000，相当于总平面图中的绝对标高。零点标高记为±0.000；低于零点的标高记为负，在数字前必须加"−"号，如−0.300；高于零点的标高记为正，在数字前不用加"＋"号，如 3.200。图中内走廊、宿舍室内地面标高皆为±0.000，厕所的地面标高为−0.030。

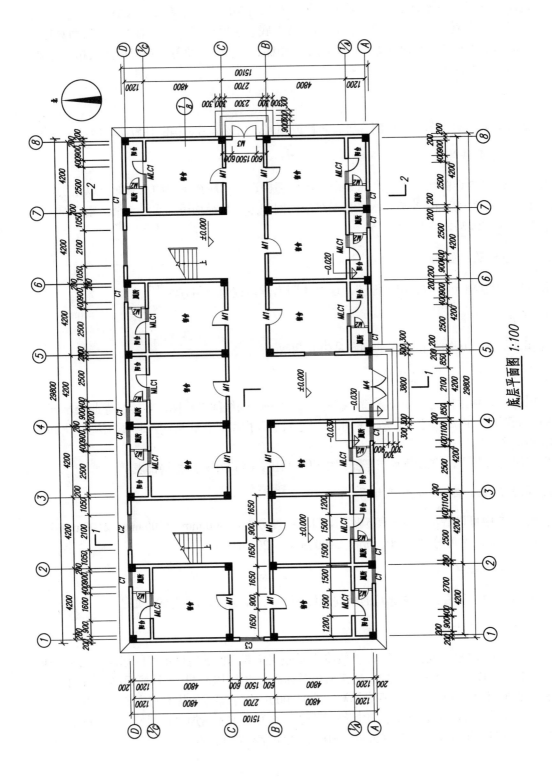

底层平面图 1:100

图 11-5　某宿舍楼底层平面图

尺寸标注分为外部尺寸和内部尺寸。

在外部尺寸方面，一般注写三道尺寸：最外面一道尺寸是外包尺寸，即指从一端外墙边到另一端外墙边的总长和总宽。中间一道尺寸是轴线尺寸，用以表示房间的开间和进深，如图中 4200mm、4800mm；最里面一道尺寸是细部尺寸，表示外墙上的门窗洞口、墙深的形状和位置，依托轴线标注，如门洞宽，半墙厚等。

另外，阳台、散水、台阶或坡道等的细部尺寸可单独标注。

为了说明房屋的内部大小及室内的门窗洞、孔洞、墙厚的大小和位置，在平面图上应标注相应的内部尺寸。

6. 剖面图的剖切位置

平面图上标出了 1-1 剖面图和 2-2 剖面图的剖切位置，其中 1-1 剖面图的剖切平面通过楼梯间。

7. 详图索引符号

为了表示一些部位的详细尺寸，需将这些部分图样用较大的比例另画详图。详图的索引符号如图 11-5 所示。

需要说明的是在底层平面图中表示的指北针、花坛、室外台阶、散水、剖面图的剖切位置等，在二层及其以上各层平面图中不再表示；在二层平面图中应表示的雨篷，在三层及其以上各层平面图中也不再表示。

11.4.4　建筑平面图的绘图步骤

(1) 根据开间和进深，绘制定位轴线。

(2) 根据墙厚尺寸，画出内外墙身的基本轮廓线，在墙上确定门窗洞口的位置，画楼梯、散水等细部。

(3) 仔细检查底图，无误后按建筑平面图的线型要求进行加深。

(4) 写出图名、比例等其他内容。

11.5　建筑立面图

11.5.1　建筑立面图概述

用平行于建筑外墙的投影面，用正投影的原理绘制的建筑外形图，称为建筑立面图。建筑立面图主要表达房屋的外形外貌，反映房屋的高度、层数，墙面的做法，门窗的形式、大小和位置，以及窗台、阳台、雨篷、檐口、勒脚、台阶等构造和配件各部位的标高。"国标"规定，建筑立面图应包括投射方向可见的建筑外轮廓线和墙面线脚、构配件、墙面做法及必要的尺寸和标高。

11.5.2 建筑立面图的图示内容

1. 比例

建筑立面图一般采用 1：100～1：200 的比例绘制，与平面图比例相同。

2. 轴线及其编号

立面图只需绘制出建筑两端的定位轴线和编号。

3. 图线

房屋的整体外包轮廓线用粗实线绘制，室外地坪线用加粗线绘制，阳台、雨篷、门窗洞台阶等用中实线绘制。墙面分割线、雨水管、门窗格子以及引出线均用细实线绘制。

4. 尺寸标注

立面图中应标注楼地面、地下层地面、阳台、平台、檐口、女儿墙、台阶等处完成面的高度尺寸和标高。

5. 文字说明

建筑立面图上应用文字说明各部位所用面材及色彩。

11.5.3 阅读建筑立面图

图 11-6 为某宿舍楼①—⑧立面图，现以该图为例，说明读图方法。
该图为①—⑧立面图，比例为 1：100。

1. 房屋的外部造型及细部形状

从图中可看到房屋此立面的外貌形状。了解屋顶、门窗、阳台、雨篷等细部的形状和位置。例如，入口处的位置，其上方设置雨篷，雨篷下为室外台阶，每层均有阳台。

2. 外墙装修、色彩及做法

从图上的文字说明，可以看出房屋外墙的装饰做法。

3. 尺寸标注

从图中可知，室外地面标高为-0.45m，底层窗洞下口标高为 1.000m，上口标高为 2.500m，女儿墙顶面标高为 9.600m 等。竖向尺寸即为相邻两标高之差。如底层窗洞高度，正好是 (2500-1000) mm。

11.5.4 建筑立面图的绘图步骤

(1)画室外地平线、楼面线、屋顶线和建筑物外轮廓线。
(2)画墙面细部，如阳台、窗台、门窗细部分割、室外台阶、花池等。
(3)仔细检查底图，无误后按建筑立面图的线型要求进行加深。
(4)写出图名、比例等其他内容。

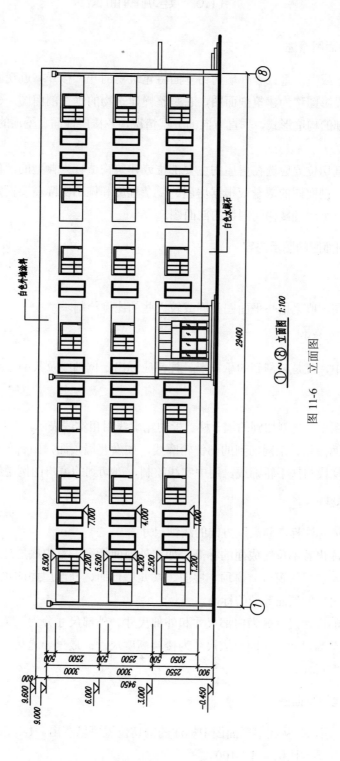

①~⑧ 立面图 1:100

图 11-6

157

157

11.6 建筑剖面图

11.6.1 建筑剖面图概述

假想用一个或多个垂直于外墙的铅垂面将建筑物剖开，移开靠近观察者的部分，对余下部分所作的正投影图称为建筑剖面图，它是整幢建筑物的垂直剖面图。建筑剖面图主要用于反映建筑物内部的构造形式，垂直方向的分层情况，各楼层地面、屋顶的构造以及相关尺寸、标高等。

剖面图的剖切位置应选在房屋的主要部位或建筑构造较为典型的部位，通常应通过门窗洞口和楼梯间。剖面图的数量应根据房屋的复杂程度和施工实际需要而定。两层以上的楼房一般需要至少一个通过楼梯间剖切的剖面图。

11.6.2 建筑剖面图的图示内容

1. 比例

建筑剖面图一般采用与平面图相同或较大些的比例绘制。

2. 轴线及其编号

在剖面图中，凡是被剖到的承重墙、柱都应标出定位轴线及其编号。

3. 图线

建筑剖面图中，被剖切到的墙、柱、板的轮廓线用粗实线表示，绘图比例小于 1∶50 时，钢筋混凝土断面涂黑。未剖切到的部位轮廓线，如女儿墙顶面，阳台外轮廓线，各层楼梯的上行未剖到的梯段与扶手轮廓线，用中实线绘制，剖切到的窗户图例用细实线绘制。

4. 尺寸标注

剖面图中应标注标高和高度方向的线性尺寸。

标高应标注出各部位完成面的标高。如室外地面标高、室内底层地面标高和各层楼面标高、楼梯平台，各层的窗台、窗顶、屋面、女儿墙顶面、高出屋面的水箱顶面、烟囱顶面、楼梯间顶面、电梯间顶面等处的标高。

高度方向的线性尺寸分为内部尺寸和外部尺寸。外部尺寸分为三道：最外一道尺寸为室外地面以上的总高尺寸；中间一道尺寸为楼层高度尺寸；最里一道尺寸为门、窗等沿高度方向的位置和高度尺寸。

11.6.3 阅读建筑剖面图

如图 11-7 所示，从底层平面图中标注的剖切位置可以看出，1-1 剖面图是通过楼梯间的房屋的横向剖面图，比例为 1∶100。

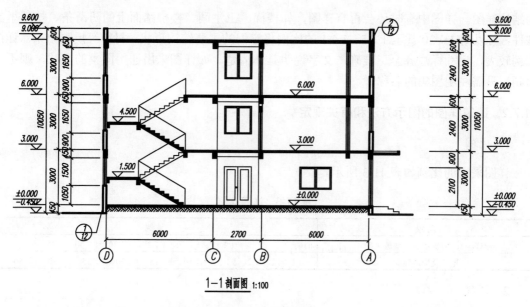

图 11-7　剖面图

1. 房屋的构造、结构形式及细部

建筑共三层，层高为 3 m，房屋室内外高差为 450 mm。楼板及屋面为钢筋混凝土板。

2. 尺寸标注

图 11-7 中两侧均标注了标高和相应的线性尺寸，表示外墙上的门窗洞口、楼地面、楼梯平台面的高度尺寸。还标注了内部尺寸。由于楼梯间另有详图，所以楼梯部分详细尺寸不在此图中标注。剖面图中应画出详图索引符号与编号。

11.6.4　建筑剖面图的绘图步骤

(1)主要轮廓。先画出水平方向的层高线及竖直方向的定位轴线，女儿墙、屋(楼)层面、室内外地面的顶面高度线。

(2)绘制各层楼面的厚度和其他有关构造。

(3)细部构造。画剖切到的内外墙、屋(楼)面板、楼梯与平台梁、圈梁等主要配件的轮廓线，以及可见的细部构造轮廓线。

(4)检查。描深图线，标注全部尺寸、定位轴线、标高、详图索引，注写图名和比例。

(5)完成作图。

11.7　建　筑　详　图

11.7.1　建筑详图概述

房屋的平面图、立面图、剖面图一般用 1∶100 的比例绘制，但是对于外墙面、楼面等一些部位的结构、形状、材料等无法表达清楚，为此常在这些部位用较大比例绘制一些详图，也称大样图，以指导施工。与建筑设计有关的详图称为建筑详图；与结构设计有关的详图称为结构详图。详图中有时还会再有详图，如楼梯、卫生间、楼梯踏面上的防滑条、扶手里的铁件，可以用 1∶20 甚至 1∶5、1∶1 的比例将它们的主要结构形状、材料等反映出来。详图比例较大，尺寸标注齐全、准确，文字说明具体清楚。如详图采用通用图集的做法，则不必另画，只需注明图集的名称。

11.7.2 建筑详图的图示方法和有关规定

1. 比例

详图采用的比例如表 11-3 所示。

表 11-3 详图比例

图名	比例
建筑物、构筑物的局部放大图	1∶10、1∶20、1∶25、1∶30、1∶50
配件及构造详图	1∶1、1∶2、1∶5、1∶10、1∶15、1∶20、1∶25、1∶30、1∶50

2. 图线

建筑详图的图线基本上与建筑平、立、剖面图相同，但被剖切到的抹灰层和楼地面的面层用中实线画出。

3. 索引符号和详图符号

为了方便查阅图纸，应注明详图的编号和所在图纸的图号，以及被索引图样所在图纸的图号。

1)索引符号

索引出的详图，若与被索引的图样在同一张图纸内，应在索引符号的上半圆中用阿拉伯数字注明该详图的编号，并在下半圆中画一段水平细实线；若与被索引的图样不在同一张图纸内，应在索引符号的上半圆中用阿拉伯数字注明该详图的编号，在索引符号的下半圆中用阿拉伯数字注明该详图所在图纸的编号。索引出的详图若采用标准图，应在索引符号水平直径的延长线上加注该标准图集的编号。索引符号若用于索引剖面详图，应在被剖切的部位绘制剖切位置线，并以引出线引出索引符号。索引符号是由直径为 10mm 的圆和水平直线组成的，圆与水平直线均应以细实线绘制，如图 11-8 所示。

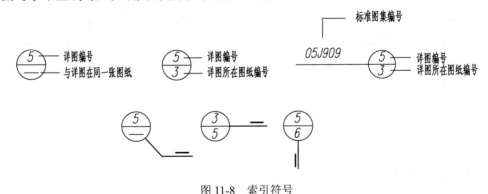

图 11-8　索引符号

2)详图符号

详图的位置和编号，应以详图符号表示，详图符号的圆以直径 14mm 的粗实线绘制，详图应按下列规定编号。

(1)详图与被索引的图样同在一张图纸内，阿拉伯数字注明详图的编号，如图11-9所示。

(2)详图与被索引的图样不在同一张图纸内，符号内画一水平直径，在上半圆中注明详图编号，在下半圆中注明被索引的图纸编号，如图11-9所示。

图 11-9　详图符号

11.7.3　阅读建筑详图

1. 楼梯详图

楼梯是多层建筑物各楼层垂直交通的主要设施。楼梯主要由楼梯段(简称梯段，包括踏步和斜梁)、平台(包括平台板和平台梁)和栏杆、栏板等组成。楼梯的构造一般较复杂，需要另画详图表达。楼梯详图包括楼梯平面图、剖面图、节点详图，主要表示楼梯的类型、结构形式、尺寸和装修做法等。各详图应尽可能画在同一张图纸上，平面图、剖面图比例应一致，一般为1∶50，踏步、栏板(栏杆)节点详图比例要大些，可采用1∶10、1∶20等。详图中应表示出楼梯的平面形式(单跑、双跑或多跑等)、结构形式，以及各部分的构造、尺寸、装修等。

1)楼梯平面图

一般每一楼层都可画一楼梯平面图，三层以上的房屋，若中间各层的楼梯形式、位置和构造、尺寸大小等完全相同，通常只画出底层(首层)、一个中间层(标准层)和顶层三个平面图。

(1)楼梯平面图的形成。

用一假想水平面沿该层上行的第一个梯段中部(休息平台下)的任意位置剖切开后，向下投射而得。

各层被剖切到的梯段，按"国标"规定，均在平面图中用一45°折断线表示，在每一梯段起始处(与地、楼面连接处)画一长箭头，并注写"上"或"下"和步级数，说明从该层楼(地)面往上(或往下)走多少级可到达上(或下)一层的楼(地)面，如图11-10所示。

(2)楼梯平面图的图示内容。

① 比例。楼梯平面图与剖面图的比例通常为1∶50。

② 轴线。应标注楼梯间的定位轴线编号。

③ 图线。剖切到的墙体、梯段、平台等用粗实线画出，其余细部构造轮廓线用中实线或细实线画出。

④ 尺寸标注。应标注楼梯间的开间、进深尺寸；梯段长度(是以踏面宽乘以踏面数的形式表示的)、平台宽、梯井、梯段宽尺寸；底层地面、入口地面、楼层平台、中间平台的标高尺寸以及其他必要的一些细部尺寸。

(3)阅读楼梯平面图。

根据房屋的情况，作三个楼梯平面图：底层平面图、标准层平面图和顶层平面图，绘图比例均为1∶50，如图11-10所示。三个平面图中均标注了带有编号的定位轴线，它们与建筑平面图中的轴线编号对应，楼梯平面图中应标注相应的标高。在底层平面图中应标注楼梯剖面图的剖切位置线。

楼梯平面图中的墙身轮廓线用粗实线绘制，柱的断面画出材料图例，其余均用细实线绘制。

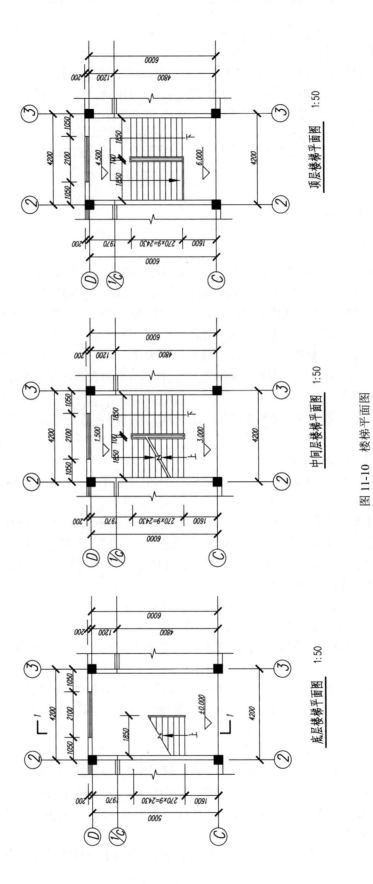

顶层楼梯平面图 1:50

中间层楼梯平面图 1:50

底层楼梯平面图 1:50

图 11-10 楼梯平面图

162

楼梯平面图中的尺寸标注应齐全、清晰。如图中"270×9=2430"表达的是梯段水平投影长度。

（4）楼梯平面图的画法。

① 画楼梯间平面图。首先定轴线，根据开间尺寸，画出横向轴线，根据楼梯间进深尺寸和门厅进深尺寸，画出纵向轴线；然后画出墙厚、门、窗洞口等。

② 画梯段。根据定位尺寸，确定梯段的位置和梯段长，并确定梯段宽、梯井宽。将梯段长分为 $n-1$ 个等分，画出梯段的投影。

③ 画栏杆扶手。

④ 加深图线，标注尺寸、标高等，完成楼梯平面图。

2）楼梯剖面图

（1）楼梯剖面图的形成。

假想用一个铅垂面，通过楼梯间门窗洞口，沿楼梯的长度方向将楼梯间剖开，向未剖到的梯段方向投射，就得到楼梯剖面图，如图 11-11 所示。在多层房屋中，若中间各层的楼梯构造完全相同，可只画出底层、中间层（标准层）和顶层的剖面，中间以折断线断开，但应在中间层的楼面、平台面处加注中间各层相应的标高。

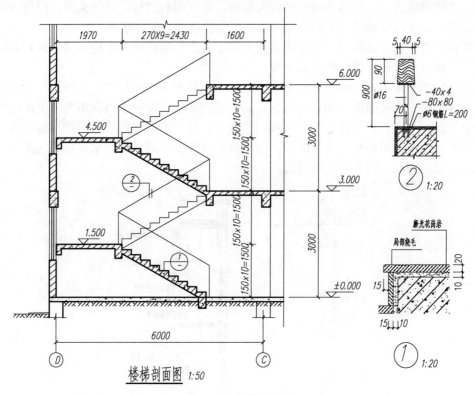

图 11-11　楼梯剖面图

楼梯剖面图应能完整、清晰地表达出各梯段、平台、栏杆等的构造及它们的相互关系。

（2）楼梯剖面图的图示内容。

楼梯剖面图的比例和图线同楼梯平面图，在楼梯剖面图中梯段高度是以踢面高乘以踢数高度来表示的。在尺寸方面，楼梯剖面图通常应标注楼梯间的进深尺寸、梯段长、平台宽及定位尺寸、层高尺寸、梯段高尺寸，楼层平台、中间平台的标高，底层地面、入口地面的标高楼层平台、中间平台梁底及入口门洞等的标高。

(3)阅读楼梯剖面图。

由楼梯平面图剖切位置可知，剖切平面通过入口门口，为全剖面图，绘图比例为 1：50。从图中可知，这是两跑楼梯，各梯段的高度=踢面高×梯段级数。

(4)楼梯剖面图的画法。

① 画室内、外地平线，定轴线及各层楼面和中间平台面的高度线。

② 根据定位尺寸，确定梯段的位置和梯段长，画踏步。

③ 画墙厚及门、窗，画楼板厚、平台梁、栏杆、雨篷、阳台等。

④ 加深图线，标注尺寸、标高等，完成全图。

2. 外墙详图

外墙是建筑物的主要构件，它的剖面节点图通常采用 1：10 或 1：20 的比例绘制，一般用详图索引标注出剖切位置。

多层房屋中，若中间各楼层节点构造相同，可只画地面节点、屋面节点和一个楼面节点，但在楼面节点标注标高时，要标注中间各层的楼面和窗台的标高。

外墙详图中凡剖切到的房屋结构构件的轮廓线应以粗实线表示，由于比例较大，其轮廓线用中实线或细线表示；外墙的定位轴线应标出，以标明与其他图样的关系。详图中的尺寸标注应完整、齐全，以满足施工的需要，主要部位的标高也应标注出。

外墙详图有时也可采用同一个外墙详图来表示几面外墙，此时应将各墙身所对应的定位轴线编号全部标出，或采用其他方式说明。

如图 11-12 所示，是④轴所在外墙的底层，中间层和顶层三个节点大样图组合而成的。底层主要表达了室外地面散水和室内地面、防潮层的作法。中间节点详图表达了楼板的下一层窗洞以上到本层窗台以下部分的结构和构造状况。屋面节点详图表达了顶层窗洞以上部分的结构和构造状况，屋面板上有保温层，水泥砂浆找平层，防水层，水泥砂浆保护层，屋面板力钢筋混凝土楼板，刷白色涂料两道。

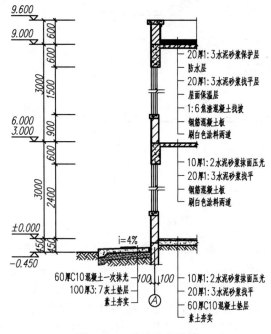

图 11-12　外墙节点详图

第12章 结构施工图

12.1 概　述

在完成了建筑物的建筑设计并绘制出建筑施工图后，还需要进行结构设计和计算，包括构件的材料、布置、形状、大小、构造及相互关系等，并遵循国家标准绘制图样，即结构施工图。结构施工图通常包括结构设计说明、基础图、结构平面布置图及构件详图。

12.2 基 本 规 定

12.2.1 比例

根据图样的用途，物体的复杂程度，绘图时应该选用表12-1中的常用比例，特殊情况下也可选用可用比例。

表 12-1　结构施工图比例

图名	常用比例	可用比例
结构平面图、基础平面图	1∶50、1∶100、1∶150	1∶60、1∶200
圈梁平面图，总图中管沟、地下设施等	1∶200、1∶500	1∶300
详图	1∶10、1∶20、1∶50	1∶5、1∶30、1∶25

当构件的纵、横向断面尺寸相差悬殊时，可在同一详图中的纵、横向选用不同的比例绘制。轴线尺寸与构件尺寸也可选用不同的比例绘制。

12.2.2 线

建筑结构专业制图应该选用表12-2所示的图线。图线宽度按照现行《房屋建筑制图统一标准》（GB/T 50001—2010）中的有关规定选用。在同一张图样中，相同比例的各图样，应该选用相同的线宽组。

表 12-2　制图图线

名称		线型	线宽	一般用途
实线	粗		b	螺栓、钢筋线、结构平面图中的单结构件线、钢木支撑及系杆线、图名下横线、剖切线
	中粗		$0.7b$	结构平面图及详图中剖到或可见的墙身轮廓线、基础轮廓线、钢木结构轮廓线、钢筋线
	中		$0.5b$	结构平面图及详图中剖到或可见的墙身轮廓线、基础轮廓线、可见的钢筋混凝土构件轮廓线、钢筋线
	细		$0.25b$	标注引出线、标高符号线、索引符号线、尺寸线

名称		线型	线宽	一般用途
虚线	粗	— — — — — —	b	不可见的钢筋线、螺栓线、结构平面图中不可见的单线结构构件线及钢、木支撑线
	中粗	— — — — — —	$0.7b$	结构平面图中的不可见构件、墙身轮廓线及不可见钢木结构构件线、不可见的钢筋线
	中	— — — — — —	$0.5b$	结构平面图中不可见构件、墙身轮廓线及不可见钢木结构构件线、不可见的钢筋线
	细	— — — — — —	$0.25b$	基础平面图中的管沟轮廓线、不可见的钢筋混凝土构件轮廓线
单点长画线	粗	—— · —— · ——	b	柱间支撑、垂直支撑、设备基础轴线图中的定位线
	细	—— · —— · ——	$0.25b$	定位轴线、对称线、中心线、重心线
双点长画线	粗	—— ·· —— ·· ——	b	预应力钢筋线
	细	—— ·· —— ·· ——	$0.25b$	原有结构轮廓线
折断线		——／\\——	$0.25b$	断开界线
波浪线		∼∼∼∼	$0.25b$	断开界线

12.2.3 构件代号

构件的名称可用代号来表示，代号后应用阿拉伯数字标注该构件的型号或编号，也可为构件的顺序号。常用的构件代号如表 12-3 所示。

表 12-3 构件代号

序号	名称	代号	序号	名称	代号	序号	名称	代号
1	板	B	19	圈梁	QL	37	承台	CT
2	屋面板	WB	20	过梁	GL	38	设备基础	SJ
3	空心板	KB	21	连系梁	LL	39	桩	ZH
4	槽型板	CB	22	基础梁	JL	40	挡土墙	DQ
5	折板	ZB	23	楼梯梁	TL	41	地沟	DG
6	密肋板	MB	24	框架梁	KL	42	柱间支撑	ZC
7	楼梯板	TB	25	框支梁	KZL	43	垂直支撑	CC
8	盖板或沟盖板	GB	26	屋面框架梁	WKL	44	水平支撑	SC
9	挡雨板或檐口板	YB	27	檩条	LT	45	梯	T
10	吊车安全走道板	DB	28	屋架	WJ	46	雨篷	YP
11	墙板	QB	29	托架	TJ	47	阳台	YT
12	天沟板	TGB	30	天窗架	CJ	48	梁垫	LD
13	梁	L	31	框架	KJ	49	预埋件	M
14	屋面梁	WL	32	钢架	GJ	50	天窗端壁	TD
15	吊车梁	DL	33	支架	ZJ	51	钢筋网	W
16	单轨吊	DDL	34	柱	Z	52	钢筋骨架	G
17	轨道连接	DGL	35	框架柱	KZ	53	基础	J
18	车挡	CD	36	构造柱	GZ	54	暗柱	AZ

12.2.4 其他规定

(1)结构平面图采用正投影法绘制，特殊情况下也可采用仰视投影绘制。

(2)在结构平面图中，构件应采用轮廓线表示，当能用单线表示清楚时，也可用单线表示。定位轴线应与建筑平面图或总平面图一致，并标注结构标高。

(3)结构平面图中索引符号的表达方法同建筑施工图。

12.3 钢筋混凝土构件图

12.3.1 钢筋混凝土结构的基本知识

由钢筋和混凝土组成的结构称为钢筋混凝土结构，主要有梁、板、柱和基础等。

普通混凝土是由水泥、石子和砂用水经搅拌、养护和硬化以后形成的一种复合材料。混凝土抗压强度高但抗拉强度很低，一般抗拉强度只有抗压强度的 1/20~1/8，受拉破坏有明显的脆性。如果把钢筋和混凝土结合在一起，钢筋主要受拉、混凝土主要受压，就可以取长补短，充分发挥它们的材料特性，大大提高混凝土构件的承载能力。钢筋混凝土构件就是配置受力钢筋的混凝土构件。在施工现场直接浇筑而成的构件称为现浇钢筋混凝土构件，在工程现场以外的预制场预先制作的构件称为预制构件。如果是在预制构件时通过对钢筋的张拉，预加给混凝土一定的压力，以提高构件的抗拉和抗裂性能的构件，称为预应力钢筋混凝土构件。

1. 混凝土的等级及钢筋的型号

根据混凝土立方体抗压强度标准值，其等级分为 C15、C20、C25、C30、C35、C40、C45、C50、C55、C60、C65、C70、C75、C80，等级越高，强度越大。钢筋按照强度和种类分成不同等级，用不同的代号表示，如表 12-4 所示。

表 12-4 钢筋的种类与代号

钢筋品种	代号	钢筋品种	代号
Ⅰ级钢筋 HPB300(Q235)	A	Ⅲ级带肋钢筋 RRB400	C^R
Ⅱ级钢筋 HRB335(20MnSi)	B	Ⅵ级带肋钢筋 RRB400	D
Ⅲ级钢筋 HRB400(20MnSiV、20MnSiB、20MnTi)	C		

2. 钢筋的用途和保护层

如图 12-1 所示，钢筋在构件中所起的作用，有以下几种。

受力钢筋——在构件中承受拉、压应力的钢筋；梁中的弯起钢筋通常是由纵向受力钢筋弯起形成的。

箍筋——在构件中承受剪力或扭矩，并固定受力筋的位置，多用于梁和柱内。

架立钢筋——用以固定梁内钢箍的位置，构成梁内的钢筋骨架。

分布钢筋——用于屋面板、楼板内，与板的受力钢筋垂直布置，将承受的重量均匀地传递给受力钢筋，并固定受力钢筋的位置，以及抵抗热胀冷缩所引起的温度变形。

构造钢筋——因构件构造要求或施工安装需要而配置的钢筋，如腰筋、预埋锚固筋、环等。

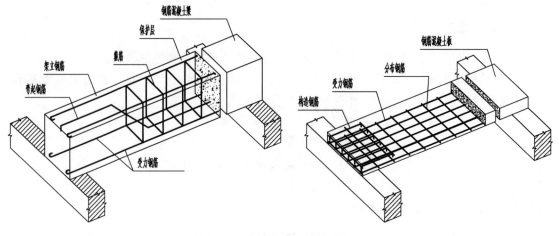

图 12-1　钢筋的种类和作用

为了使钢筋与混凝土很好地黏结，在光圆钢筋两端要做成弯钩或者直钩，箍筋两端在交接处也要做弯钩，带纹钢筋则不做弯钩。其形状和形式可查阅《混凝土结构设计规范》。

混凝土保护层是指混凝土构件中，用于保护钢筋的混凝土，其厚度为纵向钢筋（非箍筋）外缘至混凝土表面的最小距离。保护层最小厚度的规定是为了使混凝土结构构件满足耐久性要求和对受力钢筋有效锚固的要求。

12.3.2　构件图的内容和一般图示方法

构件图的主要内容有配筋图、模板图及预埋件图等。主要表达构件内钢筋配置情况的图称为配筋图，通常有配筋平面图、立面图以及断面图等。为了突出钢筋，假设混凝土构件是透明的，钢筋简化成单线，用粗实线画出，钢筋的横断面用涂黑的圆点表示，而构件的轮廓线用细实线画出。必要时要把钢筋单独画出，称为钢筋详图（大样图），并列出钢筋表，以汇总钢筋的详细情况。

表示构件外形以及预埋件、预留孔大小和位置的图样称为模板图。制作构件时，常常需要将一些铁件预先固定在钢筋骨架上，浇筑混凝土时埋在构件中，其一部分露在构件外表面，这些铁件称为预埋件。模板图或配筋图中标明预埋件的位置，预埋件本身的详图需单独画出，表明其构造。

1. 钢筋的图例

构件中的钢筋，需要在图中表达清楚，一般钢筋的常用图例如表 12-5 所示。其他的钢筋、预应力钢筋、钢筋网片、钢筋的焊接接头本书未录，可查阅《建筑结构制图标准》（GB/T 50105—2010）。

表 12-5　普通钢筋

序号	名称	图例	说明
1	钢筋横断面	●	
2	无弯钩的钢筋端部		下图表示长、短钢筋投影重叠时，短钢筋的端部用 45° 斜线表示
3	带半圆形弯钩的钢筋端部		

序号	名称	图例	说明
4	带直钩的钢筋端部		
5	带丝扣的钢筋端部		
6	无弯钩的钢筋搭接		
7	带半圆弯钩的钢筋搭接		
8	带直钩的钢筋搭接		
9	花篮螺丝钢筋接头	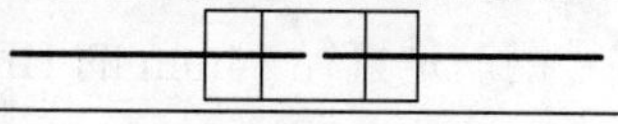	
10	机械连接的钢筋接头	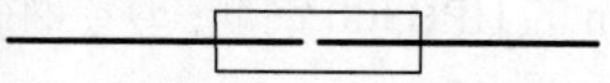	用文字说明机械连接的方式(如冷挤压或直螺纹等)

2. 钢筋的画法

在钢筋混凝土结构图中，钢筋的画法要遵循表 12-6。

表 12-6 钢筋的画法

序号	说明	图例
1	在结构楼板中配置双层钢筋时，底层钢筋的弯钩应向上或向左，顶层钢筋的弯钩则向下或向右	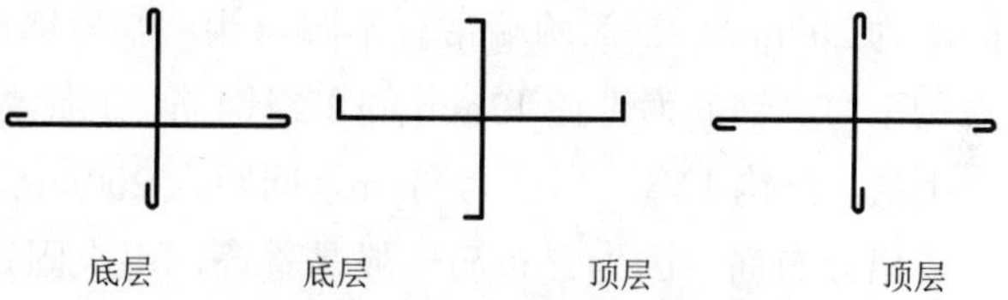 底层　　底层　　顶层　　顶层
2	钢筋混凝土墙体配双层钢筋时，在配筋立面图中，远面钢筋的弯钩应向上或向左，近面钢筋的弯钩向下或向右(JM 近面，YM 远面)	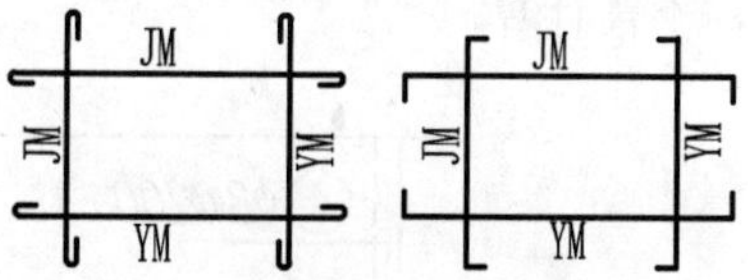
3	若在断面图中，不能表达清楚钢筋布置，应在断面图外增加钢筋大样图(如钢筋混凝土墙、楼梯等)	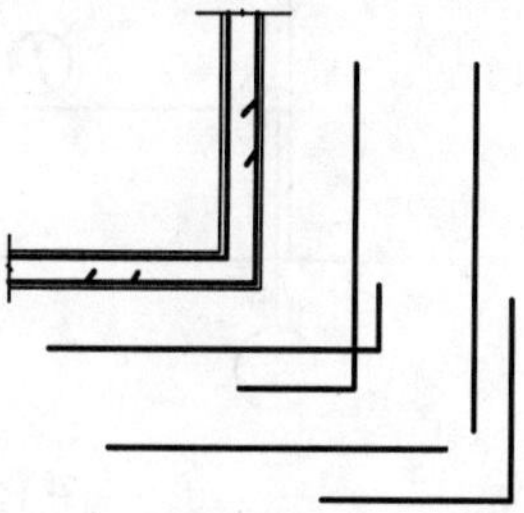
4	图中所表示的箍筋、环筋布置复杂时，可加画钢筋大样及说明	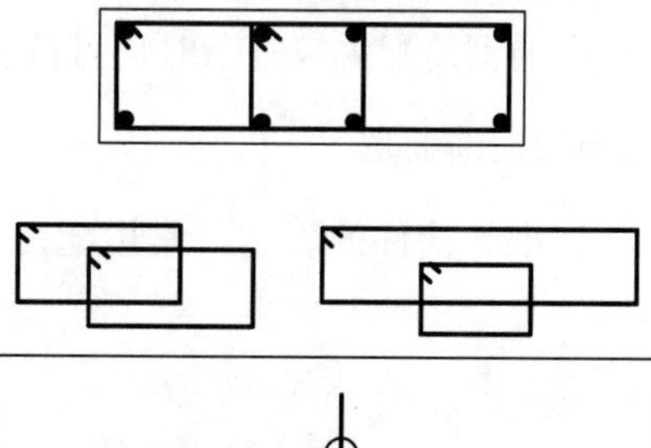
5	每组相同的钢筋、箍筋或环筋，可用一根粗实线表示，同时，用一两端带斜短画线的横穿细线表示钢筋及起止范围	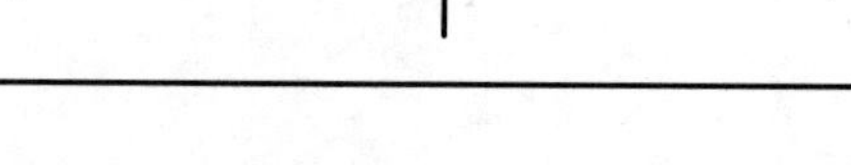

3. 钢筋的标注

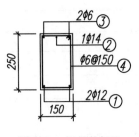

图 12-2　钢筋的标注

为了便于识别，构件中的各种钢筋应予以编号，编号采用阿拉伯数字，写在直径为 6mm 的细实线圆中。编号圆画在引出线末端，引出线可以是平行的，如图 12-2 所示，也可以是集中到一点的放射线。在钢筋编号引出线的文字内容里，还有钢筋的数量或间距、钢筋类别、直径等标注。①号钢筋是 2 根直径为 12mm 的 HPB300 钢筋；②号钢筋是直径 14mm 的 HRB335 钢筋；③号钢筋是 2 根直径为 6mm 的 HPB300 钢筋；④号钢筋是直径为 6mm、间距为 150mm 的 HPB300 钢筋。

12.3.3　梁板配筋图的绘制

1. 平面图

当构件布置较简单时，结构平面布置图可与板配筋图合并绘制，如图 12-3 所示，其中虚线表示墙或梁的轮廓线为不可见的。①号钢筋为受力筋，是直径为 10mm 的 HPB300 钢筋，间距为 200mm，钢筋两端带有半圆弯钩；③号钢筋是中间支座处的钢筋，在板的上层，端部直钩下弯，钢筋为直径 12mm 的 Ⅰ 级钢筋，间距为 150mm；④号钢筋是支座处的构造筋，在板上层，直钩下弯，直径为 8mm，间距为 200mm。现浇钢筋混凝土板的配筋平面图中，一般不画出分布筋，因为分布筋一般是直筋，用来固定受力筋和构造筋的位置，施工时根据具体情况放置，不需计算。

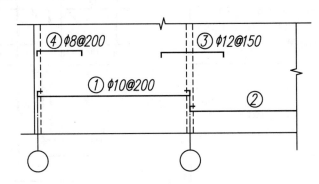

图 12-3　钢筋混凝土板的配筋图

平面图中的钢筋配置较复杂时，可按表 12-6 及图 12-4 的方法绘制。

2. 立面图和断面图

梁、柱等细长构件的表达，常用配筋立面图配以若干配筋断面图来表达，如图 12-5 和表 12-7 所示。

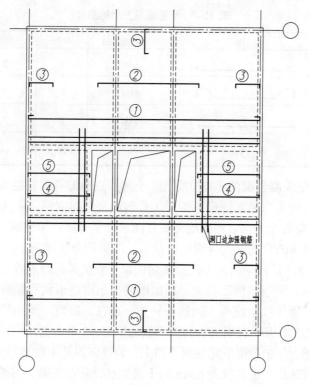

图 12-4　配筋平面图的画法

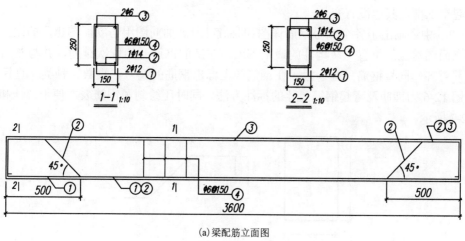

(a) 梁配筋立面图

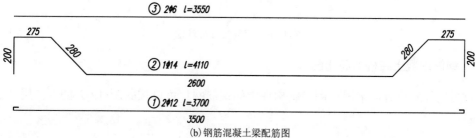

(b) 钢筋混凝土梁配筋图

图 12-5

表 12-7　钢筋混凝土梁配筋表

编号	规格	简图	单根长度/mm	根数	总长/m	重量/kg
1	φ 12		3700	2	7.40	7.53
2	φ 14		4110	1	4.11	4.96
3	A6		3550	2	7.10	1.58
4	A6		700	24	16.80	3.75

图 12-5(a)为现浇混凝土梁的配筋立面图，全部钢筋的编号已在图中标出。①号钢筋贯穿整个梁下部，端部有向上弯的半圆形弯钩；②号钢筋是弯起钢筋，中间段位于梁的下部，接近两端时斜向上 45°弯起至上部，到梁端又垂直向下弯至梁底；③号钢筋是架立筋，贯穿整个梁的上部，是不带弯钩的直筋；④号钢筋是箍筋，沿梁的全长排列。

图 12-5 中 1-1、2-2 是该梁的两个配筋断面图，一般在梁的钢筋数量或位置发生变化处取断面，为了表达清晰，所用比例比较大。断面图要显示箍筋形状和钢筋横断面，不再画钢筋混凝土材料图例，轮廓用细实线画。钢筋的种类、直径、根数、间距等，一般在断面图的引出线上注明。1-1、2-2 断面图表明梁的断面形状为矩形，1-1 断面图中，①号钢筋是 2 根直径为 12mm 的Ⅰ级钢筋，分布在梁下部的两个角上；②号钢筋是 1 根直径为 14mm 的Ⅱ级钢筋，在梁的下部；③号钢筋是 2 根直径为 6mm 的Ⅰ级钢筋，分布在梁上部的两个角上；④号钢筋是箍筋，矩形带有 135°弯钩，直径为 6mm 的Ⅰ级钢筋，间距为 150mm。2-2 断面图中，②号钢筋弯起至上部，其他没有变化。

图 12-5 中还画出了各个编号钢筋详图(即抽筋图)。抽筋图用与立面图相同的比例，一般画在与立面图对应的位置，从构件的最上部或最左部的钢筋开始依次排列，并与立面图中的同号钢筋对齐。同号钢筋只画一根，在钢筋线上标出钢筋的编号、根数、种类、直径及下料长度。图 12-6 为箍筋及弯起钢筋尺寸的标注方法。同时还绘制了钢筋表，便于统计和查阅，如表 12-7 所示。

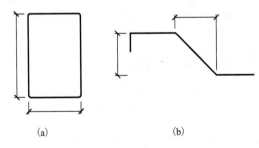

(a)　　　　　　　　　　(b)

图 12-6　箍筋尺寸标注法

12.3.4　钢筋混凝土结构的简化画法

(1)当构件对称时，采用详图绘制构件中的钢筋网片可以按照图 12-7 的方法用 1/2 或者 1/4 表示。

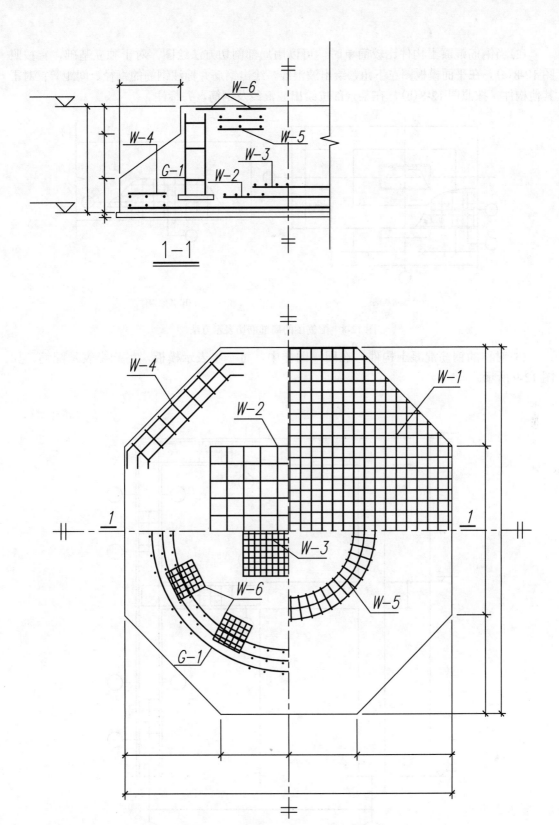

图 12-7 对称构件中钢筋简化表示方法

（2）当钢筋混凝土构件比较简单时，可以用局部剖切方法绘图。对于独立基础，宜按照图 12-8(a)，在平面模板图左下角，绘出波浪线，绘出钢筋并标注钢筋的直径、间距等；对于其他构件，按照图 12-8(b)，在某一部位绘出波浪线及钢筋，并标注。

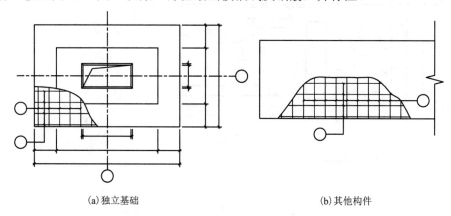

(a)独立基础   (b)其他构件

图 12-8 配筋图的局部剖切表示方法

（3）对称的钢筋混凝土构件，在同一图样中，可一半表示模板，另一半表示配筋，如图 12-9 所示。

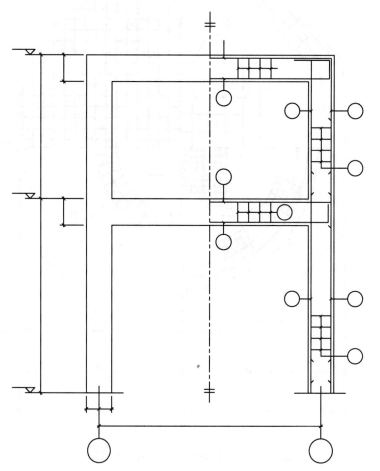

图 12-9 构件配筋图简化表示方法

12.4　房屋结构施工图

12.4.1　房屋结构施工图概述

房屋建筑的结构设计和计算，就是根据房屋建筑的需要，进行结构选型和构件布置，再分析计算，确定出建筑物各承重构件的形状、大小、材料、内部构造以及施工要求等，并将成果绘制成结构施工图。结构施工图是施工放线、挖填土方、支撑模板、配置钢筋、浇筑混凝土、安装构件、编制预算以及施工组织计划的重要依据。

结构施工图的主要内容包括结构设计说明、基础图、结构平面布置图、构件详图。

12.4.2　基础图

基础是将结构所承受的各种作用力传递到地基上的结构构件，基础之下承受基础传递荷载的土体或者岩体称为地基。常见基础的种类有独立基础、条形基础、桩基础、箱型基础及筏形基础等，图 12-10(a) 和 (b) 分别为独立基础和条形基础。如图 12-11 所示，组成基础的部分主要有基础墙、大放脚和垫层。基础墙是指埋入地下的墙，基础墙底下一般做成阶梯状的大放脚，在基坑和基础之间还有垫层。

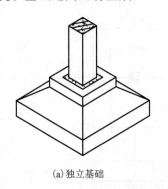

(a)独立基础　　　　　　　　(b)条形基础

图 12-10　基础的种类

基础图是表示建筑物室内地面以下基础部分的平面布置和构造详图的图样，是施工放线、开挖基坑和砌筑基础的重要依据。基础图一般包括基础平面图和基础断面详图。

1. 基础平面图

基础平面图是假想用一个水平剖切平面沿建筑物的底层地面剖开，把剖切面之上的部分移去，作出回填土前的基础的水平投影图。图 12-12 为基础平面布置图。

基础图的比例、定位轴线及编号应该与建筑施工图保持一致；应标注轴线间尺寸和总尺寸；还应标注出柱和基底宽度尺寸以及定位尺寸；另外，还要有必要的文字说明。

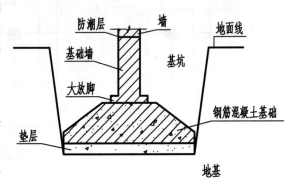

图 12-11　基础的构造

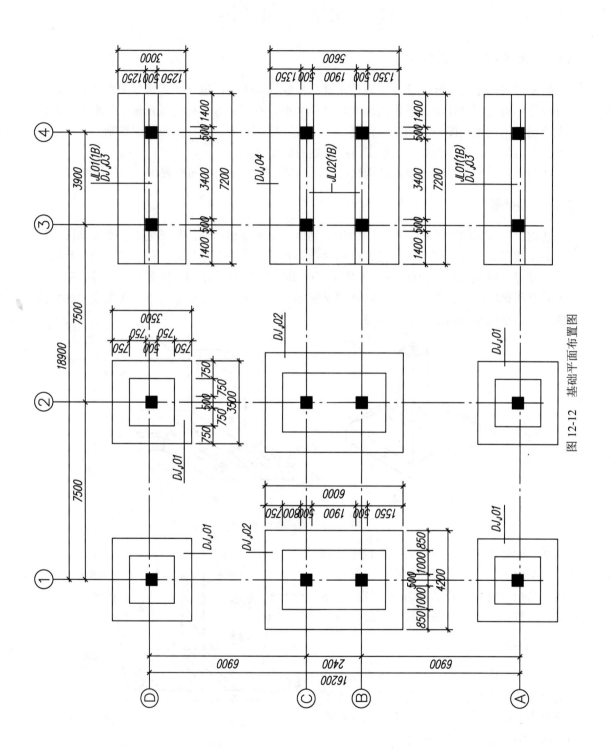

图 12-12　基础平面布置图

建筑物各部位的荷载及地基承载能力不同，因此各基础的大小和构造也不尽相同，要对每一种基础编号，如图 12-12 中 DJ_j01、DJ_j02、DJ_j03 等。

2. 基础断面详图

基础断面详图主要表达基础的断面形状、尺寸、材料和做法，应该尽可能与基础平面图绘制在同一张图纸上，以便于施工对照。基础断面详图如图 12-13 所示。

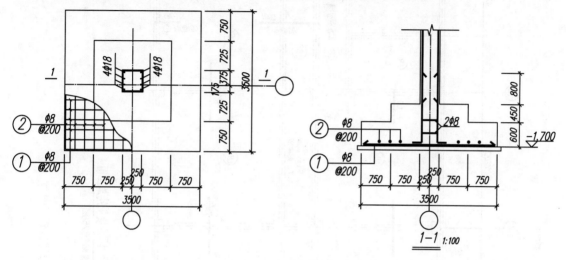

图 12-13 基础断面详图

12.4.3 楼层(屋面)结构平面布置图

楼层(屋面)结构平面布置图是假想用一水平剖切平面沿楼板(屋面板)将房屋剖开后所作的水平投影图。主要表示楼面(屋面)梁、板、柱、墙、门窗过梁及圈梁的布置以及现浇板的构造与配筋情况，是重要的施工依据。房屋每层都应该画结构平面布置图，但是若某些楼层的结构平面布置完全相同，则可只画一个标准层的结构平面布置图。

楼层结构平面布置图常采用比例 1：50 或 1：100。画图时画出铺设的板与板下的墙、柱、梁等，如果能用单线表示清楚，也可用单线表示。图中墙、梁、柱等可见的轮廓线用中粗实线绘制，不可见的用中粗虚线绘制，板的轮廓线用细实线绘制，剖切到的钢筋混凝土柱涂黑。电梯间另有详图，在平面布置图中可用中空线或交叉线表示，门窗洞口省略不表示，如图 12-14 所示。

结构平面图中定位轴线及其编号与建筑施工图保持一致。图上标注的尺寸较为简单，仅标注轴线间尺寸、总尺寸以及一些次要构件的定位尺寸和结构标高。

屋面结构布置图内容和图示要求基本同楼层结构平面图，但是因为屋面有排水要求，设有天沟或将屋面板设置一定坡度，有些屋面还有水箱及人孔等结构，因此要单独绘制。

在砌体结构中，为了加强房屋的整体刚度，防止由于地基的不均匀沉降对房屋的不利影响，应设置圈梁。圈梁的平面布置图可以在楼层结构平面图中表示，也可单独画出。圈梁图样较为简单，常以示意的单线绘制，单线为粗实线，采用 1：200 或 1：500 的比例，图 12-15 表示了圈梁的布置情况及尺寸等。

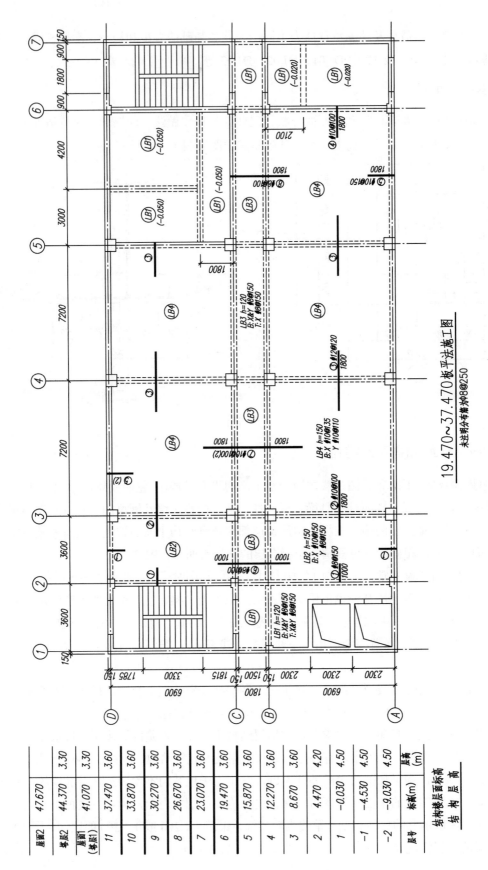

19.470~37.470板平法施工图
未注明分布筋为Φ8@250

图 12-14 楼层平面结构施工图

		屋面2	47.670	3.30
		塔层2	44.370	3.30
		屋面1 (塔层1)	41.070	3.60
		11	37.470	3.60
		10	33.870	3.60
		9	30.270	3.60
		8	26.670	3.60
		7	23.070	3.60
		6	19.470	3.60
		5	15.870	3.60
		4	12.270	3.60
		3	8.670	3.60
		2	4.470	4.20
		1	−0.030	4.50
		−1	−4.530	4.50
		−2	−9.030	4.50
结构楼层面标高 结 构 层 高		层号	标高(m)	层高(m)

178

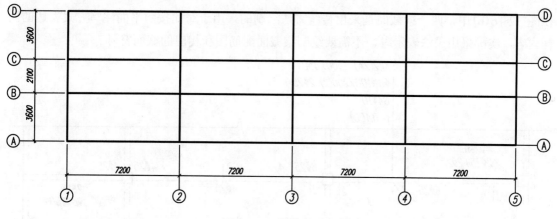

图 12-15　圈梁平面布置图

12.4.4　平法施工图(梁、柱)

建筑结构平面整体设计表示方法(简称平法),是对我国现浇钢筋混凝土结构施工图表示方法的重大改革。平法的表达形式,概括来讲,是把结构构件的尺寸和配筋等,按照平面整体表示方法制图规则,整体直接表达在各类构件的结构平面布置图上,再与标准构造详图相配合,即构成一套新型完整的结构设计图。平法施工图已在现浇钢筋混凝土结构设计和制图中广泛使用。它改变了传统的将构件从结构平面布置图中索引出来,再逐个绘制配筋详图的表示方法。

2016 年批准执行的《混凝土结构施工图平面整体表示方法制图规则和构造详图》(16G101—1)图集在全国推广,包括常用的现浇混凝土柱、梁、板及墙等构件的平法制图规则和标准构造详图等内容。

在平面布置图上表示各构件尺寸和配筋的方式,分平面注写方式、列表注写方式和截面注写方式。平法施工图上,应将所有构件进行编号,编号中含有类型代号和序号等。其中,类型代号的主要作用是指明所选用的标准构造详图;在标准构造详图中,已经按其所属构件类型注明代号,以明确该详图与平法施工图中该类型构件的互补关系,使两者结合构成完整的结构设计图。本节只介绍梁、柱的平面整体表示方法。

1. 梁平法施工图

梁平法有平面注写方式和截面注写方式两种表达方式。梁平面布置图,应分别按梁的不同结构层(标准层)将全部梁和与其相关联的柱、墙、板一起采用适当比例绘制。应该注明包括地下和地上各层的结构层楼(地)面标高、结构层高及相应的结构层号。对于轴线未居中的梁,应标注其偏心定位尺寸(贴柱边的梁可不注)。

1)平面注写方式

平面注写方式是在梁平面布置图上,分别在不同编号的梁中各选一根梁,在其上注写截面尺寸和配筋具体数值的方式来表达梁平法施工图。平面注写方式包括集中标注与原位标注,集中标注表达梁的通用数值,原位标注表达梁的特殊数值。当集中标注中的某项数值不适用于梁的某部位时,将该项数值原位标注,施工时,原位标注取值优先,如图 12-16 (a)所示。

在图 12-16(b)中，四个梁截面是采用传统方法绘制的，用于对比按照平面注写方式表达的同样内容，实际采用平法表示时，不需要绘制梁截面配筋图和相应的截面符号。

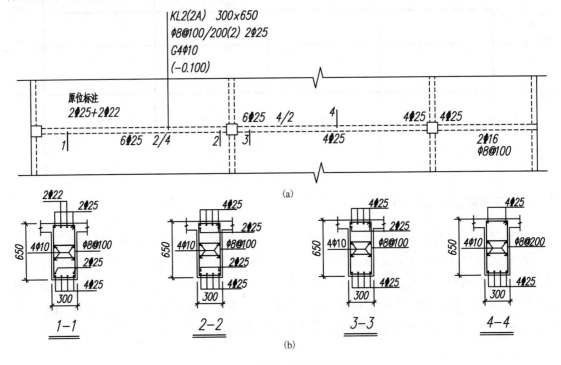

(a)

(b)

图 12-16 梁平面注写方式示例

梁集中标注的内容，有五项必注值及一项选注值(集中标注可从梁的任意一跨引出)。

(1)梁编号。梁编号由梁类型代号、序号、跨数及有无悬挑代号几项内容。

(2)梁截面尺寸。当为等截面梁时，用 $b×h$ 表示。当有加腋或悬挑时，按照图集规定表示。

(3)梁箍筋。包括钢筋级别、直径、加密区与非加密区间距及肢数。加密区与非加密区的不同间距及肢数需用"/"分隔；当梁箍筋为同一种间距及肢数时，不需要斜线；当加密区与非加密区的箍筋肢数相同时，将肢数注写一次；箍筋肢数应该写在括号内。

(4)梁上部通长筋或架立筋配置。当同排纵筋中既有通长筋又有架立筋时，应用"+"将通长筋和架立筋相连。注写时，需将角部纵筋写在加号前面，架立筋写在加号后面的括号内，以示不同直径及通长筋的区别。当全部采用架立筋时，将其写入括号内。

(5)梁侧面纵向构造钢筋或受扭钢筋配置。此项注写值以字母 G 或 N 打头，连续注写设置在梁两个侧面的总配筋值，且对称配置。

(6)梁顶面标高差。除上述 5 项必注值外，此项是选注值。有高差时，需将其写入括号内，无高差时不注。梁的顶面高于所在结构层的楼面标高，高差为正值，反之为负。

如图 12-16(a)中的集中标注内容表示为：该梁为 2 号框架梁，两跨，一端有悬挑，梁断面尺寸为 300mm×650mm；加密区箍筋为 HPB300 钢筋，直径为 8mm，间距为 100mm，非密区间距为 200mm，均为两肢箍；梁上部有 2 根直径为 25mm 的通长筋；梁的两个侧面共配置 4 根直径为 10mm 的纵向构造钢筋，每侧各两根；梁顶面低于楼面标高 0.10m。

原位标注的内容如下。

(1)梁支座上部纵筋(含通长筋在内的所有纵筋)。当上部纵筋多于一排时，用斜线"/"将各排纵筋自上而下分开。当同排纵筋有两种直径时，用"+"将两种直径的纵筋相连，注写时将角部纵筋写在前面。当梁中间支座两边的上部纵筋不同时，需在支座两边分别标注，相同时，可仅在一边标注配筋值，另一边省去不标。

(2)梁下部纵筋。当下部纵筋多于一排时，用斜线"/"将各排纵筋自上而下分开。当同排纵筋有两种直径时，用"+"将两种直径的纵筋相连，注写时将角部纵筋写在前面。当梁下部纵筋不全部伸入支座时，将梁支座下部纵筋减少的数量写在括号内。

(3)当在梁上集中标注的内容不适用于某跨或某悬挑部分时，将其不同数值原位标注在该跨或该悬挑部位。

(4)附加箍筋或者吊筋。将其直接画在平面图的主梁上，用线引注总配筋值(附加箍筋的肢数注在括号内)。当多数附加箍筋或吊筋相同时，可在梁平法施工图上统一注明，少数与统一注明值不同时，再原位标注。

2)截面注写方式

截面注写方式是在标准层绘制的梁平面布置图上，分别在不同编号的梁中各选择一根梁用剖面号引出配筋图，并在其上注写截面尺寸和配筋具体数值的方式来表达梁平法施工图。在截面配筋详图上注写截面尺寸 $b×h$、上部筋、下部筋、侧面构造筋或受扭筋以及箍筋的具体数值时，其表达形式与平面注写方式相同。截面注写方式可以单独使用，也可以与平面注写方式结合使用，如图 12-17 所示。

2. 柱平法施工图

柱平法施工图是在柱平面布置图上采用列表注写方式或截面注写方式表达。

1)列表注写方式

在柱平面布置图上，分别在同一编号的柱中选择一个(有时候需要选择几个)截面标注几何参数代号；在柱表中注写柱编号、柱段起止标高、几何尺寸与配筋的具体数值，并配以各种柱截面形状及其箍筋类型图的方式，来表达柱平法施工图，如图 12-18 所示。

列表注写方式的内容如下。

(1)柱编号由类型代号和序号组成，应符合表 12-8 的规定。

(2)注写各段柱的起止标高，自柱根部往上以变截面位置或截面不变但配筋改变处为界分段注写。

(3)对于矩形柱，注写柱截面尺寸 $b×h$ 及与轴线关系的几何参数代号 b_1、b_2 和 h_1、h_2 的具体数值，需对应于各段柱分别注写。其中 $b= b_1+b_2$，$h= h_1+h_2$。当截面的某一边收缩变化至与轴线重合或偏到轴线的另一侧时，b_1、b_2、h_1、h_2 中的某项为零或负值。

(4)注写柱纵筋，当柱纵筋直径相同，各边根数也相同时，将纵筋写在"全部纵筋"一栏中；除此之外，柱纵筋分角筋、截面 b 边中部筋和 h 边中部筋三项分别注写。采用对称配筋的矩形截面柱，可仅注写一侧中部筋，对称边省略不注。

(5)注写箍筋的型号及箍筋肢数。

(6)注写箍筋的钢筋级别、直径及间距。当为抗震设计时，用斜线"/"区分柱端箍筋加密区与柱身非加密区长度范围内箍筋的不同间距。

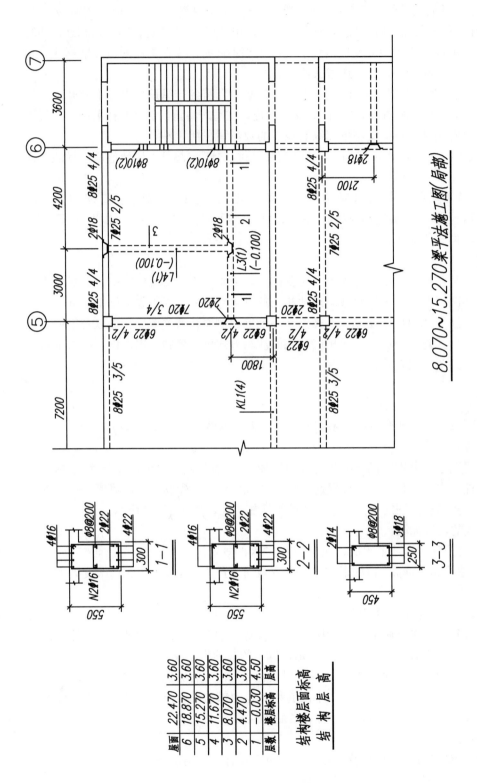

图 12-17 梁平法施工图截面注写方式示例

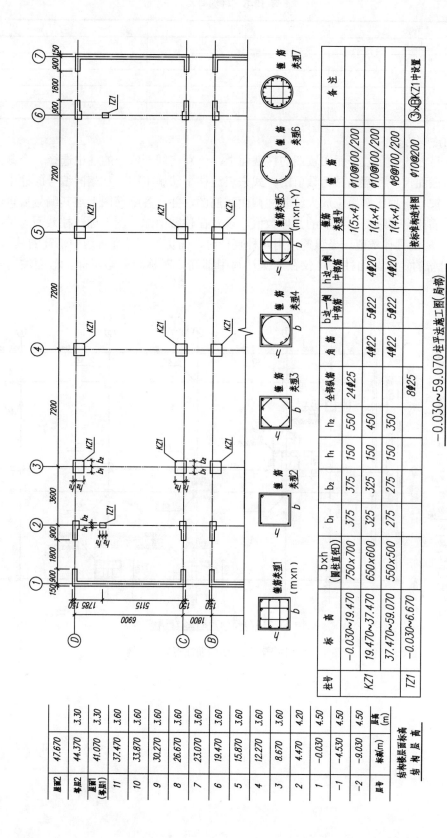

图 12-18　柱平法施工图列表注写方式示例

-0.030~59.070柱平法施工图(局部)

柱号	标高	b×h (圆柱直径D)	b₁	b₂	h₁	h₂	全部纵筋	角筋	b边一侧 中部筋	h边一侧 中部筋	箍筋 类型号	箍筋	备注
	-0.030~19.470	750×700	375	375	150	550	24Φ25				1(5×4)	Φ10@100/200	
KZ1	19.470~37.470	650×600	325	325	150	450		4Φ22	5Φ22	4Φ20	1(4×4)	Φ10@100/200	
	37.470~59.070	550×500	275	275	150	350		4Φ22	5Φ22	4Φ20	1(4×4)	Φ8@100/200	
TZ1	-0.030~6.670						8Φ25				按标准构造详图	Φ10@200	③×圆KZ1中设置

结构楼层面标高																								
屋面2	47.670	3.30
塔层2	44.370	3.30
屋面1 (塔层1)	41.070	3.30
11	37.470	3.60
10	33.870	3.60
9	30.270	3.60
8	26.670	3.60
7	23.070	3.60
6	19.470	3.60
5	15.870	3.60
4	12.270	3.60
3	8.670	3.60
2	4.470	4.20
1	-0.030	4.50
-1	-4.530	4.50
-2	-9.030	4.50
层号	标高(m)	层高 (m)
结 构 层 楼 面 标 高 结 构 层 高

表 12-8　柱编号

柱类型	代号	序号
框架柱	KZ	××
框支柱	KZZ	××
芯柱	XZ	××
梁上柱	LZ	××
剪力墙上柱	QZ	××

2) 截面注写方式

截面注写方式是在柱平面布置图的柱截面上，分别在同一编号的柱中选择一个截面，可以直接注写截面尺寸和配筋具体数值的方式来表达柱平法施工图。从相同编号的柱中，选择一个截面，按另一种比例原位放大绘制柱截面配筋图，并在各配筋图上继其编号后再注写截面尺寸、角筋或全部纵筋、箍筋的具体数值，以及在柱截面配筋图上标注柱截面与轴线关系 b_1、b_2、h_1、h_2 的具体数值。当纵筋采用两种直径时，需再注写截面各边中部筋的具体数值，采用对称配筋的矩形截面柱，可仅在一侧注写中部筋，对称边省略不标。截面注写示例如图 12-19 所示。

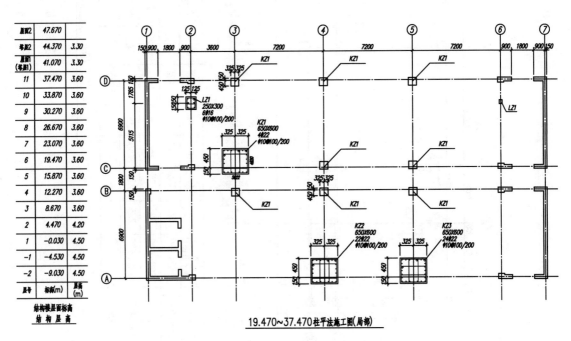

图 12-19　柱平法施工图截面注写方式示例

184

第 13 章　建筑设备施工图

设备施工图包括室内给水排水施工图、采暖施工图、电气施工图。简称水、暖、电施工图。

13.1　给水排水施工图

室内给水排水施工图由三部分组成：管道平面图、管道系统图和安装详图。

13.1.1　室内给水系统

民用建筑室内给水系统按供水对象可分为生活用水系统和消防用水系统。对一般的民用建筑，如宿舍、住宅、办公楼等，两者可以合并，其组成见图 13-1。

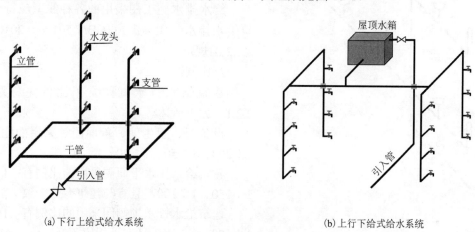

(a) 下行上给式给水系统　　　　　　　　(b) 上行下给式给水系统

图 13-1　室内给水系统的形式组成

引入管是室外给水系统引入室内给水系统的一段水平管道，又称为进户管。

管道系统包括干管及支管，其中干管又包括横管和立管。

13.1.2　室内排水系统

民用建筑室内排水系统通常用来排除生活污水，雨水管一般单独设置。室内排水系统的组成部分如下(图 13-2)。

(1)排水立管。排水立管是指连接各楼层排水横管和排出管的竖向管道。立管在底层和顶层应设置检查口，多层房屋则应每隔一层设置一个检查口。检查口距首层楼面高度为 1.3m，图中管径为"DN100"。

(2)排水横管。排水横管是指连接各卫生器具的水平管道，沿水流方向应有一定的坡度(2%左右)，指向排水立管。当卫生器具较多时，应设置清扫口，图中管径为"DN50"。

(3)排出管。排出管是指连接排水立管将污水排至室外检查井的水平管道。排出管向检查井方向应有一定的坡度(1%~2%)，图中管径为"DN100"。

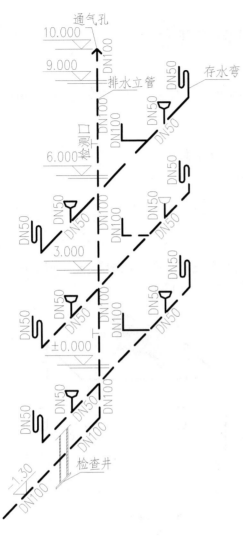

图 13-2　室内排水系统的组成

（4）通气管。在顶层检查口以上的一段立管称为通气管，用来排出臭气、平衡气压，以利存水弯存水。通气管应高出平屋面 0.3m 左右。

（5）检查井或化粪池。生活污水由排出管引向室外的排水系统之间应设置检查井或化粪池，以便将污水进行初步处理。

13.1.3　给水排水施工图的一般规定及图示特点

1. 一般规定

绘制给水排水工程图必须遵循《房屋建筑制图统一标准》（GB/T 50001—2010）及《建筑给水排水制图标准》（GB/T 50106—2010）等相关制图标准。

1）图线

给水排水施工图采用的各种线型应符合《建筑给水排水制图标准》（GB/T 50106—2010）中表 2.1.2 的规定。

2）比例

建筑给水排水制图常用比例见标准中表 2.2.1，如下所述。

设备间、卫生间、剖面图等采用的比例有：1∶200、1∶50、1∶40、1∶30。

建筑给水排水平面图采用的比例有：1∶200、1∶150、1∶100，且宜与建筑专业一致。

建筑给水排水轴侧图采用的比例有：1∶150、1∶100、1∶50，且宜与相应图纸一致。

3）标高与管径

室内工程应标注相对标高。压力管道应标注管中心标高；重力流管道宜标注管底标高。标高单位为 m。

管径的表达方式，依据管材不同，可标注公称直径 DN、外径 $D×$壁厚、内径 d 等。

4）给水排水施工图中的常用图例

标准第三章对图例进行了规定，制图时应遵循。

2. 图示特点

（1）给水排水施工图中所表示的设备装置和管道一般均采用统一图例，在绘制和识读给水排水施工图前，应查询和掌握与图纸有关的图例及其所代表的内容。

（2）给水排水管道的布置往往是纵横交叉的，给水排水施工图中一般采用轴测投影法画出管道系统的直观图。

（3）给水排水施工图中管道设备安装应与土建施工图相互配合，尤其是留洞、预埋件、管沟等对土建的要求，必须在图纸说明上表示和注明。

3. 给水排水管线的表示方法

1)管道图示

管线即指管道，是指液体或气体沿管子流动的通道。管道一般由管子、管件及其附属设备组成。

(1)单线管道图。在同一张图上的给水、排水管道，习惯上用中粗实线(0.76)表示给水管道，粗虚线(1.06)表示排水管道。

(2)双线管道图。双线管道图就是用两条粗实线表示管道，不画管道中心轴线，一般用于重力管道纵断面图，如室外排水管道纵断面图。

(3)三线管道图。三线管道图就是用两条粗实线画出管道轮廓线，用一条点画线画出管道中心轴线，同一张图纸中不同类别管道常用文字注明。此种管道图广泛用于给水排水施工图中的各种详图，如室内卫生设备安装详图等。

2)管道的标注

(1)管径标注。管道尺寸应以 mm 为单位，对不同的管道进行标注，其中最常用的是用管道公称直径 DN 来表示。依据管材不同，可标注外径 $D×$ 壁厚、内径 d 等。

(2)标高标注。根据标准规定，应标注管道的起讫点、转角点、连接点、变坡点、交叉点的标高。对于压力管道宜标注管中心标高；对于室内外重力管道宜标注管内底标高。当在室内有多种管道架空敷设且共同支架时，为了方便标高的标注，对于重力管道也可标注管中心标高，但图中应加以说明。室内管道应标注相对标高，室外管道宜标注绝对标高，必要时也可标注相对标高。

13.2 室内给水排水施工图

室内给水排水工程设计是在相应的建筑设计的基础上进行的设备工程设计，所以室内给水排水施工图则是在已有的建筑施工图上绘制的给水排水设备施工图。

13.2.1 室内给水排水平面图

把室内给水平面图和室内排水平面图合画在同一图上，统称为室内给水排水平面图。该平面图表示室内卫生器具、阀门、管道及附件等相对于该建筑物内部的平面布置情况，它是室内给水排水工程最基本的图样，如图 13-3 所示。

1)室内给水排水平面图的主要内容

(1)建筑平面图。

(2)卫生器具的平面位置，如大小便器(槽)等。

(3)各立管、干管及支管的平面布置以及立管的编号。

(4)阀门及管附件的平面布置，如截止阀、水龙头等。

(5)给水引入管、排水排出管的平面位置及其编号。

(6)必要的图例、标注等。

2)室内给水排水平面图的表示方法

(1)比例。建筑给水排水平面图采用的比例有：1∶200、1∶150、1∶100，且宜与建筑专业一致。

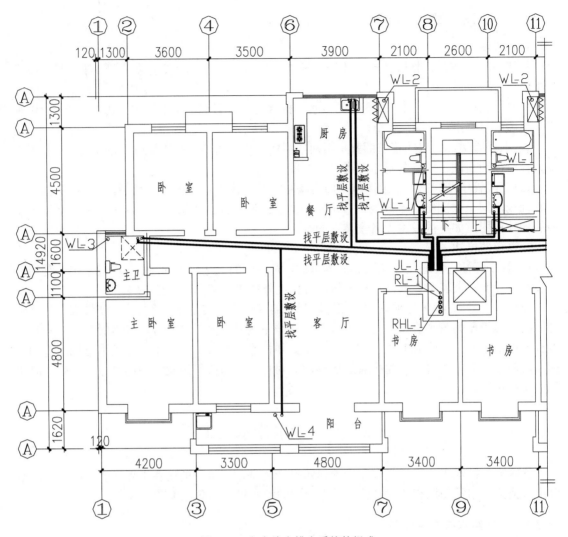

图 13-3 室内给水排水系统的组成

(2) 建筑平面图。在抄绘建筑平面图时，不必画建筑细部，也不必标注门窗代号、编号。一般仅抄绘房屋的轴线、墙身、门窗洞口和楼梯等主要轮廓，且原粗实线所画的墙身、柱等，此时应采用细实线画出。

(3) 卫生器具平面图。卫生器具均用细实线绘制，且只需绘制其主要轮廓。

(4) 给水排水管道平面图。平面图中的给水管道用单粗线绘制，排水管道用虚线绘制。

建筑物的给水排水进口、出口应注明管道类别代号，其代号通常用管道类别的第一个汉语拼音字母，如"J"为给水，"W"为排水。当建筑物的给水排水进出口数量多于一个时，宜用阿拉伯数字编号。

建筑物内穿过一层及多于一层楼层的立管用黑圆点表示，直径约为 $3d$，并在旁边标注立管代号，如"JL""WL"分别表示为给水、排水立管。当建筑物室内穿过一层及多于一层楼的立管数量多于一个时，宜用阿拉伯数字编号。

当给水管与排水管交叉时，应该连续画出给水管，断开排水管。

(5) 标注。给水排水平面图中需标注尺寸和标高。

3)室内给水排水平面图的作图步骤

绘制室内给水排水平面图时，一般应先绘制底层给水排水平面图，再绘制其余各楼层给水排水平面图。作图步骤如下。

（1）画建筑平面图。抄绘建筑平面图，应先画定位轴线，再画墙身和门窗洞，最后画其他构配件。

（2）画卫生器具平面图。

（3）画给水排水管道平面图。一般先画主管，然后画给水引入管和排水排出管，最后按照水流方向画出各主管、支管及管道附件。

（4）画必要的图例。

（5）布置应标注的尺寸、标高、编号和必要的文字。

13.2.2　室内给水排水系统图

冷水给水系统图如图 13-4 所示。给水排水系统图的表达方法如下。

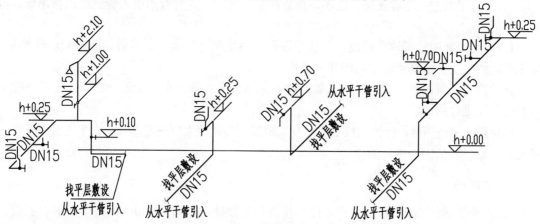

图 13-4　冷水系统展开图

1）布图方向与比例

给水排水系统图的布图方向与相应的给水排水平面图一致，其比例也相同，当局部管道按此比例不易表示清楚时，为表达清楚，此处局部管道可不按比例绘制。

2）给水排水管道

给水管道系统图与排水管道系统图一般按每根给水引入管或排水排出管分组绘制。引入管、排出管及立管的编号均应与其对应平面图中的引入管、排出管及立管一致，编号表示法同平面图。

给水排水管道在平面图上沿水平和竖直方向的长度直接从平面图上量取，管道的高度一般根据建筑物的层高、门窗高度、梁的位置以及卫生器具、配水龙头、阀门的安装高度来决定。

当空间交叉的管道在图中相交时，应判别其可见性，在交叉处，可见管道应连续画出，而把不可见管道断开。

3）标注

（1）管径标注。可将管径直接注写在相应的管道旁边，如"DN50"。

(2)标高标注。绘制给水管道时，应以管道中心为准，通常要标注横管、阀门和放水龙头等部位的标高。

绘制排水管道时，一般要标注立管或通气管的管顶、排出管的起点及检查口等的标高。必要时应标注横管的起点标高，横管的标高以管内底为准。

(3)管道坡度标高。系统图中凡具有管道坡度的横管均应标注其坡度，把坡度注在相应管道旁边，必要时也可注在引出线上，坡度符号则用单边箭头指向下坡方向。

(4)简化画法。当各楼层管道布置规格等完全相同时，给水或排水系统图上的中间楼层的管道可以省略，仅在折断的支管上注写同某层。

(5)图例。

13.2.3 室内给水排水平面图和系统图的识读

1. 读图顺序

(1)浏览平面图：先看底层平面图，再看楼层平面图；先看给水引入管、排水排出管，再顾及其他。

(2)对照平面图，阅读系统图：先找平面图、系统图对应编号，然后读图；顺水流方向、按系统分组，交叉反复阅读平面图和系统图。

阅读给水系统图时，通常从引入管开始，依次按引入管→水平干管→立管→支管→配水器具的顺序进行阅读。

阅读排水系统图时，则依次按卫生器具、地漏及其他污水口→连接管→水平支管→立管→排水管→检查井的顺序进行阅读。

2. 读图要点

(1)对平面图：明确给水引入管和排水排出管的数量、位置，明确用水和排水房间的名称、位置、数量、地(楼)面标高等情况。

(2)对系统图：明确各条给水引入管和排水排出管的位置、规格、标高，明确给水系统和排水系统的各组给水排水工程的空间位置及走向，从而想象出建筑物整个给水排水工程的空间状况。

图 13-3 为底层给排水平面图，图中 JL-1 表示给水立管，编号为 1；RL-1 表示热水立管，编号为 1；WL-1 表示排水立管，编号为 1。供水管道在电梯旁的管道井中由水平支管引入东西两户，分为四路，将水送到卫生间、厨房和阳台。给水立管与水表、阀门和水平支管的连接由管道井布置图明确，限于篇幅，这里不再列出。

图 13-4 为冷水给水系统图，该图以标准户型为例，给出了管道的空间走向、安装高度及连接等信息。

13.2.4 卫生设备安装详图

室内给水排水工程的安装施工除需要平面图、系统图外，还需要有若干安装详图。

安装详图一般均有标准图可供选用，不需再绘制。只需在施工说明中写明所采用的图号或用详图索引符号标注。

图 13-5 为洗脸盆安装详图，从图中可知，洗脸盆上台面的安装高度为 800mm，长度为 600mm。洗脸盆由埋入墙体内的横梁支撑，两个横梁在安装时，与埋入墙体角钢连接。洗脸

盆下方接一存水弯，在存水弯左侧接出的排水支管管径为 DN32。水龙头安装位置较为复杂，又给出了详图 A。

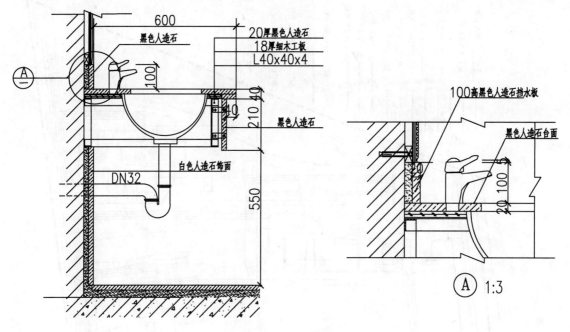

图 13-5　洗脸盆安装详图

13.3　室外给水排水施工图

室外给水排水工程是城市市政建设的重要组成部分，它主要反映一个小区的给水工程设备、排水工程设施及管网布置系统等。室外给排水施工图主要由给水排水平面图、给水排水管道断面图及其详图(节点图、大样图等)组成。

1. 绘制方法

(1)抄绘建筑总平面图。
(2)管道总平面图。
(3)坐标标注。
(4)尺寸标注。
(5)其他，管道用粗实线绘制，新建建筑物用中实线绘制，其余用细实线绘制。

2. 图纸识读

室外给水排水平面图表示建筑小区内给水排水管道的平面布置情况。
(1)给水管道。通常先读干管，然后读给水支管。
(2)排水管道。识读排水管道时先干管、后支管，按排水检查井的编号顺序依次进行。
(3)雨水管道。先干管后支管，按雨水检查井编号进行。
图 13-6 是某小区的室外给水排水平面图，表述了小区给水、污水和雨水等管道的布置。

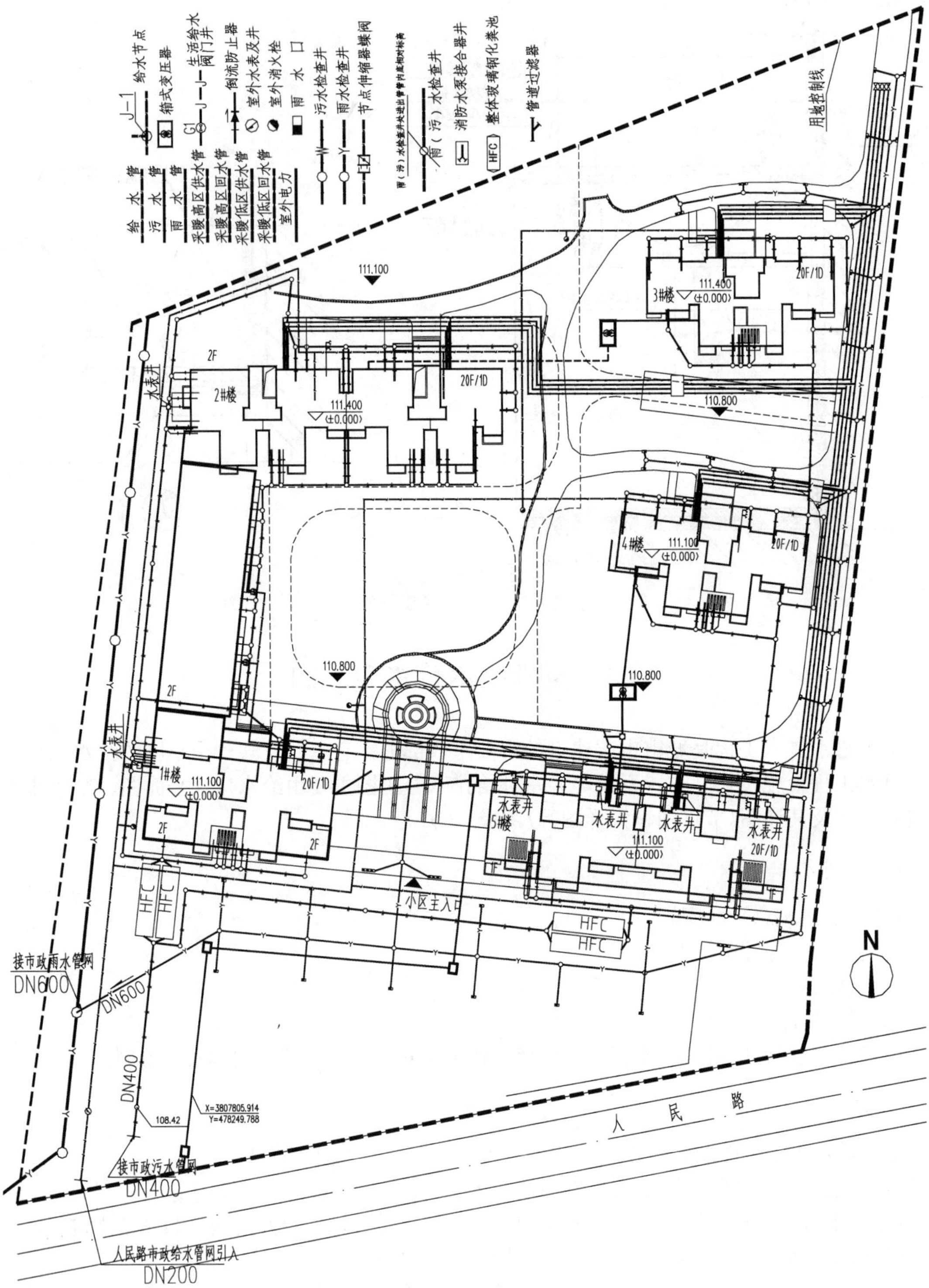

图 13-6 某小区给水排水平面图

192

(1)给水系统。给水管道从西南角人民路市政给水管网引入,管径为DN200。给水管一直向北再折向东沿小区一周分布,沿途分别在 1 号楼西侧、2 号楼西侧和 5 号楼北侧等位置设置了水表井,分设支管分别接入小区各栋建筑物内。

(2)排水系统。根据市政管网提供的条件采用分流制,分为污水和雨水两个系统分别排放。其中,污水系统分两路,每路 2 个化粪池。西路连接 1 号楼和 2 号楼的污水排出管,由北向南接入化粪池。东路连接 3 号楼、4 号楼和 5 号楼的污水排出管,由北向南接入化粪池。汇集到化粪池的污水经化粪池预处理后,排入西南角人民路市政污水管网。各建筑物屋面雨水经房屋雨水管留至室外地面,汇合庭院雨水经路边雨水口进入雨水道,然后向东排入小区东侧的雨水管道,最终向西排入人民路城市雨水管网。

13.4　室内采暖施工图

在寒冷地区通过对建筑物及防寒取暖装置的设计,在冬季将热量从热源输送到室内,使建筑物内获得适当的温度称为采暖。

采暖施工图一般由设计说明、采暖平面图、系统图、详图、设备及主要材料表等组成。

13.4.1　采暖平面图

图 13-7 为底层采暖平面图,表示建筑各层采暖管道与设备的平面布置。内容包括以下几点。

(1)建筑物的平面布置,其中应注明轴线及编号、房间主要尺寸、指北针,必要时应注明房间名称。在图上还应注明外墙总长尺寸、地面及楼板标高等与采暖系统施工安装有关的尺寸。

(2)热力入口位置,供、回水总管名称和管径。

(3)干、立、支管位置和走向,管径以及立管(平面图上为小圆圈)编号。

(4)散热器(一般用小长方形表示)的类型、位置和数量。各种类型的散热器规格和数量标注方法如下。

①柱型、长翼型散热器只注数量(片数)。

②圆翼型散热器应注根数、排数,如 3×2(每排根数×排数)。

③光管散热器应注管径、长度、排数,如 $D108×200×4$[管径(mm)×管长(mm)×排数]。

④ 闭式散热器应注长度、排数,如 1.0×2 [长度(m)×排数]。

⑤ 膨胀水箱、集气罐、阀门位置与型号。

⑥ 补偿器型号、位置,以及固定支架位置。

(5)对于多层建筑,各层散热器布置基本相同时,也可采用标准层画法。在标准层平面图上,散热器要注明层数和各层的数量。

(6)平面图中散热器与供水(供汽)、回水(凝结水)管道的连接按图中所示方式绘制。

(7)当平面图、剖面图中的局部要另绘详图时,应在平面图或剖面图中标注索引符号。

(8)主要设备或管件(如支架、补偿器、膨胀水箱、集气罐等)在平面上的位置。

(9)用细虚线画出采暖地沟、过门地沟的位置。

图中粗实线表示采暖供水管,粗虚线表示回水管,与其连接的空心圆圈表示立管,室外引入管与回水管均在⑨轴外墙左侧进入室内,引入管穿墙进入室内,接总立管并升至顶层与供热管连接。图中注明了供水和回水干管管径"DN50"等。

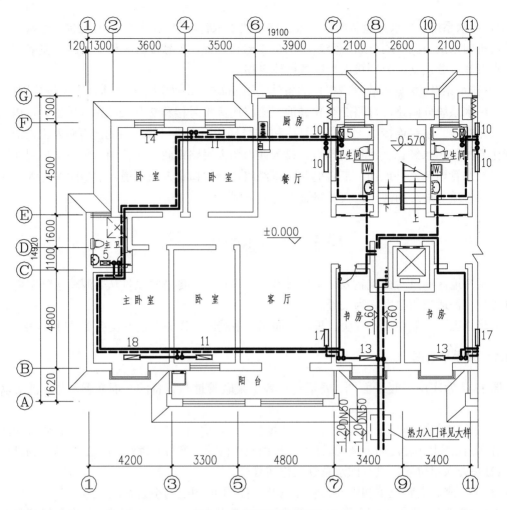

图 13-7　底层采暖平面图

13.4.2　采暖系统图

系统图又称流程图，也称为系统轴测图，与平面图配合，表明了整个采暖系统的全貌。采暖工程系统图应以轴测投影法绘制，并宜用正等轴测或正面斜轴测投影法。当采用正面斜轴测投影法时，Y_1 轴与水平线的夹角可选用 45°或 30°。系统图的布置方向一般应与平面图一致。

系统图包括水平方向和垂直方向的布置情况。散热器、管道及其附件(阀门、疏水器)均在图上表示出来。此外，还标注各立管编号、各段管径和坡度、散热器片数、干管的标高。

图 13-8 所示为图 13-7 的底层采暖系统图，其表达了应包括如下内容。

(1)采暖管道的走向、空间位置、坡度，管径及变径的位置，管道与管道之间连接方式。

(2)散热器与管道的连接方式，如是竖单管还是水平串联的，是双管上分或是下分等。

(3)管路系统中阀门的位置、规格。

(4)集气罐的规格、安装形式(立式或卧式)。

(5)蒸汽供暖疏水器和减压阀的位置、规格、类型。

(6)节点详图的索引号。

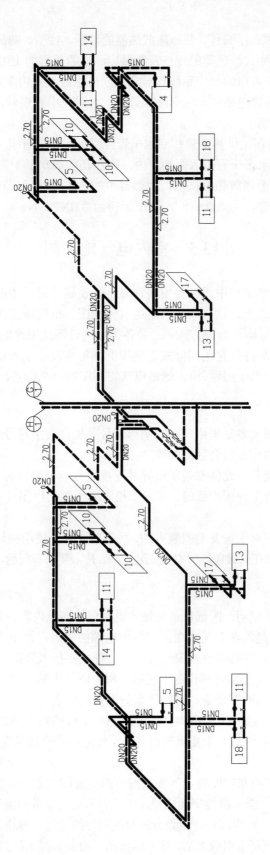

图 13-8 一层采暖系统图

（7）按规定对系统图进行编号，并标注散热器的数量。柱型、圆翼型散热器的数量应注在散热器内；光管式、串片式散热器的规格及数量应注在散热器的上方。

（8）采暖系统编号、入口编号由系统代号和顺序号组成。室内采暖系统代号为"N"。

（9）竖向布置的垂直管道系统，应标注立管号。为避免引起误解，可只标注序号，但应与建筑轴线编号有明显区别。

图13-8为采暖系统图，供热干管和回水干管经两根水平干管引入水表间，水表间内设置阀门，然后各分为两根水平干管引入两侧户内，每户在两根水平干管上依次接出12根立管，各立管经支管向一侧或两侧散热器供水，散热器中的热水放热后，再经回水支管将热水送入回水管。图中表明支管管径为"DN15"，水平管径为"DN20"。

13.5　室内电气施工图

在现代建筑装饰装修工程中，都要安装许多电气设施。每一项电气工程或设施，都需要经过专门设计表达在图纸上，这些图纸就是电气施工图。电气施工图所表达的内容有两个：一是供电、配电线路的规格与敷设方式；二是各类电气设备及配件的选型、规格及安装方式。导线、各种电气设备及配件等是用国际规定的图例、符号及文字表示的，标绘在按比例绘制的建筑物各种投影图中（系统图除外），这是电气施工图的一个特点。

1. 电气施工图的特点

（1）建筑电气工程图大多是采用统一的图形符号并加注文字符号绘制而成的。

（2）电气线路都必须构成闭合回路。

（3）线路中的各种设备、元件都是通过导线连接成为一个整体的。

（4）在进行建筑电气工程图识读时，应阅读相应的土建工程图及其他安装工程图，以了解相互间的配合关系。

（5）建筑电气工程图对于设备的安装方法、质量要求以及使用维修方面的技术要求等往往不能完全反映出来，所以在阅读图纸时有关安装方法、技术要求等问题，要参照相关图集和规范。

2. 电气施工图的组成

（1）图纸目录与设计说明。图纸目录与设计说明包括图纸内容、数量、工程概况、设计依据以及图中未能表达清楚的各有关事项。如供电电源的来源、供电方式、电压等级、线路敷设方式、防雷接地、设备安装高度及安装方式、工程主要技术数据、施工注意事项等。

（2）主要材料设备表。主要材料设备表包括工程中所使用的各种设备和材料的名称、型号、规格、数量等，它是编制购置设备、材料计划的重要依据之一。

（3）系统图。如变配电工程的供配电系统图、照明工程的照明系统图、电缆电视系统图等。系统图反映了系统的基本组成、主要电气设备、元件之间的连接情况以及它们的规格、型号、参数等。

（4）平面布置图。平面布置图是电气施工图中的重要图纸之一，如变、配电所电气设备安装平面图，照明平面图，防雷接地平面图等，用来表示电气设备的编号、名称、型号及安装位置，以及线路的起始点、敷设部位、敷设方式及所用导线型号、规格、根数、管径大小等。通过阅读系统图，了解系统基本组成之后，就可以依据平面图编制工程预算和施工方案组织施工。

(5)控制原理图。控制原理图包括系统中各所用电气设备的电气控制原理,用以指导电气设备的安装和控制系统的调试运行工作。

(6)安装接线图。安装接线图包括电气设备的布置与接线,应与控制原理图对照阅读,进行系统的配线和调校。

(7)安装大样图(详图)。安装大样图是详细表示电气设备安装方法的图纸,对安装部件的各部位注有具体图形和详细尺寸,是进行安装施工和编制工程材料计划的重要参考。

13.5.1 电气施工系统图

系统图不是投影图,它用图例的符号表示整个工程或其中某一项目的供电方式和电能输送关系,并可表示某一装置各主要组成部分的关系。图 13-9 给出了照明、动力系统图;图 13-10 给出了户内配电箱的接电图。

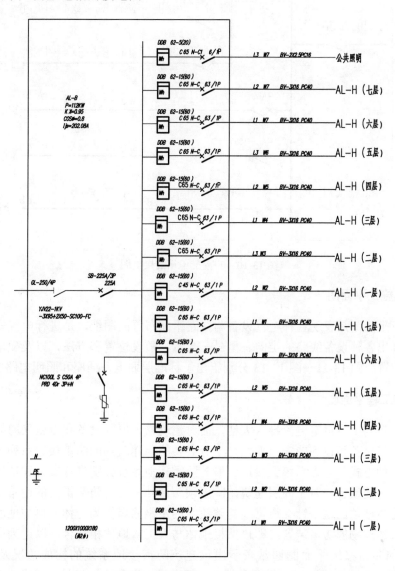

图 13-9　照明、动力系统图

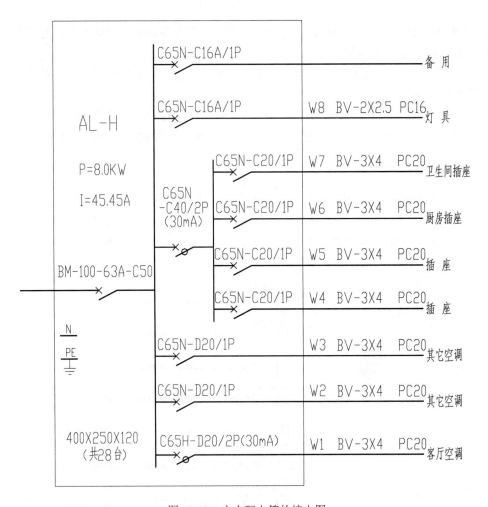

图 13-10　户内配电箱的接电图

13.5.2　电气施工平面图

　　电气施工平面图是表现各种电气设备与线路平面布置的图纸，是进行电气安装的重要依据。在图中画出各种设备线路的走向、型号、数量、敷设位置和方法，以及配电箱、开关等设备位置的布置。图 13-11～图 13-13 分别给出了标准层弱电、插座和照明电路的布设情况。

13.5.3　防雷工程平面图

　　防雷接地是为了将雷电电流导入大地，而对建筑物、电气设备和设施采取的保护措施。对建筑物、电气设备和设施的安全使用是十分必要的。建筑物的防雷接地系列一般分为避雷针和避雷线两种方式。电力系统的接地一般与防雷接地系统分别进行安装和使用，以免造成雷电对电气设备的损害。对于高层建筑，除屋顶防雷外，还有防侧雷击的避雷带以及接地装置等，通常是将楼顶的避雷针、避雷线与建筑物的主钢筋焊接为一体，再与地面上的接地体相连接，构成建筑物的防雷装置，即自然接地体与人工接地体相结合，以达到最好的防雷效果。建筑物的防雷接地平面图通常表示出该建筑防雷接地系统的构成情况及安装要求。图 13-14 中利用热镀锌圆钢 ϕ10 作避雷带，水平敷设，在各连接点与主筋引下线通长焊接，每个柱筋在深处箍筋与每根主筋通长焊接。

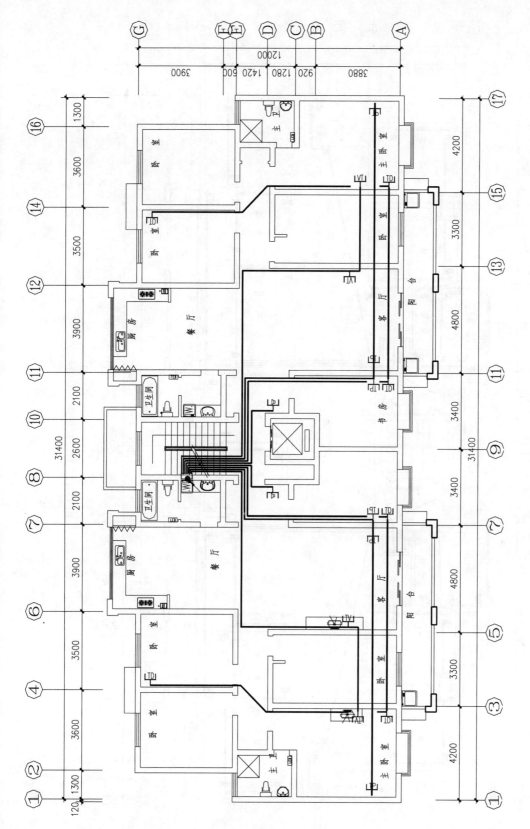

图 13-11　标准层弱电平面图

199

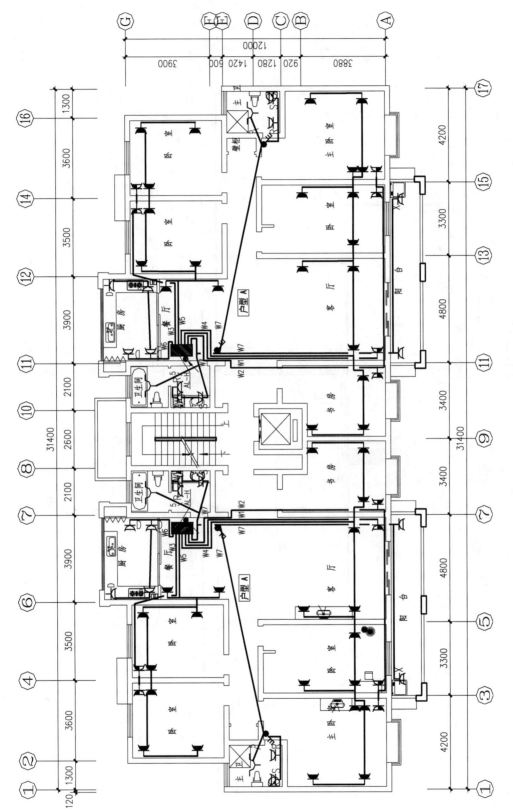

图 13-12 标准层插座平面图

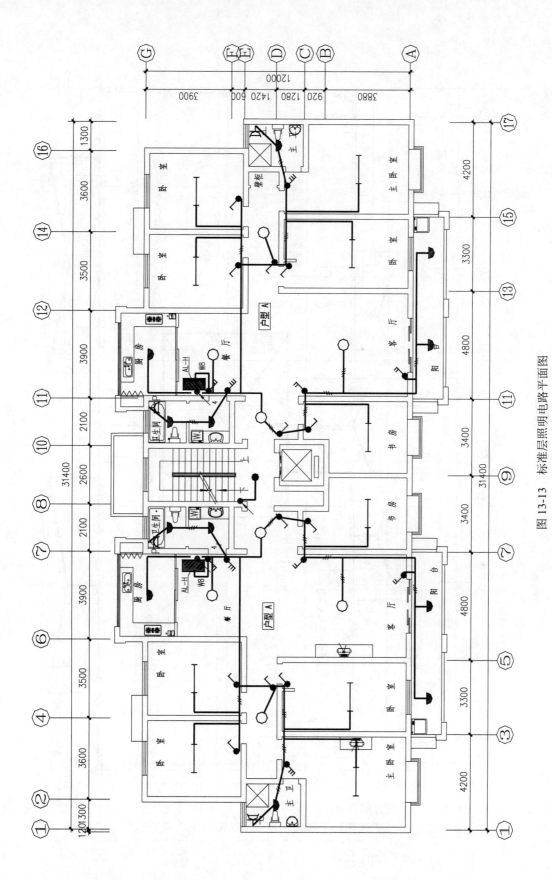

图 13-13　标准层照明电路平面图

201

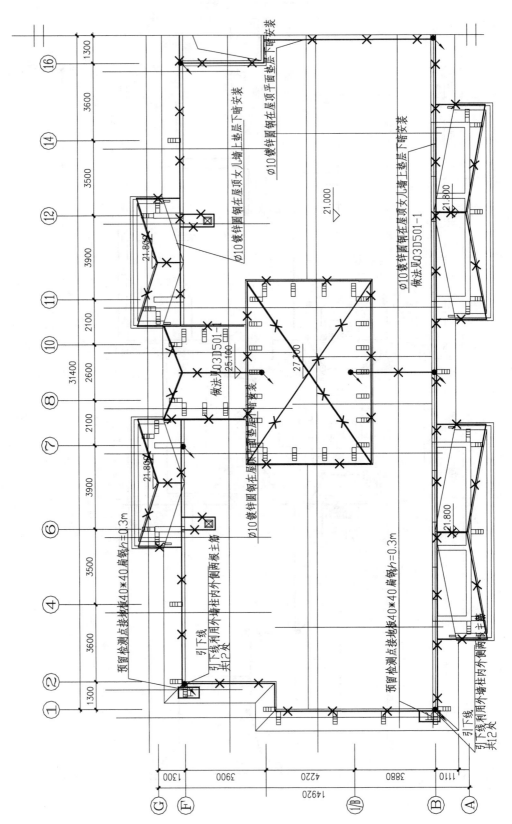

图 13-14 防雷接地平面图

第 14 章　桥梁工程图

桥梁是道路线路在跨越天然或人工障碍物时修筑的基础设施，同时为了组织交通，也需要修筑立交桥与公路、铁路形成的立体交叉。

14.1　桥梁的基本组成

桥的结构形式繁多，但一般来说，桥梁主要由桥跨结构、桥墩和桥台、附属构造物(护坡、导流结构物)等组成，见图 14-1。其中桥台、桥墩是桥梁两端和中间的支柱，梁的自重及梁上所承受的荷载通过桥墩和桥台传给地基。

桥跨结构是主要的水平受力结构，一般称为桥的上部结构。

桥墩和桥台是支撑桥跨结构并将荷载传至地基的主要结构，一般称为下部结构。

支座是在桥跨结构与桥墩和桥台的支撑处所设置的传力装置。

净跨径 l_0 是相邻桥墩(台)之间的净距。

桥梁全长(l)是桥梁两端两个桥台的侧墙后端点之间的长度。对于无桥台的桥梁，桥梁全长为桥面系行车道的全长。

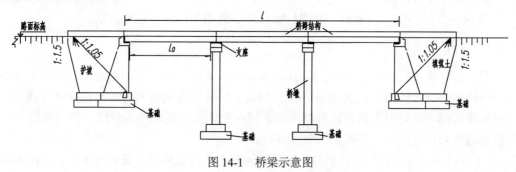

图 14-1　桥梁示意图

14.2　桥梁施工图

表达桥梁需要的图纸数量较多。首先需要提供桥址平面图、全桥总图，然后需要进一步画出桥的各个组成部分的结构图和局部详图，这里采用的仍是先全局、再个体、最后局部的表达手法。

14.2.1　桥址平面图

桥址平面图主要表明桥梁和路线连接的平面位置，通过地形测量绘出桥位处的道路、河流、水准点、钻孔及附近的地形和地物(如房屋、老桥等)，以便作为设计桥梁、施工定位的依据。这种图一般采用较小的比例，如 1∶500、1∶1000、1∶2000 等。如图 14-2 所示的桥梁桥址平面图，表示出路线平面形状、地形和地物，以及钻孔、里程、水准点的位置和数据。桥址平面图的植被、水准符号等均应以正北方向为准，图中文字方向则可按路线要求及总图图标方向来决定。

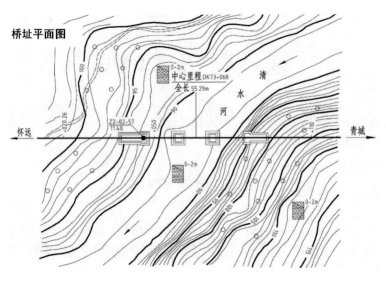

图 14-2　桥址平面图

14.2.2　桥梁总体布置图

桥梁总体布置图主要表明桥梁的形式、跨径、孔数、总体尺寸、各主要构件的相互位置关系，以及桥梁各部分的标高、材料数量和总的技术说明等，作为施工时确定墩台位置、安装构件和控制标高的依据。

以图 14-3 所示的梁式桥为例，介绍桥梁总体布置图的内容和表达方法。

1. 立面图

立面图反映桥梁的特征和桥型，图 14-3 所示的桥梁，共有 3 跨，两边跨径均为 12.98m，中间跨跨径为 13m，桥梁总长 55.04m。当比例较小时，立面图的人行道和栏杆可不画出。

在桥梁制图中，习惯上假设没有填土那么埋在土体内的基础和桥台部分仍用实线表示，且只画出结构物可见部分，不可见部分可省略。

（1）下部结构。两端为重力式桥台，河床中间有 2 个柱式桥墩。它是由承台、立柱和基础共同组成的。

（2）上部结构。上部结构为简支梁桥，两个边跨跨径为 12.98m，中间跨跨径为 13m。

2. 平面图

由图 14-3 所示的平面图，可以看出桥面净宽为 8.9m，以及栏杆、立柱的布置尺寸。

3. 剖面图

剖面图比例较大，在工程中常用于表达桥梁详细尺寸。该例中剖面图包括 *A-A* 剖面图和 *B-B* 剖面图。桥面由 7 块钢筋混凝土预制空心板组成，横坡为 0.02，下部为双柱式桥墩和薄壁台及扩大基础，栏杆等的详细尺寸也一并给出，如图 14-4 所示。

根据桥梁总体布置图采用较大的比例把构件的形状、大小完整地表达出来，才能作为施工的依据，这种图称为构件结构图。构件图常用的比例为 1：10～1：50。若构件的某一局部在构件图中不能清晰完整地表达出来，则应采用更大的比例，如 1：3～1：10。图 14-4 为桥梁下部结构桥墩图。从图中可以看出桥墩的下部为扩大基础。

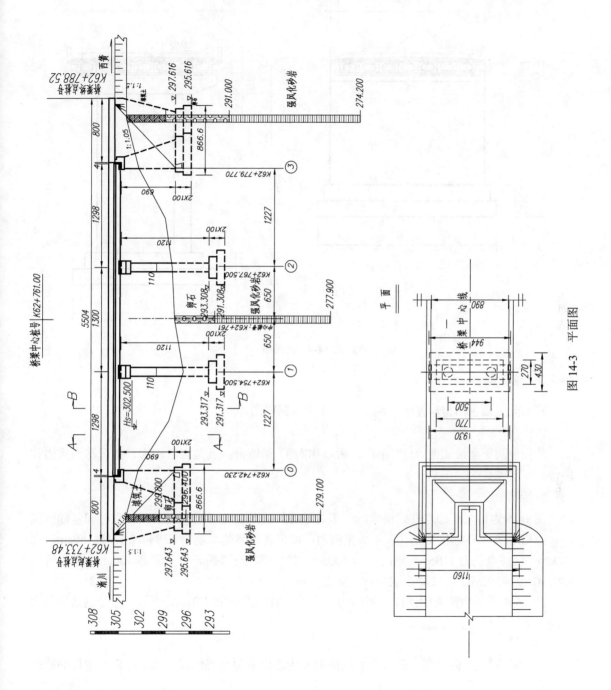

图 14-3 平面图

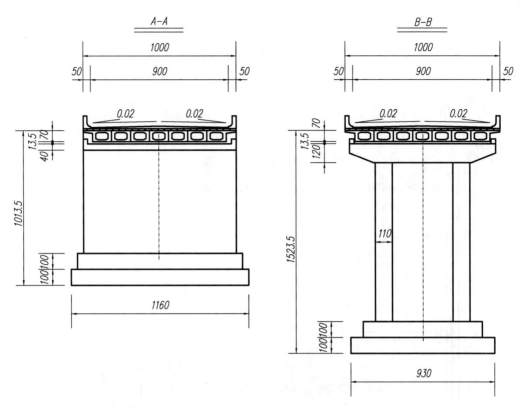

图 14-4　剖面图

14.2.3　施工图

施工图主要包括材料使用、施工方法标注和钢筋图。

1) 桥台

此桥台的平面形式像"U"字形，所以称为 U 形桥台；且其自重较大，故又称为重力式桥台。

2) 桥墩

图 14-5 为扩大基础双柱式桥墩的一般构造图，它是由盖梁(又称帽梁)、双柱和基础组成的。因构造简单，采用立面图结合 2 张剖面图即可表达清楚，盖梁长 944cm，宽 160cm，高 120cm；立柱直径为 110cm，轴间距为 500cm，扩大基础分 2 阶，每一阶高 100cm，第一阶长 930cm，宽 430cm，第二阶长 770cm，宽 270cm。

图 14-6 为桥墩盖梁配筋图，因结构对称，一般仅需画出 1/2，其中①～⑧号钢筋为受力主筋，⑨～⑫号钢筋为箍筋。

3) 主梁

图 14-7 为主梁构造图，它给出了该桥上部构造横断面布置形式，以及边板和中板的截面尺寸情况。

图 14-8 为中板配筋图，其中①～④号钢筋为预应力钢束。

4) 支座与支座垫石

图 14-9 为支座布置及支座垫石设计，它显示了支座的布置位置和支座垫石的构造与配筋。

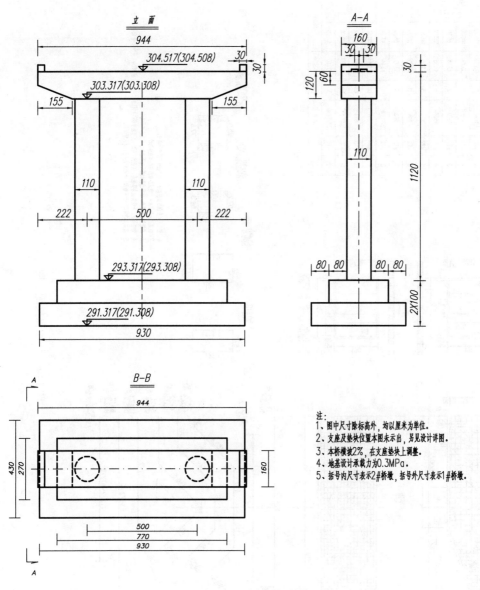

立面

944

304.517(304.508)

30

30

303.317(303.308)

155

155

110

110

222

500

222

293.317(293.308)

291.317(291.308)

930

A—A

160

30 30

120

60

30

110

1120

80 80 80 80

2×100

B—B

944

430

270

160

500

770

930

A

A

A

A

注：
1、图中尺寸除标高外，均以厘米为单位。
2、支座及垫块位置本图未示出，另见设计详图。
3、本桥横坡2%，在支座垫块上调整。
4、地基设计承载力为0.3MPa。
5、括号内尺寸表示2#桥墩，括号外尺寸表示1#桥墩。

图 14-5　桥墩构造图

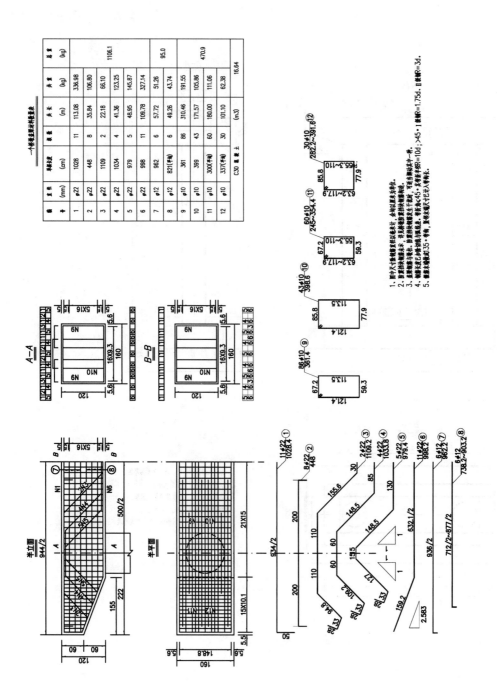

一个墩柱盖梁材料数量表

编号	直径 (mm)	钢筋长度 (cm)	根数	共长 (m)	共重 (kg)	总重 (kg)
1	φ22	1028	11	113.08	336.98	1106.1
2	φ22	448	8	35.84	106.80	
3	φ22	1109	2	22.18	66.10	
4	φ22	1034	4	41.36	123.25	
5	φ22	979	5	48.95	145.87	
6	φ22	998	11	109.78	327.14	
7	φ12	962	6	57.72	51.26	95.0
8	φ12	821(平均)	6	49.26	43.74	
9	φ10	361	86	310.46	191.55	470.9
10	φ10	399	43	171.57	105.86	
11	φ10	300(平均)	60	180.00	111.06	
12	φ10	337(平均)	30	101.10	62.38	
C30 混凝土					(m3)	16.64

图 14-6 桥墩盖梁配筋图

上部构造横断面图

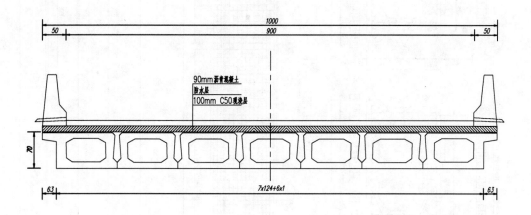

中 板

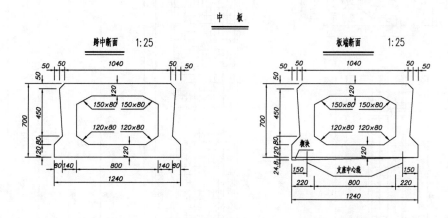

边 板

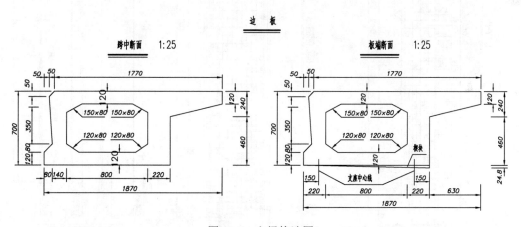

图 14-7 主梁构造图

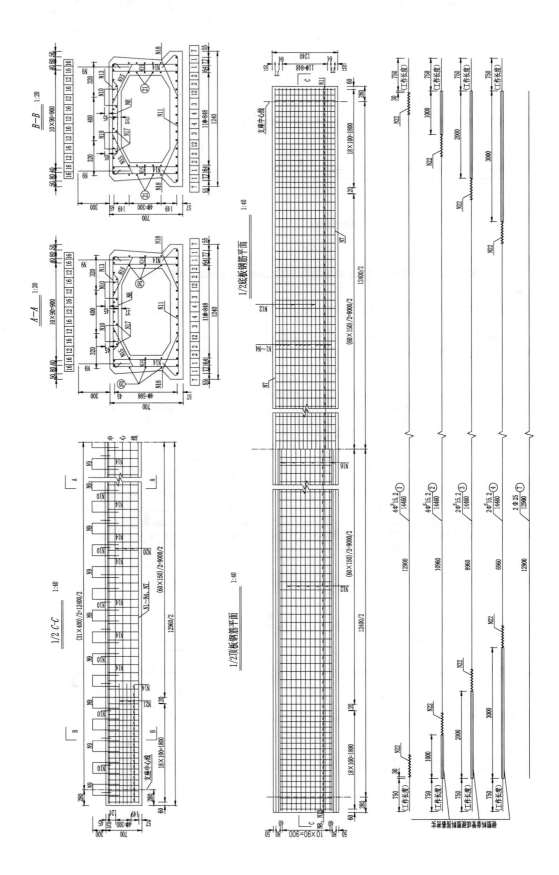

一块中板钢筋明细表

钢筋编号	直径(mm)	单根长(mm)	一板根数	共长(m)	共重(kg)
1~4	Φ^S15.2	14460	12	173.52	S^15.2:
7	Φ25	12900	2	25.80	191.0 Φ25:
8	Φ12	1260	99	124.74	
9	Φ12	1360	64	87.04	
10	Φ10	566	54	30.56	99.3 Φ12:
11	Φ12	1536	99	152.06	295.4
12	Φ12	12900	7	90.30	
13	Φ10	1175	99	116.33	
14	Φ10	1532	198	303.34	Φ10:
15	Φ8	569	198	112.66	472.3
16	Φ10	12900	8	103.20	
17	Φ8	12900	4	51.60	
18	Φ10	1416	64	90.62	
19	Φ8	183	198	36.23	Φ8:
20	Φ6	12900	12	154.80	79.2
21	Φ6	2200	16	35.20	Φ6:
22	Φ6	1633	24	39.19	50.9

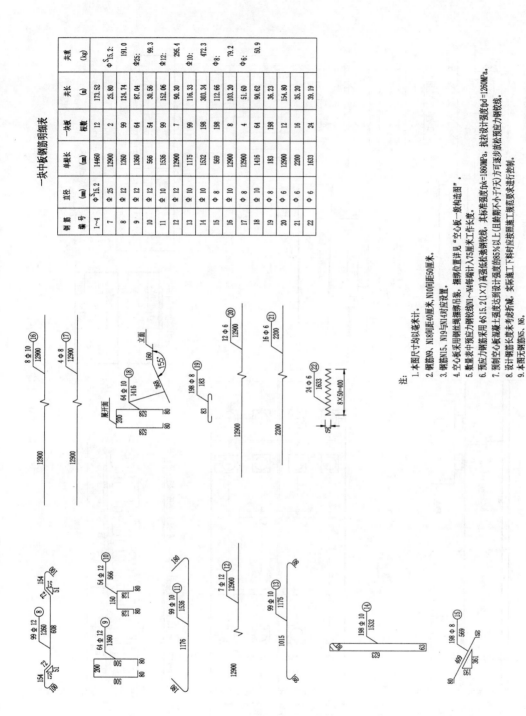

注：

1. 本图尺寸均以毫米计。
2. 钢筋N9、N18间距40厘米，N10间距50厘米。
3. 钢筋N15、N19与N14对应设置。
4. 空心板采用钢丝绳捆绑吊装，捆绑位置详见"空心板一般构造图"。
5. 数量表中预应力钢绞线N1~N4每端计入75厘米工作长度。
6. 预应力钢筋采用 $φ^S15.2$ 高强低松弛钢绞线，其标准强度 $f_{pk}=1860MPa$，抗拉设计强度 $f_{pd}=1260MPa$。
7. 预制空心板混凝土强度达到设计强度的85%以上（且龄期不小于7天）方可逐步放松预应力钢绞线。
8. 设计钢筋长度未考虑折减，实际施工下料时应按照施工规范要求进行控制。
9. 本图无钢筋N5、N6。

图14-8 中板配筋图

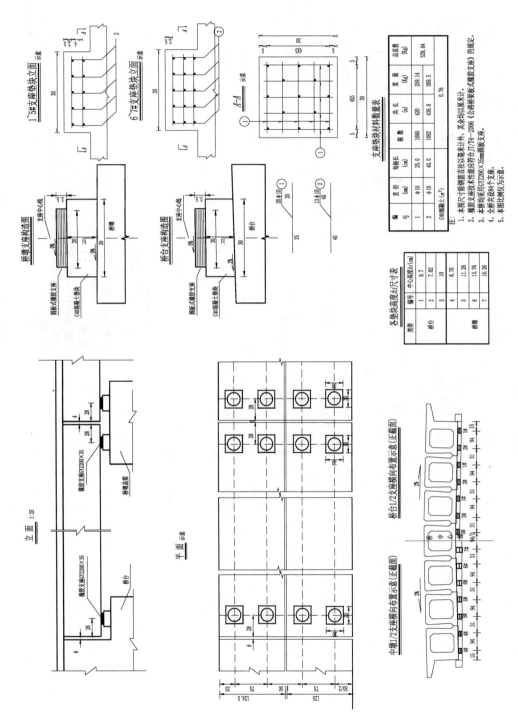

图 14-9 支座与支座垫石

第 15 章　水利工程图

15.1　水利工程概述

表达水利工程建筑物及其施工过程的图样称为水利工程图，简称水工图。水工图的种类繁多，要正确阅读和绘制水工图，对水工建筑物的分类、结构等需要有一定的了解。水工图应遵循《水利水电工程制图标准基础制图》(SL 73.1—2013)和《水利水电工程制图标准水工建筑图》(SL 73.2—2013)(以下简称"水标")及《港口工程制图标准(附条文说明)》(JTJ 206—1996)(以下简称"港标")等国家和行业制图标准。

15.1.1　水工建筑物

为了利用自然界的水资源和减少、控制水灾害而修建的工程建筑物称为水工建筑物。水利枢纽工程就是由典型的水工建筑物群组成的。图 15-1 为我国已经建成的大型水利枢纽——长江三峡工程。

图 15-1　长江三峡工程效果图

三峡工程主要由拦河坝、泄水闸、水电站、船闸、升船机等建筑物组成。拦河坝称为挡水建筑物，用以拦截河流，抬高上游水位，形成水库和水位落差。水电站是利用上、下游水位差和水流流量进行发电的建筑物。船闸、升船机是用以克服水位差产生的船舶通航障碍的建筑物。

15.1.2 常见结构及其作用

下面介绍水工建筑物中的一些常见结构及其作用。

1）上、下游翼墙

过水建筑物如水闸、船闸等的进出口处两侧常设置导水墙，这种导水墙称为翼墙。上游进水翼墙的作用是引导水流平缓地进入闸室，以减少水流对闸室的冲击作用。下游出水翼墙的作用将水流均匀地扩散、减少对下游的冲刷。上游翼墙常用圆弧式翼墙，下游翼墙常用扭曲面翼墙（图 15-2）。分水闸的进出口处也常采用斜墙式翼墙（八字墙）。

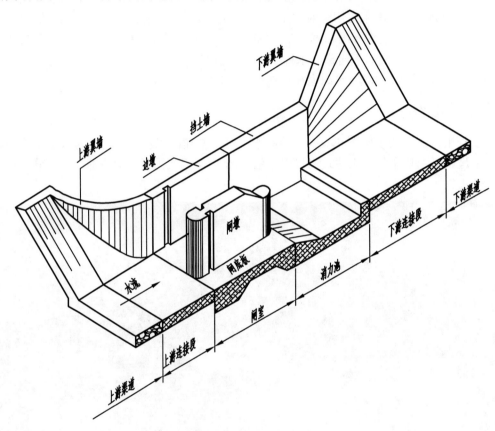

图 15-2　水闸轴测图

2）铺盖

铺盖是铺设在上游河床上，紧靠闸室或坝体的一层防冲、防渗保护层，其作用为保护上游河床，提高闸室、大坝的安全稳定性。见图 15-2 中的上游连接段。

3）护坦和消力池

经闸、坝流下的水带有很大的冲击力，为防止下游河床受冲刷，保证闸、坝的安全，在紧接闸坝的下游河床上，常用钢筋混凝土做出消力池，水流在池中翻滚，消除大部分水流冲力。消力池的底板称为护坦，上设排水孔，用以排出闸、坝基础的渗漏水，降低护坦所承受的渗透压力。

4）海漫及防冲槽

经消力池流出的水仍有一定的能量，因此常在消力池后的河床上再铺设一段块石护底，用以保护河床和继续消除水流能量，这种结构称为海漫。海漫末端设干砌石块防冲槽或防冲石坎，这是为了保护紧接海漫段的河床免受冲刷破坏。见图 15-2 中的下游连接段。

5）廊道

廊道是在大、中型混凝土坝或船闸闸首中设置的通道，以便工程人员进行混凝土灌浆、排水、输水、观测、检查及作为交通通道。见图 15-3 中的坝体排水廊道和基础灌浆、排水廊道。

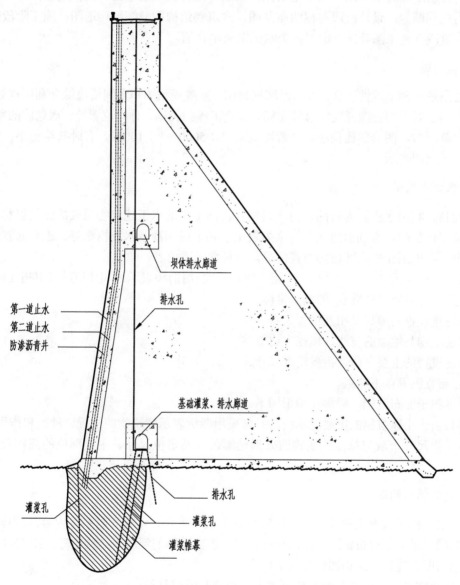

图 15-3 重力坝横断面图

6）分缝

在较长或体积较大的混凝土建筑物中，为防止因温度变化、热胀冷缩或地基不均匀沉降而引起混凝土开裂，常设置分缝将混凝土建筑物人为地分块，这种缝隙称为伸缩缝或沉降缝。

7) 分缝中的止水

为防止水流沿分缝渗漏，在水工建筑物的分缝中都设置有止水结构，其材料一般为金属止水片、油毛毡、沥青、麻丝和沥青芦席等。见图 15-3 中的第一道止水、第二道止水、防渗沥青井。

15.1.3　水工图的分类

水利工程一般有勘察、规划、设计、施工、验收等几个阶段。各个阶段对图样均有不同的要求，勘察阶段有地形图、工程地质图；规划阶段有流域规划图、灌溉规划图和水利资源综合利用规划图等；设计阶段有枢纽布置图、建筑物结构图、细部构造图；施工阶段有施工图；验收阶段有竣工图等。下面对各类水工图简单介绍。

1. 规划图

规划图是一种示意性图样。分为流域规划图、灌溉规划图和水利资源综合利用规划图等。规划图表示了对水利资源开发的总体布局、拟建工程的类别、分布位置等。规划图的特点为：①表示的范围大，图形的比例小，一般比例为 1∶5000～1∶10000，有时甚至更小；②建筑物常采用示意图表示。

2. 枢纽布置图

以控制、利用水资源为目的，由一组相互协同工作的水工建筑物组成的建筑群称为水利枢纽。按工作目的，水利枢纽又分为水力发电水利枢纽和灌溉水利枢纽等。枢纽布置图主要表示整个水利枢纽在平面区域的布置情况，它包含以下内容。

(1) 水利枢纽所在地区的地形、河流走向及流向(用箭头表示)、地理方位(用指北针表示)和主要建筑物控制点(基准点)的测量坐标。

(2) 各建筑物的形状及相互位置关系。

(3) 建筑物与地面的交线、填挖方边坡线。

(4) 建筑物的主要高程及主要轮廓尺寸。

枢纽布置图有以下特点。

(1) 枢纽平面布置图一般画在地形图上。

(2) 只需画出建筑物的主要轮廓线，并常采用图例表示建筑物的位置、种类和作用。

(3) 图中尺寸一般只标注建筑物的外形轮廓尺寸及定位尺寸、主要部位的高程及其地面交线。

3. 建筑物结构图

表达水利枢纽或渠系建筑中某一建筑物的形状、大小、结构和材料等内容的图样称为建筑物结构图，包括结构布置图、分部和细部构造图以及钢筋混凝土结构图等，图 15-4 为溢流坝坝顶结构图。建筑物结构图包含以下内容。

(1) 建筑物及各组成部分的形状、大小、构造和所用材料。

(2) 建筑物基础的地质情况以及建筑物与地基的连接方法。

(3) 建筑物的工作条件，如上、下游工作水位，水面曲线等。

(4) 该建筑物与相邻建筑物的连接情况。

(5) 建筑物的细部构造及附属设备的位置。

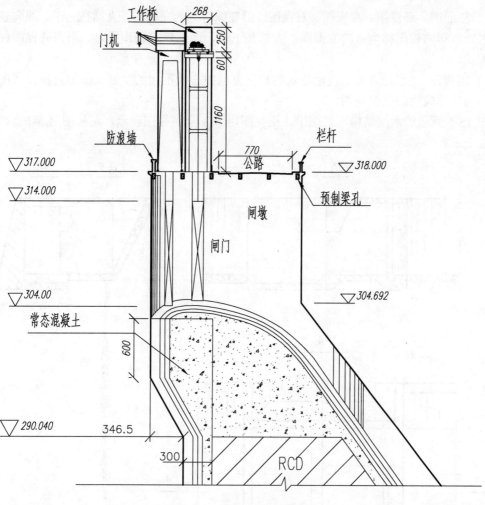

图 15-4　溢流坝坝顶结构图

4. 施工图

施工图是表达施工组织、施工方法和施工程序的图样。施工图的种类和数量很多，如表达施工现场布置的施工总平面布置图；表达混凝土分期分批的浇筑图；表达建筑物施工方法和流程的施工方法图；表达建筑物内部钢筋配置情况的配筋图等。

15.2　水工图的表达方法

15.2.1　基本表达方法

1. 视图的名称和作用

（1）平面图。俯视图也称平面图。常见的平面图有表达单个建筑物的单体平面图和表达一组建筑物相互位置关系的总平面图。单体平面图具有以下作用：①表达建筑物的平面形状结构和相互位置关系；②表达建筑物的平面尺寸和平面高程；③表达剖视和剖面的剖切位置及投射方向。

(2)立面图。正视图、左视图、右视图、后视图等称为立面图。人站在上游，面向建筑物作投射，所得的视图称为上游立面图；人站在下游，面向建筑物作投射，所得的视图称为下游立面图。

(3)剖视图。"水标"规定：沿建筑物长度方向中心线剖切的全剖视图配置在正视图的位置，称为该建筑物的纵剖视图。

图 15-5 所示的水闸结构布置图中，正视图用 *A-A* 全剖视图表示，左视图用 *B-B*、*C-C* 合成视图表示。

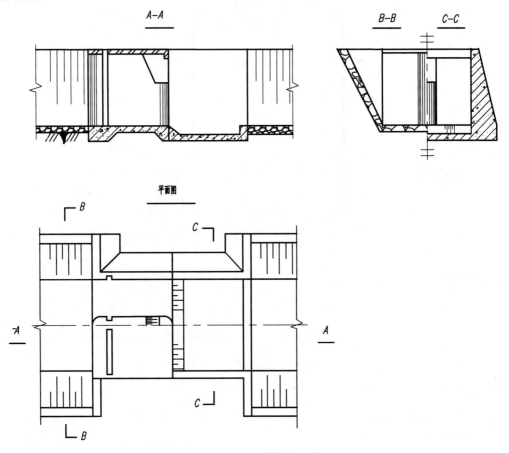

图 15-5　水闸结构布置图

2. 视图的配置

(1)应尽可能地将一建筑物的各视图按投影关系配置。对较大或较复杂的建筑物，如受图幅限制，也可将某一视图单独画在一张图纸上。

(2)平面图是较为重要的视图，应布置在图纸的显著位置。一般按投影位置配置在正视图的下方，必要时也可以布置在正视图的上方。对于过水建筑物如进水闸、溢洪道、输水廊道等的平面图，常把水流方向选成自左向右，对于挡水坝等建筑物的平面图，常把水流方向选成自上往下，并用箭头表示水流方向。以便区分河流的左、右岸。"水标"规定：视向顺水流方向，左边是左岸，右边是右岸。

(3)水工图中，各视图应标注名称，一般注在图形的上方或下方的中部位置，习惯上在图名的下边画一条粗实线。

图 15-6 为挡水坝的视图布置。

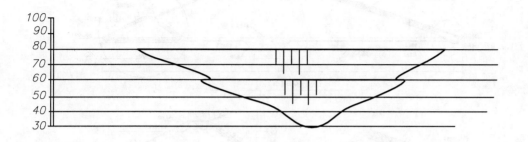

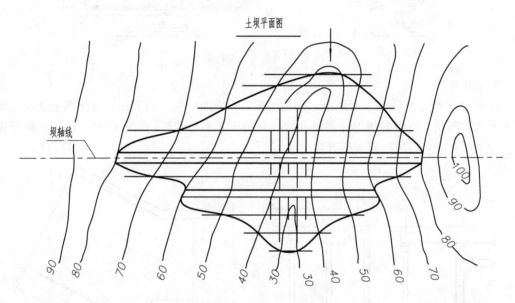

图 15-6　挡水坝的视图布置

15.2.2　其他表达方法

1) 详图

当水工建筑物的局部结构由于图形太小而表达不清楚(包括无法标注尺寸)时,可将物体的部分结构用大于原图所采用的比例画出,这种图形常称为详图或局部放大图。详图可以画成视图、剖视图、剖面图等。详图应采用文字或符号作出标注。当采用符号标注时,可在被放大部分用细实线画出圆圈(圆圈直径视需要而定),并用索引符号标注局部放大图的编号(上半圆中)和放大图所在图纸的编号(下半圆中)。若详图和被放大的图样在同一张图纸上,则在下半圆画一水平线。

与索引符号对应,在详图的下方也应注出详图符号,详图符号用一粗实线圆绘制,直径约为 14mm。在圆的右边用比详图编号小一号的字注出详图的比例。

用文字注写详图时,被放大的位置可不作任何标注,如图 15-7 中的详图 1 可注写为"上游坝脚放大图",这时原图可不作任何标注。

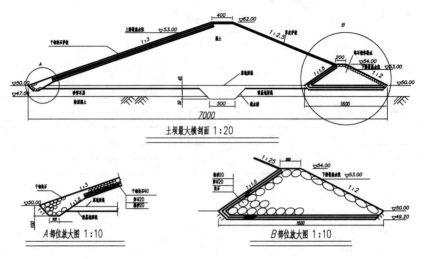

图 15-7　土坝结构图

2) 展开视图

在图 15-8 所示的码头平面图中，码头前沿与正立面倾斜，为了在正立面图上反映出倾斜部分的真实形状，可以假想将倾斜部分展开到与正立面平行后，再画出视图，这种视图称为展开视图。在图名后应注明"展开"二字。

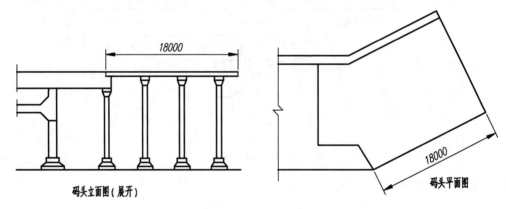

图 15-8　码头结构图

3) 展开剖视

当水工建筑物的轴线为曲线或折线时，可以沿轴线(或折线)假想将建筑物切开，展开后向剖切面投射，这种剖视图称为展开剖视，在图名后也应注明"展开"二字，如图 15-9 所示。

4) 复合剖视

用几个相交的剖切面剖开物体所得的剖视图称为复合剖视图，剖切面的起止处和转折处都应作出标注。

5) 分层表示法

当建筑物是多层结构时，为清楚表达各层结构和节省幅面，可以采用分层表示法，即在一个视图中按其结构层次分层绘制。画分层视图时，相邻层次用波浪线作分界，并用文字注出各层的名称。

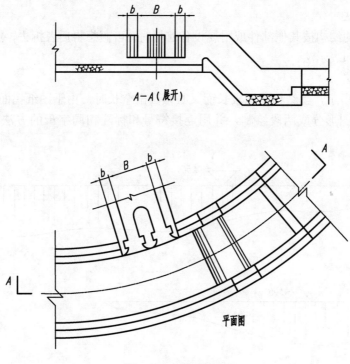

图 15-9 干渠布置图

6) 掀开表示法

被覆盖的结构，一般是不可见的。为了清楚表示被覆盖的结构，可以假想将覆盖层掀起，再画出视图，如图 15-10 所示，这种画法称为掀开表示法。

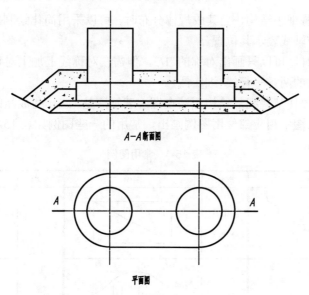

图 15-10 掀开表示法

7) 假想表示法

在水工图中，为了表示活动部件的运动范围，或者为了表示相邻结构的轮廓，可以采用假想表示法，用双点画线将活动部件的运动极限位置画出。

8)拆卸表示法

当所要表达的结构被其他部件或附属设备遮挡时，可假想将后者拆去，然后绘制剖视图，这种画法称为拆卸表示法。

9)连接表示法

如图 15-11 所示，当结构物比较长而又必须画出全长时，由于图纸幅面的限制，可采用连接表示法。将图形分成两段绘制，并用连接符号和标注相同字母的方法表示图形的连接关系。

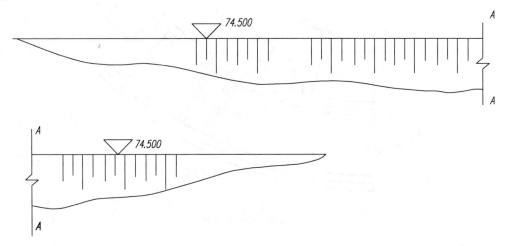

图 15-11　土坝立面图连接画法

15.2.3　规定画法和简化画法

(1)对图中的一些细小结构，当其成规律分布时，可以采用简化绘制，即只需画出其中几个，其余用中心线或轴线表示其位置。

(2)当图形对称时，可以只画出对称的 1/2，但需在对称线上加上对称符号。对称符号为对称线两端与之垂直的两条平行线(细实线)。

(3)当图形较小致使某些细部结构无法在图中表示清楚，或一些成品的附属设备另有专门图纸表示时，可以在图中相应部位用图例画出，常用的一些图例如表 15-1 所示。

表 15-1　常用图例

名称	图例	名称	图例	名称	图例
水库		水闸		水电站	
		土石坝			

名称	图例	名称	图例	名称	图例
溢洪道		隧洞	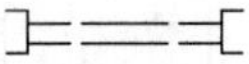	左水文站 右水位站	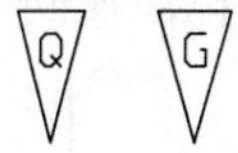 Q G
跌水	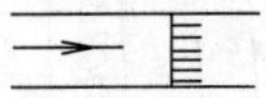	渡槽	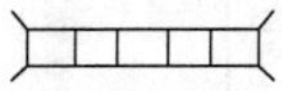	公路桥	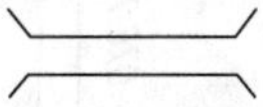
船闸	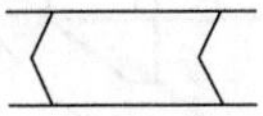	涵洞	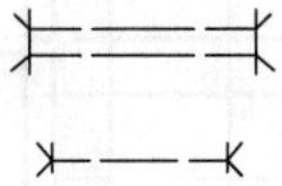	渠道	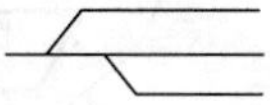
混凝土坝	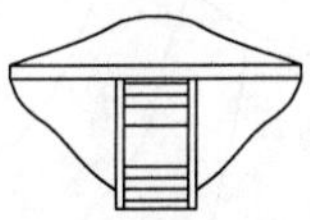	虹吸	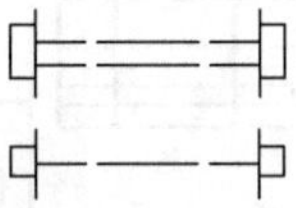	灌区	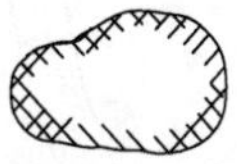

(4) 对于建筑物中的各种缝线, 如沉降缝、伸缩缝、施工缝和材料分界线等, 虽然缝线两边的表面在同一平面内, 但画图时常按轮廓线处理, 用一条粗实线表示。

(5) 为了增加图样的明显性, 水工图上的曲面用细实线画出若干素线, 斜坡面应画出示坡线。

15.3 水工图的尺寸标注

组合体尺寸标注的规则和方法也适用于标注水工图。但考虑到方便水工建筑物的设计和施工, 水工图的尺寸标注也具有一定的专业特点。

15.3.1 基准面和基准点

水工建筑物通常根据测量坐标系所确定的施工坐标系来进行定位。施工坐标系一般采用由三个相互垂直的平面构成的三维直角坐标系。

第一个坐标面是水准零点的水平面, 称为高度基准面, 它由国家统一规定。我国采用的水准零点是黄海零点, 有吴淞零点、废黄河零点、塘沽零点、珠江零点、青海零点等。工程图中一般应说明所采用的水准零点名称。

第二个坐标面是垂直于水平面的平面, 称为设计基准面。大坝一般以通过坝轴线的铅垂面为设计基准面, 水闸和船闸一般以通过闸中心线的铅垂面为设计基准面, 码头工程一般以通过码头前沿的铅垂面为设计基准面。

第三个坐标面是垂直于设计基准面的铅垂面。

三个坐标面的交线是三条互相垂直的直线, 是单个建筑物所采用的坐标轴。在图上只需用两个基准点来确定设计基准面的位置, 其余两个基准面即隐含在其中。图 15-12 为水电站平面布置图, 其基准点 $A(x=253252.48, y=68085.95)$、$B(x=253328.06, y=68126.70)$ 即确定了坝轴线和设计基准面的位置。x、y 坐标值由测量坐标系测定, 一般以 m 为单位。

15.3.2 长度尺寸的标注

对于坝、隧洞、渠道等较长的水工建筑物, 沿轴线的长度尺寸一般采用 "桩号" 的注法,

标注形式为 $k+m$，k 为公里数，m 为米数，如图 15-12 所示。起点桩号标注成 0＋000，起点桩号之后，k、m 为正值，起点桩号之前，k、m 为负值。桩号数字一般沿垂直于轴线的方向注写，且标注在同一侧。

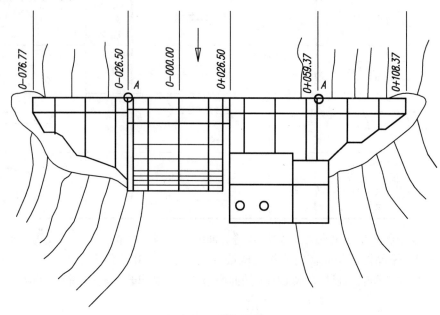

图 15-12　水电站平面布置图

当同一图中几种建筑物均采用"桩号"标注时，可在桩号数字之前加注文字以示区别，如坝 0＋021.00、洞 0＋018.30 等。

15.3.3　高度尺寸的标注

水工建筑物的高度尺寸与水位、地面高程密切相关，且由于尺寸较大，一般都采用水准仪测量，因此常以高程来标注其主要高度尺寸，如图 15-13 所示。

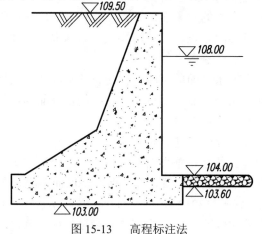

图 15-13　高程标注法

15.3.4　规则变化图形的尺寸标注

为使水流平顺或受力状态较好，水工结构物常做成规则变化的形体。对这种形体的尺寸

224

标注宜采用特殊的尺寸标注法，以便使图示简练，表达清晰，看图方便。常用的尺寸标注法如下所述。

1) 数学表达式与列表结合标注曲线尺寸

水工建筑物的过水表面常做成柱面，柱面的横剖面轮廓一般呈曲线形，如溢流坝的坝面、隧洞的进口表面等。标注这类曲线的尺寸时，一般采用数学表达式描述，曲线上的控制点用列表形式标注尺寸，如图 15-14 所示。

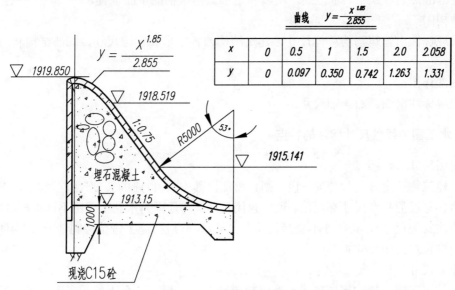

曲线 $y = \dfrac{x^{1.85}}{2.855}$

x	0	0.5	1	1.5	2.0	2.058
y	0	0.097	0.350	0.742	1.263	1.331

图 15-14　列表法标注尺寸

2) 坐标法标注曲线尺寸

图 15-15(a) 为用极坐标法标注蜗壳曲线的尺寸；图 15-15 (b) 为用直角坐标法标注一般曲线的尺寸。这是两种常见的运用坐标标注曲线尺寸的方法。这两种标注法可避免引出大量的尺寸界线和尺寸线，从而使图形清晰。

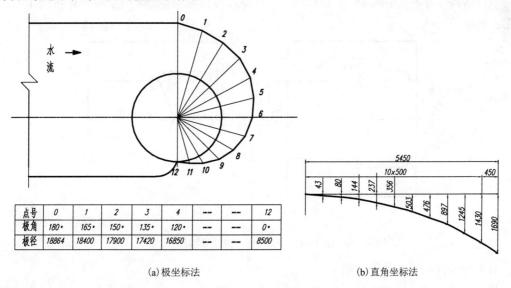

点号	0	1	2	3	4	⋯⋯	⋯⋯	12
极角	180°	165°	150°	135°	120°	⋯⋯	⋯⋯	0°
极径	18864	18400	17900	17420	16850	⋯⋯	⋯⋯	8500

(a) 极坐标法　　　　　　　　　(b) 直角坐标法

图 15-15　坐标法标注尺寸

15.3.5　不同类型水工图的尺寸标注

表达水工建筑物的顺序一般是先总体布置，再表达分部结构，最后表达细部构造。因此不同类型的水工图之间形成一定的层次关系，其表达范围和对尺寸的要求也不相同。

1）枢纽布置图

一般应标注出设计基准面、建筑物的主要高程及其他各主要尺寸。设计基准面在图上表现为通过基准点的直线——基准线，用以确定水工建筑物的平面位置。

2）结构图

一般应标注出建筑物的总体尺寸、建筑结构的各定形和定位尺寸、细部结构和附件的定位尺寸等。

3）细部详图

一般应标注出细部的详细尺寸。

15.3.6　水工图中线性尺寸标注的特点

1）封闭尺寸

若一建筑物长度方向共分为 x 段，则只需注出其中 $(x-1)$ 段的长度尺寸就够了，但在水工图中常将各分段的长度尺寸都注出，形成封闭尺寸。这是因为水利工程图不同于机械图（机械图一般不注封闭尺寸），其尺寸不直接反映精度要求（一般按施工规范控制精度），为便于施工测量，允许标注封闭尺寸。

2）重复尺寸

当表达水工建筑物的视图较多，难以按投影关系布置，甚至不能画在同一张图纸上，或采用了不同的比例绘制时，看图时不易找到对应的投影关系，因此允许标注重复尺寸帮助看图，但应尽量减少不必要的重复尺寸。

3）对称结构的尺寸标注法

具有对称性的建筑形体，对称线两边的尺寸可以标注全长，如图 15-16（a）中的尺寸 600，也可以注成两个半长，如图 15-16（a）中的尺寸 300。按局部视图绘制 1/2 时允许按图 15-16（b）的形式标注。

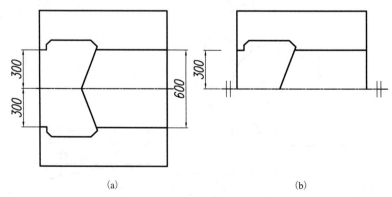

（a）　　　　　　　　　　　　　　　　　（b）

图 15-16　对称结构的尺寸标注

4）尺寸标注的合理性

尺寸标注的合理性与设计、施工要求有关，如图 15-17（a）中的尺寸 b、e，施工时不能度

226

量放样，标注不合理，一般应按图 15-17(b) 的形式标注。因此在标注水工建筑物的尺寸时，还需注意设计施工的要求。

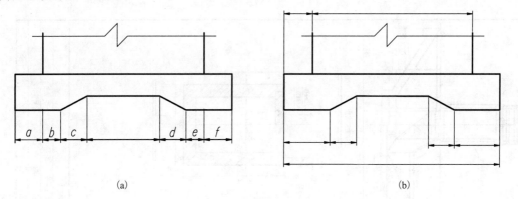

(a)   (b)

图 15-17 分形体标注尺寸

15.3.7 水工图的阅读

熟练地阅读工程图样是学习工程设计、画好工程图样的基础，是从事工程设计、施工、管理工作的基础。通过阅读工程图样，可以学习水工建筑物的常用图示方法；熟悉水工建筑物的结构形式和组成；了解水工建筑物的地理位置，工作、施工环境，材料构成，以及设施布置等内容。

15.3.8 水工图的阅读方法和步骤

水工图的阅读步骤一般采用从总体到局部、从主要结构到其他结构、从概括了解到深入分析的过程进行。具体的步骤如下。

1) 概括了解

通过阅读设计说明书，按图纸目录依次或有选择地对图纸进行粗略阅读。阅读标题栏和文字说明，了解建筑物的名称、作用、画图的比例、尺寸单位、施工要求等。

2) 分析视图

了解采用了哪些视图、剖视图、断面图和详图，并注意分析剖视图、断面图的剖切位置和投影方向，详图表达的部位，各视图的大致作用以及采用了哪些规定画法和习惯画法，为深入读图做准备。

3) 分析形体

对建筑物(或建筑群)的主要组成部分逐一分析阅读，至于将建筑物分为哪几个部分，应根据其结构特点来确定。如对于水闸类建筑物可沿水流方向将其分为数段，对于水电站类建筑物可沿高度方向将其分为数层等。

4) 归纳总结

最后通过归纳总结，对建筑物(或建筑群)的大小、形状、位置、功能、结构特点、材料等有一个完整和全面的了解。

15.3.9 读图举例

例 15-1 识读图 15-18 所示的进水闸结构。

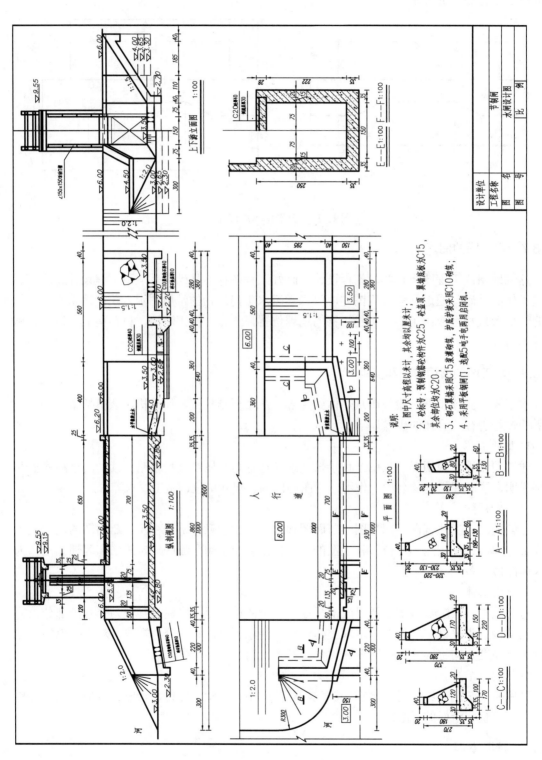

图 15-18 进水闸结构图

解：水闸的作用：水闸一般修建在河道或渠道中，通过开启和关闭闸门，可起到控制水位、调节水量的作用。

　　水闸的组成部分：图 15-2 为水闸的立体图，水闸由闸室、上游连接段、下游连接段三部分组成；各部分的组成及作用介绍如下。

　　(1)闸室。闸室是水闸的主体。由底板、闸墩、岸墙、胸墙、闸门、交通桥、工作桥、便桥等组成。闸室是水闸中直接起控制水位、调节水量作用的部分。

　　(2)上游连接段。图中闸室以左的部分为上游连接段。由上游护坡、上游护底、铺盖、上游翼墙等组成。其作用主要有三点：一是引导水流平稳进入闸室；二是防止水流冲刷河床；三是降低渗透水流对水闸的不利影响。

　　(3)下游连接段。图中闸室以右的部分为下游连接段。由下游翼墙、消力池、下游护坡、海漫、下游护底及防冲槽等组成。其作用是消除出闸水流的能量，防止其对下游河床的冲刷，即防冲消能。海漫部分所设置的排水孔是为了排出渗透水。为了使排出的渗透水不带走海漫下部的土粒，在排水孔下面铺设粗砂、小石子等进行过滤，称为反滤层。

　　进水闸结构的读图步骤如下。

　　1)概括了解

　　阅读图 15-18 的标题栏和说明，建筑物名为"进水闸"，是渠道的渠首建筑物，作用是调节进入渠道的水流的流量，由闸室、上游连接段、下游连接段三部分组成。图中尺寸高程以米为单位，其余均以厘米为单位。

　　2)分析视图

　　为表达水闸的主要结构，共选用了平面图、进水闸剖视图、上下游立面图和六个断面图。其中，前三个视图表达了进水闸的总体结构，断面图的剖切位置标注在平面图中，分别表达了上下游翼墙、一字形挡土墙、岸墙、闸敦的断面形状、材料以及岸墙与底板的连接关系。

　　平面图采用了省略画法，只画出了以进水闸轴线为界的左岸。闸室部分采用了拆卸画法，略去了交通桥、工作桥、便桥和胸墙。

　　进水闸剖视图沿闸孔中心水流方向剖切，称为纵剖视图。

　　3)分析形体

　　进行形体分析时一般先从主要结构(本例为闸室)开始。

　　首先从平面图中找出闸墩的视图。借助于闸墩的结构特点，即闸墩上有闸门槽，先确定闸墩的俯视图。结合 E-E 断面图，并结合参照岸墙的正视图，可想象出闸墩设在岸墙上，有两个闸门槽，偏上游端的是检修门槽，另一个是主门槽，材料为钢筋混凝土。

　　闸墩下部为闸底板，进水闸剖视图中，闸室最下部的矩形线框为其正视图。结合阅读 E-E、F-F 断面图可知，闸底板结构形式为平底板，建筑材料为钢筋混凝土。闸底板是闸室的基础部分，承受闸门、桥等结构的重量和水压力，然后传递给地基，因此闸底板的厚度尺寸较大，建筑材料较好。

　　岸墙是闸室与两岸连接处的挡土墙，将平面图、进水闸剖视图、F-F 断面图结合阅读，可知其为重力式挡土墙，与闸底板形成 U 字形钢筋混凝土整体结构，岸墙分别是便桥、工作桥和交通桥的基础。

　　由于进水闸结构图只是该闸设计图的一部分，闸门、胸墙、桥等结构另有图纸表示，此处只作概略表示。

　　分析完闸室的结构以后，接着分析上游连接段。

顺水流方向自左至右先阅读上游护坡和上游护底，将进水闸剖视图和上游立面图结合阅读，可知上游护坡材料为浆砌块石。护底左端砌筑梯形齿墙以防滑，块石厚 40cm，下垫碎石层厚 10cm。

上游翼墙分为两节，其平面布置形式第一节为八字形，第二节为一字形，结合 *A-A*、*B-B* 断面图可知，上游翼墙为重力式挡土墙，主体材料为浆砌块石。

采用相同的方法，可分析下游连接段的各组成部分，请读者自行分析。

4）归纳总结

最后，在以上读图的基础上总结归纳出进水闸的整体形状。

进水闸为单孔闸，净宽为 150cm，设计引水位高度为 3.50m，灌溉水位为 5.50m。

上游连接段有浆砌块石护坡、护底和两节形式不同的上游翼墙。

闸室为平底板，与岸墙连接为"U"字形的整体结构，闸门为升降式闸门，门顶以上有钢筋混凝土固定式胸墙，闸室上部有交通桥、工作桥、便桥各一座，均为钢筋混凝土结构。

下游连接段中下游翼墙平面布置分为三节，均为浆砌块石重力式挡土墙；与闸底板相连的消力池，长 640cm，深 50cm，以产生淹没式水跃，消除出闸水流的大部分能量；下游护坡、下游护底采用浆砌块石护砌，下游护底末端与天然河床连接处设有防冲槽。

对一些细部结构可结合详图对照阅读，最后可得到完整的形体概念。

第 16 章　绘图软件 AutoCAD 的使用方法

计算机绘图出现于 20 世纪 50 年代，是计算机图形学的一个分支，主要特点是实现数据和图形的转换，经过计算机的处理，生成图形信息输出。计算机绘图能以极高的效率绘制高质量的图样，一经推出，就在设计行业得到了推广。

计算机绘图的方法分为自助绘图和交互式绘图，交互式绘图使用已有的绘图软件，通过计算机的输入设备，给计算机发出各种绘图指令和数据，绘制所需的图形。目前国内外交互式绘图软件很多，其中，由美国 Autodesk 公司开发的微型计算机交互式绘图软件 AutoCAD 是国际上应用最广的计算机辅助绘图(Computer Aided Drawing，CAD)软件。

本章以 AutoCAD 2014 中文版为背景，介绍 AutoCAD 的基本绘图功能。

16.1　AutoCAD 的用户界面

使用 AutoCAD 进行绘图，首先要启动 AutoCAD，在 Windows 桌面上双击 AutoCAD 快捷方式图标 ，就可进入 AutoCAD 2014 的用户工作界面，如图 16-1 所示。

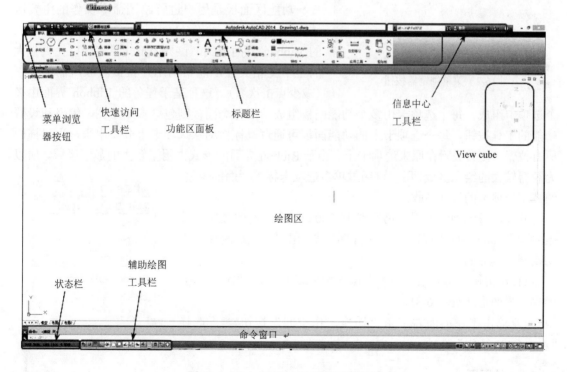

图 16-1　AutoCAD 2014 用户工作界面

AutoCAD 2014 的用户工作界面主要有标题栏、菜单浏览器按钮、快速访问工具栏、功能区面板、绘图区、命令窗口、状态栏、辅助绘图工具栏等组成部分,下面将对这些部分的功能进行介绍。

16.1.1　标题栏

标题栏位于用户工作界面正上方,用于显示软件名称和当前工作文件名称,如图 16-1 中界面所示标题栏为"Autodesk AutoCAD 2014 Drawing1.dwg"。

图 16-2　菜单浏览器按钮

16.1.2　菜单浏览器按钮

菜单浏览器按钮位于用户工作界面左上角,由一个红色钻石表示,单击此按钮,可弹出图 16-2 所示的菜单,使用该按钮,用户可快速访问近期编辑过的文档和一些常用的文档操作命令。

16.1.3　快速访问工具栏

该工具栏包括"新建""打开""保存""放弃""重做""打印"等几个最常用文件操作按钮,用户也可单击工具栏右侧下拉菜单进行按钮添加和删除。

16.1.4　功能区面板

功能区面板是用户进行绘图命令操作的主要区域,2014 版本的 AutoCAD 保持了 2009 版本中引入的 Ribbon 界面形式,该界面形式具有比以往更强大的上下文相关性,能帮助用户直接获取所需的工具(减少点击次数)。这种基于任务的 Ribbon 界面由多个选项卡组成,每个选项卡由多个功能面板组成,而每个面板则包含多个绘图、编辑和设置功能的工具按钮。每个选项卡上的功能面板可通过鼠标拖动从选项卡上分离出来,也可拖回原有位置,使其吸附在原来选项卡上。由于 Ribbon 界面的形式占用了较大的显示区域,所以为获得较大的绘图区域,用户可通过单击选项卡标签后面的按钮控制选项卡的展开与收缩。

此外,考虑到许多用户仍习惯于 2008 版本之前的经典工具条界面,AutoCAD 也保留了此界面的形式,用户可通过两种方式切换至经典界面。

(1) 单击快速访问工具栏中右侧下拉列表框,选择"AutoCAD 经典"界面形式(图 16-3)。

(2) 单击工作界面右下角"切换工作空间"按钮,选择"AutoCAD 经典"选项。

图 16-3　工作界面切换

16.1.5　绘图区

用户界面中央最大的空白窗口是绘图区,如图 16-4 所示,也是用户工作的主要区域,该区域用于绘制和显示图形，绘图区左上角由标签栏和显示控件组成（图 16-5），AutoCAD 支持多文档操作，不同文档之间的切换可通过单击标签栏实现，标签栏上可显示文档名称；显示控件可显示当前文件的视图状态，如图 16-5 中所示的"[-][俯视][二维线框]"，表示当前文档是单个视口，平行俯视投影，视觉样式为二维线框。

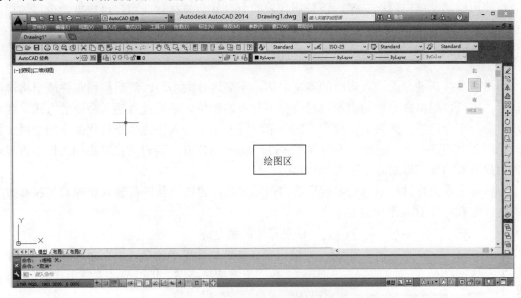

图 16-4　绘图区

图 16-5　标签栏和显示控件

16.1.6　命令窗口

命令窗口位于绘图区正下方，是用户进行命令或数据输入，以及操作提示的区域。该区域的大小可通过鼠标拖动其上边界改变，缺省状态下只显示三行命令，上面两行灰色的为历史命令，下面一行白色的为当前输入命令行。按 F2 键可弹出一个较大的命令窗口，用以显示更多的命令和提示。

16.1.7　状态栏与辅助绘图工具栏

状态栏中有三个数据，分别显示当前鼠标位置的 X、Y、Z 坐标。辅助绘图工具栏上共有 15 个按钮，可帮助用户进行精确绘图和控制图形信息显示。这些功能将在后面详述。

16.2　AutoCAD 2014 基本操作

16.2.1　命令操作

AutoCAD 是一种交互式绘图软件，其绘图行为的执行依靠用户命令的输入，在 AutoCAD 系统中，命令输入的方式有下列三种。

1. 图标按钮方式

AutoCAD 的功能区面板上有大量的可执行命令图标按钮，将鼠标移动至按钮上，稍作停留，便可在鼠标下方显示该命令按钮的简单使用说明，若延长停留时间，则可显示更为详细的命令使用说明。单击鼠标左键，该按钮代表的命令就会被执行，用户可根据命令栏的提示信息进行下一步的操作。

2. 键盘输入方式

用户可直接在键盘上输入命令的英文名称，不必区分大小写，然后按回车键或空格键确认执行，用户可根据命令栏的提示信息进行下一步的操作。采用键盘输入命令的方式，要求用户对命令十分熟悉，如果记不住命令的全部拼写，还可输入快捷命令替代命令的全拼。如果只记住命令的首字母，还可直接输入首字母，AutoCAD2014 会自动在动态输入框下方显示包含用户输入的首字母的命令列表(图 16-6)。

有些命令在执行过程中，需要用户确定图形参数，也需要从键盘输入相应数据和参数字母，这些内容将在 16.4 节中详述。

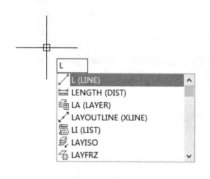

图 16-6　快捷命令自动列表

1) 重复性的命令

如果要重复性执行单个命令，可在第一次命令执行完毕后，按回车键或空格键，仍可继续重复上次的命令，以减少输入命令的按键次数。

2) 命令的中止与撤回

如果用户在执行命令过程中想中断命令的执行，可按键盘上的 Esc 退出键，退出当前命令的执行。

如果用户在执行多步骤命令过程中，某个步骤错误，需要回撤，而不是整个命令中断，可键盘输入字母 U 回撤一个步骤，但此操作不是所有命令均使用，用户可根据命令窗口提示进行输入。

如果用户想撤销刚执行过的命令，可单击快速访问工具栏上 ，或按键盘 Ctrl+Z 键进行撤销，还可以在命令行输入 UNDO 命令，撤销前面的命令操作。

如果对撤销的命令反悔，可使用 REDO 命令，或单击快速访问工具栏上 。

3) 下拉菜单输入方式

该方式只在"AutoCAD 经典"工作空间模式下可用，其他两种模式都没有下拉菜单(菜单浏览器按钮除外)，用户可单击状态栏下的下拉菜单项，然后选择命令选项，执行相应命令。

16.2.2　对话框操作

用户在绘制图形和进行显示设置时，需要设定各种参数，对于简单的命令，可根据命令窗口的提示输入参数，对于复杂的命令，则需要在对话框中对参数进行赋值。此外，有些参数的提示信息仅用文字不易说明，可在对话框上有图形表示。例如，图 16-7 是"修改标注样式"的对话框，该对话框可对尺寸线、尺寸界线、尺寸起止符号以及尺寸数字等参数进行设定，对话框右上角是对各种参数设定后的效果预览，以便帮助用户更快捷地进行设定。参数设定完成后，单击下方"确定"按钮，完成对话框命令操作。

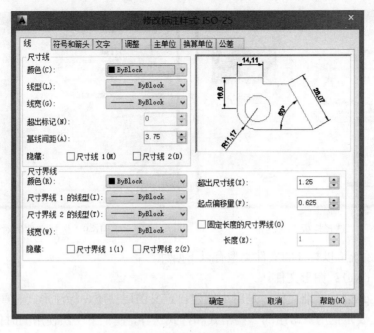

图 16-7 "修改标注样式"对话框

16.2.3 文件操作

在 AutoCAD 中,用户绘制的图形以文件形式保存,文件的后缀名为".dwg"。AutoCAD 2014 中,文件操作的命令主要集中在菜单浏览器按钮和快速访问工具栏中。

1. 创建新的图形文件

启动 AutoCAD 后,系统会自动建立一个新的图形文件,并将文件名暂时命名为 "Drawing1.dwg",用户一旦保存该文件,系统会以另存为的方式要求用户为该文件重新命名。

菜单按钮方式创建新的图形文件的过程如下。单击 ▲ →[新建]→[图形],会弹出如图 16-8 所示的"选择样板"对话框,该对话框左侧为文件夹位置,中间为相应文件夹下面的文件浏览器,右侧为文件预览窗口。在对话框下方,有两个文本窗口,一个是文件名,另一个是文件类型,在文件浏览器中选择相应的文件,该文件的名称就会在文件名文本窗口显示,单击对话框右下方的"打开"按钮,即可建立新的图形文件。

2. 打开已有的图形文件

1)菜单按钮方式

单击 ▲ →[打开]→[图形],会弹出如图 16-9 所示的"选择文件"对话框,该对话框左侧为文件夹位置,中间为相应文件夹下面的文件浏览器,右侧为文件预览窗口。在对话框下方,有两个文本窗口,一个是文件名,另一个是文件类型,在文件浏览器中选择相应的文件,该文件的名称就会在文件名文本窗口显示,单击对话框右下方的"打开"按钮,即可打开计算机中已有的图形文件。

 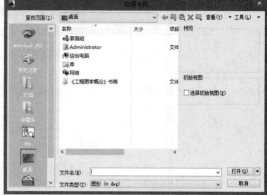

图 16-8 "选择样板"对话框　　　　图 16-9 "选择文件"对话框

AutoCAD 系统可以打开的文件类型有以下四种。

(1)图形(*.dwg)：图形文件。

(2)标准(*.dws)：标准文件，是用来创建自定义图层性质、标注形式、线型与文字样式的标准文件。主要是把用户常用的一些格式和样式保存，便于下一次使用的时候调用。与 dwt 格式(图形样板文件格式)是相辅相成的。

(3)DXF(*.dxf)：是 Autodesk 公司开发的用于 AutoCAD 与其他软件之间进行 CAD 数据交换的 CAD 数据文件格式。

(4)图形样板(*.dwt)：是样板文件，通常是保存一些标准设置的空白图，也有可能带图框或其他标准的图纸元素。

2)键盘输入方式

命令：OPEN。

快捷键：Ctrl+O。

3)快速访问工具栏

单击按钮![icon]，即可打开"选择文件"对话框。

3. 保存图形文件

绘制好的图形文件应及时保存，文件保存有以下两种情况。

1)文件原名保存(SAVE)

AutoCAD 将当前正在编辑的图形文件按以命名好的名称保存。保存的方式有以下三种。

(1)菜单按钮方式。单击![icon]→[保存]。

(2)键盘输入方式。命令：SAVE。快捷键：Ctrl+S。

(3)快速访问工具栏。单击按钮![icon]。

2)文件改名保存(SAVEAS)

文件改名保存存在两种情况：一是新建图形文件的第一次保存，系统默认以文件改名形式进行保存，此情况下，直接按文件原名保存形式进行文件保存，系统会自动按文件改名保存处理，并弹出"图形另存为"对话框(图 16-10)，让用户进行文件命名操作；二是已命名文件需要更改名称进行保存，此情况下，保存方式有以下三种。

(1)菜单按钮方式。单击![icon]→[另存为]。

(2)键盘输入方式。命令：SAVEAS(注意：SAVE 和 AS 应连写)。快捷键：Ctrl+Shift+S。

(3)快速访问工具栏。单击按钮![]。

以上方式保存后，都会弹出图 16-10 所示的"图形另存为"对话框，用户可在文件名文本框中更改文件名，并单击"保存"按钮确认。

需要注意，AutoCAD 自发布以来，经历了多次版本升级，虽然文件一直以".dwg"作为后缀名，但高版本 AutoCAD 创建的文件不能在低版本 AutoCAD 中打开。因此，在进行图形文件保存时应注意保存的文件类型。图 16-11 是 AutoCAD 能够保存的文件类型。

图 16-10　"图形另存为"对话框

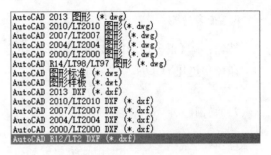

图 16-11　文件保存类型

16.3　常用二维绘图命令

AutoCAD 2014 采用 Ribbon 界面，其绘图命令从 2008 版本的工具条模式改为标签栏模式，常用的二维绘图命令标签栏位于"默认"选项卡下，绘图标签栏中。

1. 直线

按钮：/。

命令：LINE（下划线字母为快捷输入方式）。

2. 多义线

按钮：⌐。

命令：PLINE。

3. 圆

按钮：⊘。

命令：CIRCLE。

需要注意，AutoCAD 绘制圆有 4 种方式，分别为圆心半径方式，三点(3P)方式，两点(2P)，以及切点、切点、半径方式，用户可根据绘图情况选择不同的方式绘制圆。系统默认是圆心半径方式。

4. 圆弧

按钮：⌒。

命令：<u>ARC</u>。

需要注意，后续实例中多处需精确确定图形中点的位置，需要借助捕捉工具，此部分内容会在 16.5 节详述。

5. 矩形

按钮：▭。

命令：<u>RECTANG</u>。

如果倒圆角弧线半径设置为 0，那么绘制出的矩形四个角均为 90°。如果选择 C 倒角选项，那么为直线倒角。

6. 正多边形

按钮：⬠（正多边形的按钮与矩形按钮合并，可单击矩形按钮右侧下拉箭头找到）。
命令：<u>POLYGON</u>。

7. 椭圆

按钮：⬭。

命令：<u>ELLIPSE</u>。

8. 样条曲线

按钮：⌁。

命令：<u>SPLINE</u>。

9. 图案填充

图案填充是将一封闭图形区域用材料图例填充。填充的区域应是封闭的（如果不是封闭区域，将会导致填充不完全），围成填充区域的边界称为填充边界，填充边界可以是系统绘制的各种图线，也可以是由图线组成的图块。

从采用 Ribbon 界面形式开始，AutoCAD 中的图案填充命令取消了对话框的形式。当用户使用填充命令时，在功能区面板上会多出一个命名为"图案填充创建"的选项卡（图 16-12），该选项卡从左到右分别为"边界"、"图案"、"特性"、"原点"、"选项"和"关闭"6 个功能面板。

图 16-12　"图案填充创建"的选项卡

（1）"边界"功能面板包括"拾取点"、"选择"、"删除"和"重新创建"4 个图标按钮。"拾取点"按钮是填充命令的默认选项，用户通过鼠标单击封闭图形内部的一点，AutoCAD 自动计算出包含用户拾取点的最小封闭区域。如果单击"选择"按钮，则通过选择图形对象由系统自动判别封闭区域。"删除"按钮是将围成封闭区域的图形元素去除，这样做会形成新的封闭区域。

（2）"图案"功能面板上显示各种填充图案的示意图，用户可单击选择不同的填充图案。

该面板右侧有下拉箭头，单击可展开填充图案列表。

(3)"特性"功能面板中是对填充图案的特性设置，面板左侧 3 个选项分别设置"填充图案类型"、"图案填充颜色"和"背景色"。"填充图案类型"有 4 个选项，分别是"实体"、"渐变色"、"图案"和"用户定义"，用户在此选择，可快速切换至不同大类的填充图案。"图案填充颜色"是设置填充图形颜色的选项，系统默认为"使用当前项"。"背景色"可允许用户定义填充区域的背景色。面板右侧 3 个选项为"图案填充透明度"、"图案填充角度"和"图案填充比例"。可分别设置填充图案的透明度、图案的旋转的角度以及图案显示的比例。

(4)"原点"功能面板中有 8 个按钮，其功能均是设置填充图案的起始点位置，分别有自定义、右下角、左下角、右上角、左上角、图形中心和当前位置多个选项，选择后就默认为下次填充的设置。

(5)"选项"功能面板主要用于设置填充图案的关联性和进行孤岛检测。下面用两个例子说明关联性和孤岛检测的用法。如图 16-13(a)所示的填充图案矩形，系统默认是填充图案与填充边界有关联性，当用夹点扩展图形边界大小后，填充图案也自动扩展填充(图 16-13(b))。如果取消关联性，同样扩展填充图形的边界，填充图案不随边界的变化而变化(图 16-13(c))。

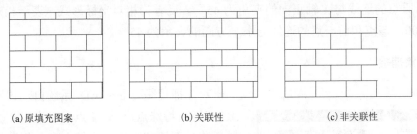

(a)原填充图案　　　　　　(b)关联性　　　　　　(c)非关联性

图 16-13　填充图案关联性

"选项"功能面板右下角有个指向右下角的箭头，单击该箭头，可打开"图案填充编辑"对话框，如图 16-14 所示，该对话框包含了填充命令所用的各个设置选项。

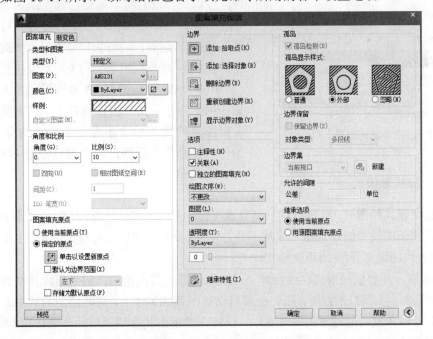

图 16-14　"图案填充编辑"对话框

16.4 辅助绘图工具

仅使用绘图命令,很难绘制出精确的图样,AutoCAD提供了多个辅助绘图工具型命令,这些工具可帮助用户提高绘图精确程度和绘图速度。

16.4.1 键盘输入

精确绘图的最基本要求就是能够绘制指定长度的线段,绘制指定长度的线段有三种方式:使用绝对坐标画线、使用相对坐标画线和使用极坐标画线。

绝对坐标的输入形式为:<u>100,200</u>。绝对坐标原点在绘图区左下角图标的原点位置。

相对坐标的输入形式为:<u>@100,200</u>。在坐标值前加@符号表示相对坐标,相对坐标是相对于上一点的位置的坐标,因此,该表达方式应在非起始点位置使用。

极坐标的输入形式为:<u>100<45</u> 或<u>@100<45</u>。前者表示绝对坐标,该点距离坐标原点100,该点和坐标原点的连线与 X 轴正向的夹角为45°。后者为相对坐标形式,表示相对于前一点的距离为100,该点和前一点的连线与水平方向的夹角为45°。

16.4.2 对象捕捉

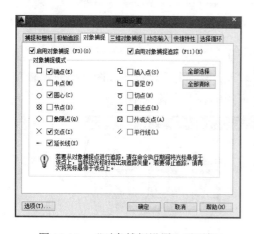

图 16-15 "对象捕捉设置"对话框

对象捕捉是 AutoCAD 系统自动识别图形元素上的对象(特殊点),如端点、中点、相交点等,当鼠标移动至这些点后,系统会自动将鼠标指针吸附到这些点上,帮助用户快速、准确地找到这些点位置。对象捕捉功能是 AutoCAD 最常用的绘图辅助工具,可以说,没有对象捕捉,就无法快速地绘制精确的图形。用户可以通过以下两种方式打开对象捕捉工具:一是按 F3 键打开/关闭对象捕捉;二是通过状态栏上 对象捕捉 按钮打开/关闭对象捕捉。

AutoCAD 可以捕捉 13 种图形元素上的点,如图 16-15 所示,用户可选择打开不同的捕捉对象,需要注意的是,对于不常用的捕捉对象不要同时打开,以避免在绘图过程中捕捉点过多导致混乱。

16.4.3 正交/极轴模式

打开正交模式绘图时,鼠标指针只能在水平方向(X 轴)与竖直方向(Y 轴)选取点,这对于水平和竖直线条比较多的建筑图来说是十分方便的。设置正交模式可通过单击状态栏上 正交 按钮,或按 F8 快捷键打开/关闭正交模式。

按 F10 键,开启极轴模式,绘图时仍可选取任意位置点绘图,但当指针移动到水平方向(X 轴)与竖直方向(Y 轴)附近时,指针会被自动吸附到 X/Y 轴上,这时绘图的效果类似于使用正交模式。极轴角度可通过下列方式实现,鼠标右键单击状态栏上极轴开关按钮 极轴 ,在弹出的菜单中选择"设置(S)…"选项(图 16-16),打开"草图设置"对话框,如图 16-17 所示。

系统默认的极轴角是 90°，也就是指针会在 X/Y 轴附近被吸附。用户可在增量角选项中输入不同增量角，指针就会在极轴角倍数值处被吸附。

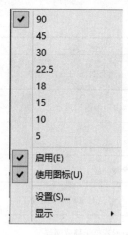

图 16-16

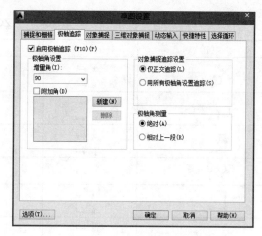

图 16-17　极轴设置方法

16.4.4　对象追踪

对象追踪是对象捕捉功能的扩展，按 F11 键或单击状态栏上对象追踪按钮 对象追踪 开启对象追踪。对象追踪是 AutoCAD 精确绘图的强大辅助工具，但在具体操作上较为复杂。如图 16-18 所示，如果需要绘制一条连接两个矩形中心的直线，可采取如下的操作步骤。采用画线命令 LINE，将十字光标移动至矩形一条边的中点，待该边中点被捕捉到后，沿垂直于该边方向移动指针，保证追踪虚线出现，然后将指针移动到矩形邻边，捕捉到该边中点后，沿垂直于该边方向移动指针，保证追踪虚线出现，移动指针到矩形中心位置时，两条追踪线会出现相交，此时指针会被自动吸附到交点上，单击后就可确定矩形中点的位置。

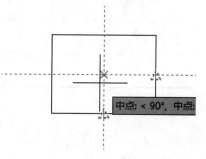

图 16-18　极轴追踪绘图

16.4.5　栅格/捕捉

栅格是在的绘图区上显示间隔点阵，栅格显示(F7 键)的区域根据图形大小界限确定。图形大小界限可使用 LIMITS 命令进行设置，系统默认的图形大小界限为 297×420，栅格显示也在此范围内。捕捉开关打开(F9 键)，指针只能在栅格点上移动。

16.4.6　二维导航(图形显示控制)

在绘制较大的图形时，由于计算机屏幕尺寸的限制，需要对图形进行缩小、放大、移动等显示操作。图形显示操作只是将图形的局部放大或缩小，并不改变图形的实际尺寸。AutoCAD2014 系统中，图形显示操作命令位于"视图"选项板下，名称为"二维导航"选项栏，图 16-19 显示了系统提供的显示控制命令。

图 16-19　二维导航

"缩放"命令有多个选项，可通过该按钮右侧的下拉菜单选择，也可通过在命令行输入"ZOOM"命令后选择不同的参数实现，具体的命令和操作流程如表 16-1 所示。

表 16-1　"ZOOM"命令

按钮	命令	功能
范围	z ↵ e ↵	缩放以显示所有对象的最大范围
窗口	z ↵ w ↵	缩放以显示由矩形窗口指定的区域
上一个	z ↵ p ↵	显示上一个视图
实时	z ↵	放大或缩小显示当前视口
全部	z ↵ a ↵	缩放以显示所有可见对象和视觉辅助工具
动态	z ↵ d ↵	使用矩形视框平移或缩放
缩放	z ↵ s ↵	使用比例因子进行缩放，以更改视图的比例
圆心	z ↵ c ↵	缩放以显示由中心点及比例值或高度定义的视图
对象	z ↵ o ↵	缩放以在视图中心尽可能大地显示一个或多个选定对象
放大	z ↵ 2x ↵	使用比例因子 2 进行缩放，增大当前视图的比例
缩小	z ↵ .5x ↵	使用比例因子 2 进行缩放，减小当前视图的比例

16.5　常用二维修改命令

修改命令图标集中在"默认"选项卡下，"修改"标签栏中。

1. 移动

按钮：✥。
命令：MOVE。

2. 旋转

按钮：↻。
命令：ROTATE。

3. 修剪

按钮：⊬。
命令：ROTATE。

4. 延伸

延伸命令与修剪命令合并，可单击修剪命令按钮右侧下拉箭头找到。

按钮：-/。

命令：<u>EXTEND</u>。

5. 删除

按钮：<u>DELETE</u>。

命令：<u>DELETE</u>。

6. 复制

按钮：。

命令：<u>MOVE</u>。

7. 镜像

镜像命令用于绘制对称图形。

按钮：⚎。

8. 倒角

按钮：◻。

命令：<u>CHAMFER</u>。

9. 倒圆角

倒圆角命令与倒角命令合并，可单击倒角命令按钮右侧下拉箭头找到。

按钮：◻。

命令：<u>FILLET</u>。

10. 光滑曲线

光滑曲线命令用于在两条选定直线或曲线之间的间隙中创建样条曲线。光滑曲线命令与倒角命令合并，可单击倒角命令按钮右侧下拉箭头找到。

按钮：∿。

命令：<u>FILLET</u>。

11. 分解

分解命令用于将复合图形对象分解为其最基本的组件对象图形。如图块可分解成组成图块的图形，多行文字分解成单行文字，多段线分解成一般直线等。

按钮：▤。

命令：<u>EX</u>PLODE。

12. 拉伸

按钮：▤。

命令：<u>STRETCH</u>。

拉伸命令在使用时涉及 AutoCAD 系统中的左选与右选功能，这两者是有很大不同的。左选，按下鼠标左键拖动(<u>从左向右</u>)，右选，按下鼠标左键拖动(<u>从右向左</u>)，两者在显示上也有区别。图 16-20(a)为左选，选择窗口为实线窗口，图 16-20(b)为右选，选择窗口为虚线窗口。使用左选方式，选择窗口要完全包围图形才表示将图形选中，而右选方式，只要选择窗口与图形有相交，就可以将图形选中。图 16-20(a)中采用左选方式，完全包围的图形元素只有右侧的对称部分(图中粗线)，而中间两条水平直线没有被完全包围，是没有被选中的。图 16-20(b)中使用右选方式，与选中窗口相交的不仅有右侧的对称图形部分，还包括与选择窗口相交的两条水平直线(图中粗线)。

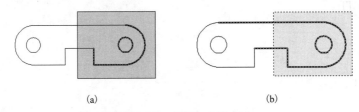

(a)   (b)

图 16-20   左选与右选方式

还需要注意一点，在使用拉伸命令时，若使用右选方式且选择窗口包围了整个图形，就不能对图形进行拉伸，只能移动。

13. 缩放

缩放命令可以放大或缩小选定对象，使缩放后对象的比例保持不变。

按钮：▨。

命令：SCALE。

14. 矩形阵列、路径阵列和环形阵列

阵列是创建按指定方式排列的对象副本，AutoCAD 2014 的阵列命令提供了三种可选阵列形式：矩形阵列(ArrayRect)、路径阵列(ArrayPath)和环形阵列(ArrayPolar)。这三个命令按钮集合在一起，可通过按钮右侧的下拉箭头找到其他命令。

按钮：▦、⌇、⁙。

命令：ARRAY。

阵列命令的参数设置采用 Ribbon 选项卡模式，当用户执行阵列命令时，在命令提示行提示下，选择要阵列的对象后，在功能区面板上会出现一个名为"阵列"的选项卡，如图 16-21所示。选项卡上包括"类型"、"列(项目)"、"行"、"层级"、"特性"和"关闭"等标签栏，每一个标签栏的内容都是对不同阵列参数的设置。不同阵列形式标签栏的内容也不相同。

1)"类型"标签栏

该标签栏显示当前阵列的形式。

2)"列(项目)"标签栏

若是矩形阵列，则该标签栏用于设置对象共有多少列(列数)、对象列间距(介于)或整列对象长度(总计)等参数；若是路径阵列则设置对象项目数、间距和整列对象长度等参数；环形阵列与路径阵列相同，填充参数设置表示阵列对象填充多大的角度。

3)"行"标签栏

该标签栏用于设置对象共有多少行(行数)、对象行间距(介于)或整行对象长度(总计)等参数。

4)"层级"标签栏

该标签栏用于设置对象共有多少层(级别)、对象层间距(介于)或整层对象长度(总计)等参数。

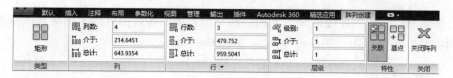

(a)"矩形阵列"选项卡

(b)"路径阵列"选项卡

(c)"环形阵列"选项卡

图 16-21 "阵列"命令选项卡

5)"特性"标签栏

矩形阵列中,特性只设置阵列对象的基点和设定阵列的对象是否关联。在路径矩阵和环形矩阵中,设置的参数较多,鉴于这些参数设置较少使用,在本书中不再详述。用户可使用鼠标获取简要说明或按 F1 键获取帮助。图 16-22 为三种不同的阵列形式。

(a)矩形阵列   (b)路径阵列   (c)环形阵列

图 16-22 不同阵列形式

15. 偏移

按钮: 。

命令: OFFSET。

16. 夹点编辑

夹点就是对象上的控制点。选择图形对象后,对象特征点上显示出的若干小方框就是夹点,单击夹点,就可移动这些控制点,实现对象图形的编辑。

1)使用夹点拉伸对象

选择直线,单击右侧或左侧夹点,拖动到指定位置,如图 16-23 所示。

2)使用夹点移动对象

如图 16-23 所示的例子,选择直线,单击中间夹点,拖动到指定位置。通过夹点移动图形对象时,夹点选择一般是中心点。

3)使用夹点复制对象

如图 16-23 所示的例子,选择直线,单击中间夹点,根据命令窗口提示,输入 C,回车确定后,将对象拖动到指定位置即可复制一个新的直线对象。通过夹点复制图形对象时,夹点选择一般是中心点。

夹点编辑是一种较为便捷的修改方式，其对所有图形元素都有效，特别是在修改标注等多元素图块时很便捷。

17. 对象特性匹配命令

该命令将选定对象的特性应用于其他对象。对于一些设置较为复杂的图形，使用对象特性匹配命令可快速将已有的特性赋予新对象。该命令按钮位于"默认"选项卡下"剪贴板"标签栏中。

按钮：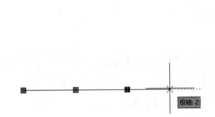。

命令：MATCHPROP。

可应用的特性类型包含颜色、图层、线型、线型比例、线宽、打印样式、透明度和其他指定的特性。特性的种类可通过本命令下 S 选项打开如图 16-24 所示的对话框进行设置。

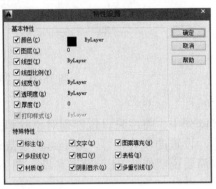

图 16-23 夹点拉伸对象实例

图 16-24 "特性设置"对话框

图 16-25 "特性"选项板

18. 对象特性选项板

该命令按钮位于"视图"选项卡下"选项板"标签栏中。对象特性选项板可通过以下方式打开"特性"选项板，如图 16-25 所示。

按钮：。

命令：PROPERTIES/Ctrl+L。

选择单个对象时，该对象的特性就以列表形式显示在选项卡中；选择多个对象时，仅显示所有选定对象的公共特性；未选定任何对象时，仅显示常规特性的当前设置。

可以指定新值以修改任何可以更改的特性。单击该值并使用以下方法之一进行修改。

(1) 输入新值。

(2) 单击右侧的向下箭头并从列表中选择一个值。

(3) 单击"拾取点"按钮，使用定点设备更改坐标值。

(4) 单击"快速计算器"按钮可计算新值。

(5) 单击左或右箭头可增大或减小该值。

(6) 单击"[…]"按钮并在对话框中更改特性值。

16.6　文字与表格

文字说明是工程图中重要的组成部分，AutoCAD 提供了多种文字输入方式和文字样式，供用户选择使用。

16.6.1　文字样式

AutoCAD 系统在输入文字前，需要确定文字的样式。新建的 AutoCAD 文件带有默认文字样式，单击"注释"选项卡下"文字"标签栏中对话框按钮 ，或单击该标签栏中"文字样式"下拉菜单中 管理文字样式... 按钮，可以打开"文字样式"设置对话框，如图 16-26 所示。也可通过命令"STYLE"打开对话框。

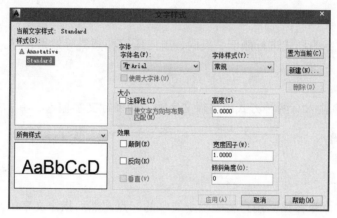

图 16-26　"文字样式"对话框

在该对话框中，显示了一个文字样式的所有信息，对话框左上方是当前使用的文字样式名称，图 16-26 中使用的文字样式名称为"Standard"，这是系统默认的文字样式，文字样式名称下方是样式列表，当前文件中只有一个文字样式"Standard"。在列表下方有当前文字样式的预览图。对话框中间栏目是一个文字样式中的各种设置，包括字体、大小和效果。对话框的右侧是"置为当前(C)"、"新建(N)…"和"删除(D)"按钮。一个 AutoCAD 文件中可以设置多个文字样式，以方便用户不同的文字录入需求。要使用文字样式时，必须将该样式的文字置为当前，这样在绘图区输入的文字才能是需要的样式。对话框下方是"应用(A)"、"取消"和"帮助(H)"按钮，分别用于确认文字样式的新建与修改，以及取消前述操作和获取帮助。

1. 字体

字体下有两个下拉菜单选项，一个是"字体名"，用于确定文字样式中的字体，用户可通过下拉菜单选择不同的字体。用户在选择字体时要注意，AutoCAD 可用两种字体：一种是普通字体文件，即 Windows 系列应用软件所提供的字体文件，为 TrueType 类型的字体；另一种是 AutoCAD 特有的字体文件(*.shx)，包括某些专为亚洲国家设计的大字体文件。TrueType 类型的字体会占用很大的计算机资源，而*.shx 字体就小得多，尤其是计算机的显存资源。字体名称前有"@"的字体慎用，这些字体是 Windows 通用字符，是旋转 90°显示的字体。

字体的选择需要有字体库的支持，AutoCAD 中不同样式的字体都是以文件形式存在的，存放在安装目录下"Font"文件中，如果缺少字体文件，在 CAD 图形中会以默认的字体替代，图形可能会显示成乱码。

如果"字体名"下拉列表框选中的是 TrueType 类型的字体，列表框下方的"使用大字体"复选框就不可选。另一个"字体样式"下拉列表框中的内容根据 TrueType 字体类型的不同会有所不同，如"常规""斜体""粗体""粗斜体"。

2. 大小

"高度"用于设置该样式的文字高度值，高度如果不为 0，在绘图区输入的文字就只能按这个高度值显示，无法通过编辑方式进行修改，如果要使用同一种样式，输入不同高度的文字，就将高度值设置为 0。

3. 效果

该项目可对文字的样式进行颠倒、反向、单向压缩和倾斜等效果设置。

16.6.2 文字输入

AutoCAD 文字输入有两种方式：单行文字输入和多行文字输入。

1. 单行文字输入

按钮：A^I。

命令：DTEXT。

单击单行文字命令按钮，用户要先指定文字的起点，然后指定文字的高度，如果选择的文字样式已经指定了文字高度，此步骤被省略，再指定文字的旋转角度，最后输入正式的文字内容。不同行的文字切换以回车键确认，结束文字输入可敲击两次回车键确认。

2. 多行文字输入

按钮：A。

命令：MTEXT。

单击多行文字按钮，需要用户在绘图区域以角点方式指定一个文字录入区域，也就是在位文字编辑器。图 16-27 为指定了绘图区域后的在位文字编辑器。

图 16-27　在位文字编辑器

在位文字编辑器由文字编辑器选项卡、水平标尺等组成，文字编辑器选项卡由"样式"标签栏、"格式"标签栏、"段落"标签栏、"插入"标签栏、"拼写检查"标签栏、"工具"标签栏、"选项"标签栏和"关闭"标签栏组成，水平标尺下面的方框则用于输入文字。下面介绍编辑器中主要项的功能。

1）"样式"标签栏

该标签栏中列出了在"文字样式"对话框中已定义的文字样式，读者可通过列表选用标注样式，或更改在编辑器中所输入的文字样式。

2）"格式"标签栏

设置或更改字体。在文字编辑器中输入文字时，可利用该下拉列表随时改变所输入文字的字体，也可以用来更改已有文字的字体。

3）"段落"标签栏

设置或更改文本段落格式，如对齐方式、段落行间距以及项目符号和编号等。

4）"插入"标签栏

插入符号、字段等特殊标记。设置文本"不分栏"、"动态栏"和"静态栏"三个选项。

3. 特殊符号输入

标注文字时，有时需要标注一些特殊符号，如角度"°"、正负公差符号"±"、直径"ϕ"等。表16-2列出了系统的常用控制符。

表 16-2　AutoCAD 控制符

控制符	功能	控制符	功能
%%O	打开或关闭文字上划线	%%P	标注正负公差符号"±"
%%U	打开或关闭文字下划线	%%C	标注直径符号"ϕ"
%%D	标注度符号"°"	%%%	标注百分比符号"%"

16.6.3　表格样式

在工程图中存在大量的表格，AutoCAD 提供了表格工具，帮助用户快速建立表格，用户在建立表格之前要先确定表格的样式。

按钮：▭（"默认"选项卡"注释"标签栏下拉菜单中，"注释"选项卡"表格"标签栏按钮▭）。

命令：TABLESTYLE。

执行表格样式命令后，可打开如图 16-28 所示的对话框。系统默认有一个名为"Standard"的样式。单击"新建(N)…"按钮可建立一个新的样式。在打开的"创建新的表格样式"对话框中输入表格名称，单击"继续"按钮(图 16-29)，进入"新建表格样式"设置对话框，如图 16-30 所示。

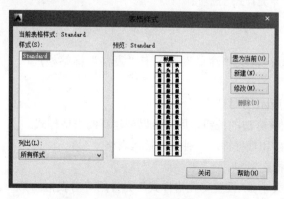

图 16-28　"表格样式"对话框

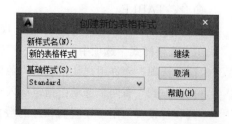

图 16-29　"创建新的表格样式"对话框

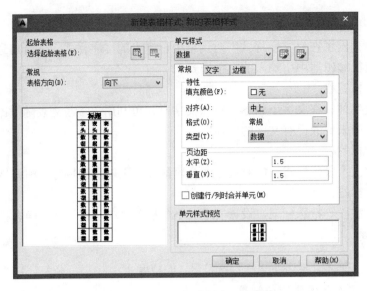

图 16-30 "新建表格样式"对话框

在该对话框中,"起始表格"选项使用户可以在图形中指定一个表格用作样例来设置此表格样式的格式。

"常规"选项中,表格方向定义新的表格样式或修改现有表格样式。设置表格方向,"向下"将创建由上而下读取的表格,"向上"将创建由下而上读取的表格。"常规"选项卡下方是表格的预览。

对话框右侧是"单元样式"选项,该选项用于设置数据单元、单元文字和单元边框的外观。图 16-31 为"单元样式"选项卡的三个不同选项。

图 16-31 "单元样式"选项卡

16.6.4　插入表格

按钮:▦("默认"选项卡"注释"标签栏,或"注释"选项卡"表格"标签栏)。

命令:TABLE。

执行插入表格命令,会弹出如图 16-32 所示的对话框。

在"表格样式"选项中,通过单击下拉列表旁边的按钮,用户可以创建新的表格样式。

"插入选项"允许用户从空表格、数据链接和数据提取三种方式插入表格。

"插入方式"有两个选项:指定插入点和指定窗口。

"列和行设置"用于设置列和行的数目及大小。"设置单元格样式"允许用户对表格的第一、二行进行表头或标题设置。

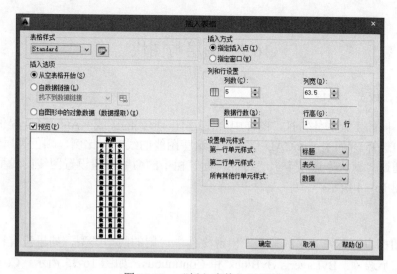

图 16-32 "插入表格"对话框

16.6.5 表格外部数据链接

AutoCAD2014 允许用户将外部数据 Excel 文件插入 AutoCAD 文件中，在"注释"选项卡上"表格"标签栏中，单击 图标按钮，弹出如图 16-33(a)所示的对话框，选择"创建新的 Excel 数据链接"，单击"确定"按钮后，在弹出的"输入数据链接名称"对话框中输入新链接的名称，单击"确定"按钮，弹出"新建 Excel 数据链接：×××"对话框，如图 16-33(b)所示，可在对话框中选择已有的 Excel 文件，单击"确定"按钮完成外部数据链接。然后按插入表格的方式插入新的数据表格，在弹出如图 16-33 所示的对话框后，在"插入"选项中选择"自数据链接(L)"，然后在该选项的下拉菜单中选择前面建立的数据链接，单击"确定"按钮后在绘图区单击插入表格。

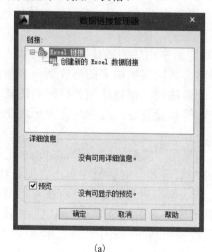

(a)

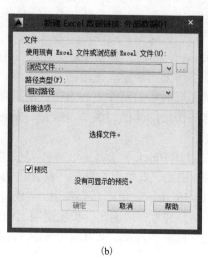

(b)

图 16-33 通过外部数据链接插入表格

如果外部 Excel 文件更新了，AutoCAD 也可更新相应的数据链接，单击 按钮，选择绘图区上的相应表格进行相应的更新。同样地，如果用户在 AutoCAD 内修改了表格数据，也可通过 按钮将数据更新到外部 Excel 文件中。

16.7 图层与图块

16.7.1 线型、线宽、颜色

为表示不同的工程形体特征，图样中会使用不同形式的图线。AutoCAD 提供了多种类型的图线供用户选择。同时 AutoCAD 也可设置这些图线的线宽、比例、颜色等属性。

用户可通过"默认"选项卡上"特性"标签栏中的命令按钮设置图线的线型、线宽和颜色属性，如图 16-34 所示。

1. 线型

单击 ⊞ 图标右侧下拉菜单的箭头，出现文件中可用的线型类型，如果没有设置过线型，显示的只有三个选项：ByLayer、ByBlock 和 Continuous，如图 16-35 所示。Continuous 表示实线。这里需要解释一下的是 ByBlock 和 ByLayer。

图 16-34　线型、线宽和颜色

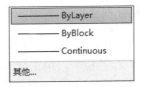

图 16-35　可用线型列表

（1）ByBlock：随块，意思就是"对象属性使用它所在的图块的属性"。通常只有将要做成图块的图形对象才设置这个属性。当图形对象设置为 ByBlock 并被定义成图块后，可以直接调整图块的属性，设置成 ByBlock 属性的对象属性将跟随图块设置变化而变化。如果图形对象属性设置成 ByBlock，但没有被定义成图块，此对象将使用默认的属性，颜色是白色、线宽为 0、线型为实线。如果图块内图形的属性没有设置成 ByBlock，对图块的属性进行调整，这些对象仍将保持原来的属性。

（2）ByLayer：随层，意思就是"对象属性使用它所在图层的属性"。对象的默认对象是随层，因为图层作为一个管理图形的有效工具，通常会将同类的很多图形放到一个图层上，用图层来控制图形对象的属性更加方便。所以通常的做法是：根据绘图和打印的需要设置好图层，并将这些图层的颜色、线型、线宽、是否打印等都设置好，绘图时将图形放在合适的图层上就好了。

需要注意 ByBlock 和 ByLayer 并不是线型，如果用户需要不同于 Continuous 的线型，可单击图 16-35 中的"其他…"选项，在弹出的"线型管理器"对话框中单击"加载(L)…"按钮，如图 16-36 所示。单击后会弹出"加载或重载线型"对话框。用户可在对话框列表中选择需要的线型，并单击"确定"按钮退回"线型管理器"对话框，单击"确定"按钮退出。然后单击线型下拉菜单列表，就可以发现刚才选择的线型出现在列表中，就表示该线型可用了。

2. 线宽

单击 ≣ 图标右侧下拉菜单的箭头，就会出现线宽列表，如图 16-37 所示。用户可直接选择需要的线段宽度，与线型设置相同，线宽中也存在 ByBlock 和 ByLayer 选项，意义与线型中相同。

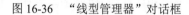

图 16-36   "线型管理器"对话框

图 16-37   可用线宽列表

3. 颜色

颜色列表与线型、线宽相同，用户如果需要更加丰富的颜色设置，可单击列表中的"选择颜色…"选项，打开 AutoCAD "颜色管理器"对话框，用户可根据需要选择或自定义颜色。

16.7.2   图层

图层是 AutoCAD 中重要的概念。可以把图层看作一张透明的纸，一个 AutoCAD 文件中可以有多个图层，就像是把多张透明纸叠放在一起。每一个图层都有一个名字，并通过图层管理器设置该图层的线型、线宽、颜色等属性信息。AutoCAD 还允许对图层单独进行打开/关闭、冻结/关闭、锁定/解锁状态设置。图层是 AutoCAD 用来组织、管理图形对象的有效工具。

"默认"选项卡上"图层"标签栏是图层工具的集合，新建 AutoCAD 文件有一个默认图层"0"，不可删除或更改名称。

单击标签栏左上角的 📑 按钮，打开"图层特性管理器"对话框(图 16-38)。

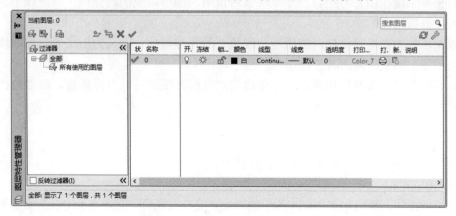

图 16-38   "图层特性管理器"对话框

在该对话框上，左侧是图层过滤器窗格，右侧是图层列表窗格，如果要新建图层，可单击对话框上部的 📑 按钮。如果要删除图层，可单击 ✖ 按钮。如果要把某个图层设置为当前图层，可先选中该图层，然后单击✅按钮。

用户可对新建图层进行命名，或对已经存在的图层改名(0层、Defpoints层除外)。

每个图层有不同的状态控制。具体功能和按钮如表16-3所示。

表 16-3　图层状态

状态及标示	状态描述
打开/关闭 💡💡	打开和关闭选定图层。图层打开时，该图层上对象可见并且可以打印。当图层关闭时，它不可见并且不能打印
冻结/解冻 ☀️❄️	冻结所有视口中选定的图层，冻结图层上的对象将不会显示、打印、消隐或重生成
锁定/解锁 🔓🔒	锁定和解锁选定图层。无法修改锁定图层上的对象，但可显示
是否打印 🖨️🖨️	控制是否打印选定图层。即使关闭图层的打印，仍将显示该图层上的对象。将不会打印已关闭或冻结的图层，而不管"打印"设置

每个图层上的线型、线宽和颜色都可按前述方法进行设置。

此外，AutoCAD还提供了多个图标按钮工具，帮助用户进行快速图层操作。具体功能如表16-4所示。

表 16-4　图层操作工具

命令按钮	功能描述
🗐	将当前图层设定为选定对象所在的图层
🗐	更改选定对象所在的图层，以使其匹配目标图层
🗐	上一个图层
LAYISO 🗐	隐藏或锁定除选定对象所在图层外的所有图层
LAYUNISO 🗐	恢复使用 LAYISO 命令隐藏或锁定的所有图层

16.7.3　图块

在工程图绘制过程中，有些小的图样是要经常使用的，如果每次都画出来，效率十分低下，如果复制，在操作上也不是很方便。AutoCAD 提供了图块命令，允许用户将绘制好的图形作为图块保存，在下次使用时直接借助图块名称将图形插入图中的任何位置。图块是建立图形库的一种手段，用户可把自己专业领域内常用的图形做成图块存储，以便在下次使用时快速调用，提高绘图效率。

组成图块的图形对象有自身的图层、线型、颜色等属性。定义为图块后，点取块内任一点就能选中整个图块，而对其进行操作。

如果要修改已插入的图块内容，需要将图块分解，图块可以多重嵌套，需要修改时，也要多次分解。

1. 定义图块

按钮：🔲 ("默认"选项卡"块"标签栏中)。

命令：BLOCK。

单击图标按钮，弹出如图16-39所示的"块定义"对话框。在"名称(N)"文本框内，用户可输入自定义的块名，也可使用已有的块名，对已有的块进行更新。"基点"组中，用户可自己输入基点的 X、Y、Z 三个坐标，也可以通过鼠标在屏幕上单击指定。"对象"组中，用户可通过鼠标在屏幕上选择组成图块的图形对象。该组中有三个选项："保留(R)"表示创建块以后，将选定对象保留在图形中作为区别对象；"转换为块(C)"表示创建块以后，将选定对象转换成图形中的块实例；"删除(D)"表示创建块以后，从图形中删除选定的对象。"方式"组中，"注释性(A)"表示指定块为注释性。"使块方向与布局匹配(M)"选项表示指定在图纸空间视口中的块参照的方向与布局的方向匹配，若未选择"注释性"选项，则该选项不可用。"按统一比例缩放(S)"表示指定是否阻止块参照不按统一比例缩放。"允许分解(P)"表示指定块参照是否可以被分解。

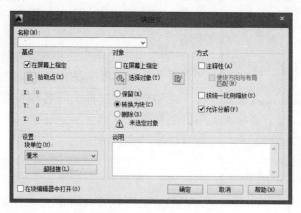

图 16-39　"块定义"对话框

2. 插入图块

按钮：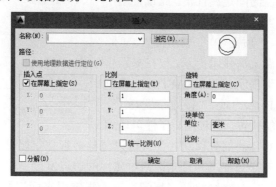（"默认"选项卡"块"标签栏中）。

命令：INSERT。

单击图标按钮，弹出如图 16-40 所示的"插入"对话框。"名称(N)"文本框用于指定要插入块的名称，或指定要作为块插入的文件的名称。"插入点"组用于指定块的插入点，用户可自行输入插入块的坐标，也可通过鼠标在屏幕上指定。"比例"组用于指定插入块的缩放比例。若指定负的 X、Y 和 Z 缩放比例因子，则插入块的镜像图像。"旋转"组用于在当前用户坐标系(UCS)中指定插入块的旋转角度。"分解(D)"选项表示分解块并插入该块的各个部分。选定"分解(D)"时，只可以指定统一比例因子。

图 16-40　"插入"对话框

3. 写块

按钮：（"插入"选项卡"块定义"标签栏中，与"块创建"图标集合在一起）。

命令：WBLOCK。

图 16-41　"写块"对话框

此命令的作用在于将选定对象保存到指定的图形文件或将块转换为指定的图形文件。与 BLOCK 命令相同的是两个命令都可以建立块，WBLOCK 命令建立的是"外部块"，是存储在计算机磁盘上的图形文件，BLOCK 命令建立的是"内部块"，存在于当前图形文件内，但不显示。

单击图标按钮，弹出如图 16-41 所示的"写块"对话框。

"源"组用于指定块和对象，将其另存为文件并指定插入点。其中各项设置的含义与块定义对话框类似。"目标"组用于指定文件的新名称和新位置以及插入块时所用的测量单位。"文件名和路径(F)"用于指定文件名和保存块或对象的路径。

16.7.4　属性定义

块属性是附属于块的非图形信息，是特定的可包含在块定义中的文字对象，它必须和块一起使用。在使用时，属性需先定义后使用。

为了使用属性，必须先定义属性，然后将包含属性的某一图形定义为图块，之后就可以在当前图形文件或其他图形文件中插入带有属性的图块了。

按钮：🖉（"插入"选项卡"块定义"标签栏中）。

命令：ATTDEF。

单击图标按钮后，弹出如图 16-42 所示的"属性定义"对话框。对话框上"模式"选项组用于在图形中插入块时，设定与块关联的属性值选项。"不可见(I)"表示指定插入块时不显示或打印属性值。ATTDISP 命令将替代"不可见"模式。"固定(C)"表示在插入块时指定属性的固定属性值。此设置用于永远不会更改的信息。"验证(V)"表示插入块时提示验证属性值是否正确。"预设(P)"表示插入块时，将属性设置为其默认值而无需显示提示。仅在提示将属性值设置为在"命令"提示下显示(ATTDIA 设置为 0)时，应用"预设(P)"选项。"锁定位置(K)"表示锁定块参照中属性的位置。解锁后，属性可以相

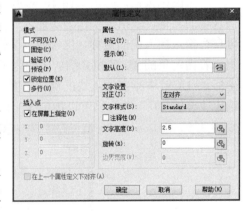

图 16-42　"属性定义"对话框

对于使用夹点编辑的块的其他部分移动，并且可以调整多行文字属性的大小。"多行(U)"表示指定属性值可以包含多行文字，并且允许指定属性的边界宽度。

"属性"选项组用于设定属性数据。"标记"表示指定用来标识属性的名称。可使用任何字符组合(空格除外)输入属性标记。小写字母会自动转换为大写字母。"提示(M)"表示指定在插入包含该属性定义的块时显示的提示。如果不输入提示，属性标记将用作提示。如果在"模式"区域选择"常数"模式，"属性提示"选项将不可用。"默认(L)"表示指定默认属性值。"插入字段"按钮用于显示"字段"对话框，可以在其中插入一个字段作为属性的全部或

部分值。"多行编辑器"按钮用于选定"多行"模式后，将显示具有"文字格式"工具栏和标尺的在位文字编辑器。ATTIPE 系统变量控制显示的"文字格式"工具栏为缩略版还是完整版。

"插入点"选项组用于指定属性位置。输入坐标值或选择"在屏幕上指定(O)"，并使用定点设备来指定属性相对于其他对象的位置。

"文字设置"选项组用于设定属性文字的对正、样式、高度和旋转。

16.7.5 属性管理与编辑

被赋予图块并插入图形文件中的属性，可以通过属性管理器进行修改和编辑。

按钮：⌨（"插入"选项卡"块定义"标签栏中）。

命令：BATTMAN。

单击图标按钮后，弹出如图 16-43 所示的"块属性管理器"对话框。

该对话框列表列出了在该文件中各个图块所包含的属性。如果需要修改属性，可单击对话框右侧的"编辑(E)…"按钮，进入属性编辑界面，如图 16-44 所示，对该属性进行编辑。该对话框上有三个选项卡，分别是"属性"、"文字选项"和"特性"。"属性"选项卡显示当前图块中每个属性定义的标记、提示和默认值。"文字选项"选项卡用于修改属性文字的格式。"特性"选项卡用于修改属性对象的特性，包括属性所在的图层、线型和线宽等。

图 16-43　"块属性管理器"对话框

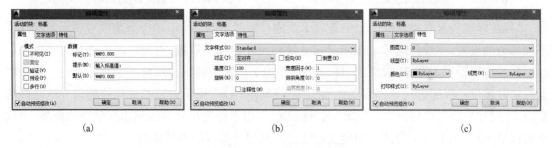

(a)　　　　　　　　　　(b)　　　　　　　　　　(c)

图 16-44　属性编辑对话框

16.8　尺　寸　标　注

工程图中的尺寸标注样式繁多，不同专业的标注形式也不尽相同。AutoCAD 提供了一套完整的尺寸标注系统，可以满足不同专业对尺寸标注的要求。

16.8.1　标注样式设置

在进行标注之前需对标注样式进行设置。单击"默认"选项卡上"注释"标签栏下拉菜单中⌨按钮，可以打开"标注样式管理器"对话框，如图 16-45 所示。也可单击"注释"选项卡上"标注"标签栏中⌨按钮。

对话框窗格左侧是标注样式列表，右侧窗格是标注样式预览，最右侧的按钮是对各个标注样式进行操作的命令。"置为当前(U)"表示将列表中选择的标注样式作为当前使用的标注样式。"新建(N)…"表示建立一个新的标注样式。"修改(M)…"表示对列表中选择的标注样式进行修改。单击"替代(O)…"按钮，显示"替代当前样式"对话框，从中可以设定标注样式的临时替代值。对话框选项与"新建标注样式"对话框中的选项相同。替代将作为未保存的更改结果显示在"样式"列表中的标注样式下。单击"比较(C)…"按钮，显示"比较标注样式"对话框，从中可以比较两个标注样式或列出一个标注样式的所有特性。

打开标注样式管理器后，单击"新建(N)…"按钮，进入"创建新标注样式"对话框，如图16-46所示，在"新样式名(N)"栏中，填写新建标注样式的名称。"基础样式(S)"是指设定作为新样式的基础的样式。对于新样式，仅更改那些与基础特性不同的特性。"用于(U)"选项在下拉箭头中选择所建样式用于的标注种类，单击"继续"按钮，进入"标注样式设置"对话框。

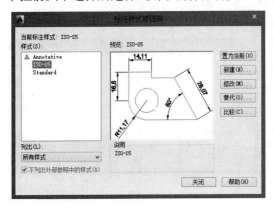

图16-45 "标注样式管理器"对话框

图16-46 "创建新标注样式"对话框

"标注样式设置"对话框由七个选项卡组成，如图16-47所示。每个选项卡表示对标注中不同部分的设置。"线"选项卡表示对尺寸线和尺寸界线的设置。"尺寸线"选项组中颜色、线型和线宽等设置不再详述，"超出标记(N)"用于指定当箭头使用倾斜、建筑标记、积分和无标记时，尺寸线超过尺寸界线的距离。"基线间距(A)"用于设定基线标注的尺寸线之间的距离。"尺寸界线"选项组中，"超出尺寸线(X)"用于指定尺寸界线超出尺寸线的距离。"起点偏移量(F)"用于设定自图形中定义标注的点到尺寸界线的偏移距离。

"符号和箭头"选项卡用于对尺寸起止符号以及一些特殊标记的设置，如图16-48所示。"箭头"选项组中，"第一个(T)"和"第二个(D)"分别表示两个尺寸起止符号的形式，AutoCAD提供有建筑工程使用的斜短线标记。"引线(L)"用于设定引线箭头。"圆心标记"是用十字线标记的，用户可设定标记的大小。

"文字"选项卡用于设置尺寸数字，如图16-49所示。"文字外观"选项组中"文字高度(T)"用于设定当前标注文字样式的高度。如果要在此处设置标注文字的高度，需将文字样式的高度设置为0。"分数高度比例(H)"用于设定相对于标注文字的分数比例。"文字位置"选项组中"垂直(V)"控制标注文字相对尺寸线的垂直位置。"水平(Z)"控制标注文字在尺寸线上相对于尺寸界线的水平位置。"从尺寸线偏移(O)"设定当前文字间距，文字间距是指当尺寸线断开以容纳标注文字时，标注文字周围的距离。"文字对齐(A)"选项组控制标注文字放在尺寸界线外边或里边时的方向是保持水平的还是与尺寸界线平行的。

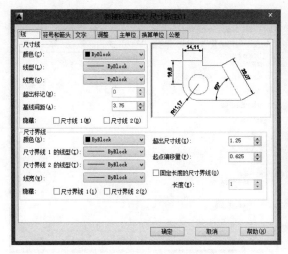

图 16-47　"线"选项卡对话框

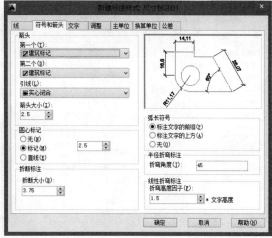

图 16-48　"符号和箭头"选项卡对话框

"调整"选项卡用于控制标注文字、箭头、引线和尺寸线的放置，如图 16-50 所示。"调整选项(F)"用于控制基于尺寸线之间可用空间的文字和箭头的位置。"文字位置"用于设定标注文字从默认位置(由标注样式定义的位置)移动时标注文字的位置。"标注特征比例"用于设定全局标注比例值或图纸空间比例。

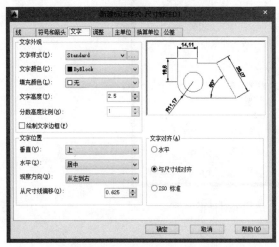

图 16-49　"文字"选项卡对话框

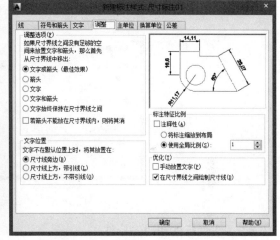

图 16-50　"调整"选项卡对话框

"主单位"选项卡用于设定主标注单位的格式和精度，并设定标注文字的前缀和后缀，如图 16-51 所示。"线性标注"用于设定线性标注的格式和精度。工程图以 mm 为单位，不计小数点后值，可在此处进行设置，将"精度(P)"设置为 0。"测量单位比例"选项组中，"比例因子(E)"用于设置线性标注测量值的比例因子。建议不要更改此值的默认值 1.00。"角度标注"选项组用于显示和设定角度标注的当前角度格式。

"换算单位"选项卡用于指定标注测量值中换算单位的显示，并设定其格式和精度，如图 16-52 所示。

"公差"选项卡用于指定标注文字中公差的显示及格式，如图 16-53 所示。

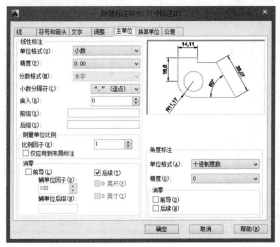

图 16-51 "主单位"选项卡对话框

图 16-52 "换算单位"选项卡对话框

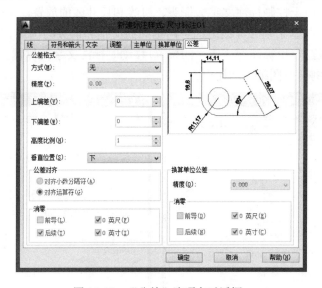

图 16-53 "公差"选项卡对话框

16.8.2 线性标注和对齐标注

AutoCAD2014 将所有的标注按钮集合在一起,位于"默认"选项卡上"注释"标签栏中,或"注释"选项卡上"标注"标签栏中,通过下拉箭头切换命令。线性标注用于水平和竖直方向的尺寸标注,对齐标注不受方向限制,可标注任意方向线性长度。

1. 线性标注

按钮:⊢。
命令:DIMLINEAR。

2. 对齐标注

按钮：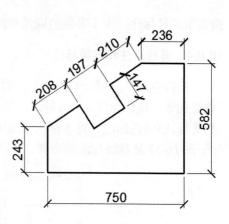

命令：DIMALIGNED。

图 16-54 为线性标注和对齐标注的实例。图中长度 208、197、210、147 等用对齐标注，其余长度可用线性标注。

16.8.3 角度标注、半径标注和直径标注

角度标注、半径或直径标注不同于长度标注，其尺寸线或尺寸界线为曲线，尺寸起止符号为箭头（非建筑标记），打开"标注样式管理器"对话框，在左侧列表中单击要使用的标注样式，然后单击右侧"新建(N)…"按钮。在弹出的如图 16-55(a)所示的对话框中，在"用于(U)"选项中通过下拉菜单选择"角度标注"，单击右侧"继续"按钮进入如图 16-55(b)所示的设置对话框。

图 16-54 线性标注和对齐标注

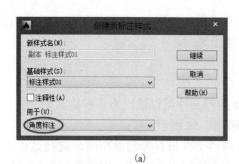

(a)

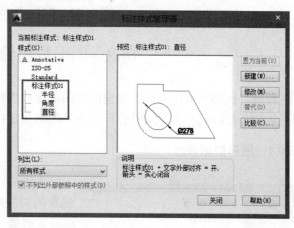

(b)

图 16-55 角度标注的设置

1. 角度标注

按钮：△。

命令：DIMANGULAR。

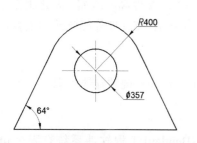

图 16-56 角度标注、半径标注和直径标注

2. 半径标注

按钮：◎。

命令：DIMRADIUS。

3. 直径标注

按钮：◎。

命令：DIMDIAMETER。

图 16-56 为角度标注的实例。半圆及小于半圆的

圆弧用半径标注，大于半圆的圆弧和圆用直径标注。

16.8.4　基线标注和连续标注

　　基线标注是自同一基线处测量的多个线性标注、对齐标注或角度标注。连续标注是首位相连的多个线性标注、对齐标注或角度标注。在进行基线标注和连续标注前，必须建立一个相关标注(线性标注、对齐标注或角度标注)。

　　图 16-57 是基线标注的实例。竖直方向是基线标注，水平方向为连续标注。

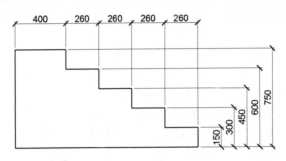

图 16-57　基线标注和连续标注

16.9　图形数据输出和打印

　　绘制好的图形可以利用数据输出把图形保存为特定的文件类型，以便其他程序能够使用。如果连接了打印机，也可通过打印命令将图形文件打印出来。

16.9.1　图形数据输出

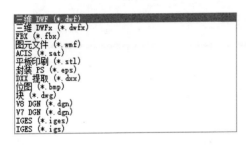

图 16-58　AutoCAD 输出文件类型

　　AutoCAD 图形文件可以输出为多种格式的文件，包含的类型如图 16-58 所示。

　　文件输出与"文件另存"功能相同，可通过单击菜单浏览器按钮中"输出"选项，确定要保存的文件类型，下面对常用输出格式进行介绍。

　　1. DWF 格式文件

　　DWF(Web 图形格式)是由 Autodesk 开发的一种开放、安全的文件格式，它可以将丰富的设计数据高效率地分发给需要查看、评审或打印这些数据的任何人。DWF 文件高度压缩，因此比设计文件更小，传递起来更加快速，无需一般 CAD 图形相关的额外开销(或管理外部链接和依赖性)。

　　2. FBX 格式文件

　　FBX 文件格式支持所有主要的三维数据元素以及二维、音频和视频媒体元素。

　　3. DGN 格式文件

　　DGN (Design)是一种 CAD 文件格式，为奔特力(Bentley)工程软件系统有限公司的 MicroStation 和 Intergraph 公司的 Interactive Graphics Design System (IGDS)CAD 程序所支持。

此外，常用的 AutoCAD 输出类型还包括*.wmf、*.sat、*.bmp 等格式，用户可根据不同软件需要进行操作。

16.9.2　图形文件打印

图纸设计的最后一步是出图打印，通常意义上的打印是把图形打印在图纸上。

图纸输出一般使用打印机或使用绘图机绘制图纸。不同型号的打印机或绘图机只是在配置上有区别，图形输出的原理和操作均相同。打印图形的关键问题之一是打印比例，图样是按 1∶1 的比例绘制的，输出图形时，需考虑选用多大幅面的图纸及图形的缩放比例，有时还要调整图形在图纸上的位置和方向等，这些都可以通过页面设置来完成。

1．打印页面设置

页面设置就是打印设备和其他影响最终输出外观以及格式的所有设置集合。页面设置是通过页面设置管理器来完成的，可以使用页面设置管理器将一个页面设置后取一个名称保存，这样就可以在以后随时调用。该命令位于"输出"选项卡"打印"标签栏中。

按钮：🗐 。

命令：PAGESETUP。

此时弹出如图 16-59 所示的"页面设置管理器"对话框。单击"新建(N)…"按钮并选择要使用的基础样式为"模型"，单击"确定"按钮后就设置了一个名称为"设置 1"的新页面，如图 16-60 所示。

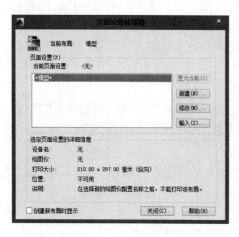

图 16-59　"页面设置管理器"对话框

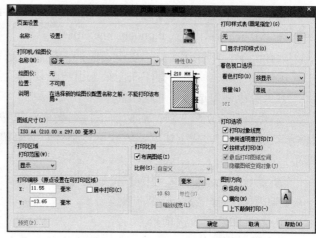

图 16-60　"页面设置"对话框

与新建"尺寸标注样式"类似，新建页面的参数与基础样式"模型"相同，读者只需要对一些有差别的项目进行修改。

"页面设置"对话框中的主要选项含义如下。

1）"打印机／绘图仪"选项组

选择与计算机相连接的当前打印设备。

2）"图纸尺寸(Z)"选项组

在下拉列表框中选择所需规格的图纸。

3)"打印区域"选项组

下拉列表框中有"窗口"、"范围"、"图形界限"和"显示"四种打印范围选择。

(1)"窗口"选项：单击右侧的"窗口"按钮暂时关闭对话框，在图形界面中用窗口形式选择打印范围。

(2)"范围"选项：能够打印当前图形界面内的所有几何图形，无论它是否显示在视图中。

(3)"图形界限"选项：打印 LIMITS 设定的"图形界限"范围。

(4)"显示"选项：打印绘图窗口所显示的范围。

4)"打印偏移(原点设置在可打印区域)"选项组

选中"居中打印(C)"复选框，系统会自动算出 X 和 Y 偏移值，在图纸上将指定的打印区域放置在图纸的中间进行打印。X 和 Y 是指打印区域从图纸左下角的偏移值。

5)"预览(P)"按钮

单击"预览(P)"按钮，在预览窗口中检查最终打印的图纸效果。在此窗口中，视图缩放命令都适用，如 PAN、ZOOM 的实时缩放，ZOOM 的窗口缩放，也支持鼠标滚轮的实时缩放。

6)"打印比例"选项组

默认为选中"布满图纸(T)"复选框，此时系统会缩放打印图形，将其布满所选图纸尺寸，同时下面会显示出缩放的比例因子。另外还可以在"单位(U)"文本框输入想要的打印比例。

7)"特性"按钮

单击此按钮将会弹出相应的对话框，可利用该对话框设置自定义图纸尺寸等。

8)"打印样式表(画笔指定)(G)"选项组

从下面的下拉列表框中选择打印样式表名称。一般情况下用户绘制的是黑白图，因此应当选择一个黑白打印样式 monochrome.ctb。

选择一个打印样式之后，单击右侧的"编辑"按钮🖉，弹出相应的对话框，可以把视图中显示的各种颜色修改为打印在图纸上用户想要的颜色。

9)"着色视口选项"选项组

"着色打印(D)"选项：右边的下拉列表框有"按显示""线框""消隐""渲染""草稿""演示"等打印方式。上述这些方式主要是针对三维模型图的，一般打印图纸选择"按显示"即可。

"质量(Q)"选项：右边的下拉列表框有"草稿""预览""常规""演示"等打印方式。一般打印图纸选择"常规"即可。

10)"打印选项"选项组

可根据需要选择一种打印方式，默认状态下选中"按样式打印(E)"。

"打印对象线宽"选项：选中该项将以对象或图层指定的线宽打印对象。

"按样式打印(E)"选项：选中该项将按"打印样式表(画笔指定)(G)"显示的打印样式来打印对象。

"最后打印图纸空间"选项：先打印模型空间的对象，后打印图纸空间的对象。

11)"图形方向"选项组

可选择"横向(N)"或"纵向(A)"打印方向进行打印。

要将图形旋转180°进行打印，可先选中"横向(N)"或"纵向(A)"单选按钮，然后选中"反向打印"复选框，即可上下颠倒地将图形放置在图纸上，并打印出来。

上述选项设置好以后单击"确定"按钮，退出"页面设置"对话框。

2. 打印输出

按钮：。

命令：PLOT。

也可以键入命令 PRINT 或按热键 Ctrl+P。此时弹出"打印"对话框，如图 16-61 所示。

图 16-61 "打印"对话框

"打印"对话框与"页面设置"对话框基本一样。

1）"页面设置"选项组

"名称(A)"右边的下拉列表框中列出了前面创建的"页面设置"名称（"设置 1"）、"上一次打印"。

"设置 1"：虽然已选中了前面创建的"设置 1"样式，但在这里还可以对这个页面设置进行修改，或者单击"添加( )…"按钮创建新的页面设置样式。

"上一次打印"：利用前一次打印所采用的页面设置样式进行打印。这一点在打印施工图纸时尤为方便，因为一套施工图纸大多数的页面设置都相同。

2）"确定"按钮

在打印对话框中，单击"确定"按钮打印出图纸。

参 考 文 献

丁建梅，等，2013. 土木工程制图. 2 版. 北京：人民交通出版社

丁宇明，等，2012. 土建工程制图. 3 版. 北京：高等教育出版社

何铭新，等，2015. 土木工程制图. 4 版. 武汉：武汉理工大学出版社

卢传贤，等，2012. 土木工程制图. 4 版. 北京：中国建筑工业出版社

殷佩生，等，2015. 画法几何及水利工程制图. 6 版. 北京：高等教育出版社

俞智昆，等，2012. 建筑制图. 北京：科学出版社

朱育万，等，2010. 画法几何及土木工程制图. 4 版. 北京：高等教育出版社